工程量清单计价实务教程系列

工程量清单计价实务教程
——房屋建筑工程

周志华　主　编

中国建材工业出版社

图书在版编目(CIP)数据

房屋建筑工程/周志华主编.—北京:中国建材
工业出版社,2014.4(2022.1重印)
工程量清单计价实务教程系列
ISBN 978 - 7 - 5160 - 0757 - 0

Ⅰ.①房… Ⅱ.①周… Ⅲ.①建筑工程-工程造价-
教材 Ⅳ.①TU723.3

中国版本图书馆 CIP 数据核字(2014)第 039750 号

工程量清单计价实务教程——房屋建筑工程

周志华 主编

出版发行:**中国建材工业出版社**

地　　址:北京市海淀区三里河路 1 号
邮　　编:100044
经　　销:全国各地新华书店
印　　刷:北京紫瑞利印刷有限公司
开　　本:710mm×1000mm 1/16
印　　张:20.5
字　　数:437 千字
版　　次:2014 年 4 月第 1 版
印　　次:2022 年 1 月第 6 次
定　　价:58.00 元

本社网址:www.jccbs.com.cn　　微信公众号:zgjcgycbs
本书如出现印装质量问题,由我社营销部负责调换。电话:(010)88386906
对本书内容有任何疑问及建议,请与本书责编联系。邮箱:dayi51@sina.com

内 容 提 要

　　本书根据《建设工程工程量清单计价规范》（GB 50500—2013）和《房屋建筑与装饰工程工程量计算规范》（GB 50854—2013）进行编写，详细阐述了房屋建筑工程工程量清单及其计价编制方法。本书主要内容包括建设工程工程量清单计价简介，建筑面积计算规则，地基与基础工程工程量清单编制，主体结构工程工程量清单编制，屋面及防水工程工程量清单编制，保温隔热、防腐工程工程量清单编制，措施项目，建筑工程工程量清单投标报价编制，合同价款支付与调整等。

　　本书内容翔实、结构清晰、编撰体例新颖，可供房屋建筑工程设计、施工、建设、造价咨询、造价审计、造价管理等专业人员使用，也可供高等院校相关专业师生学习时参考。

前　言

2012 年 12 月 25 日，住房和城乡建设部发布了《建设工程工程量清单计价规范》(GB 50500—2013)，及《房屋建筑与装饰工程工程量计算规范》(GB 50854—2013) 等 9 本工程量计算规范。这 10 本规范是在《建设工程工程量清单计价规范》(GB 50500—2008) 的基础上，以原建设部发布的工程基础定额、消耗量定额、预算定额以及各省、自治区、直辖市或行业建设主管部门发布的工程计价定额为参考，以工程计价相关的国家或行业的技术标准、规范、规程为依据，收集近年来新的施工技术、工艺和新材料的项目资料，经过整理，在全国广泛征求意见后编制而成的，于 2013 年 7 月 1 日起正式实施。

2013 版清单计价规范进一步确立了工程计价标准体系的形成，为下一步工程计价标准的制定打下了坚实的基础。较之以前的版本，2013 版清单计价规范扩大了计价计量规范的适用范围，深化了工程造价运行机制的改革，强化了工程计价计量的强制性规定，注重了与施工合同的衔接，明确了工程计价风险分担的范围，完善了招标控制价制度，规范了不同合同形式的计量与价款支付，统一了合同价款调整的分类内容，确立了施工全过程计价控制与工程结算的原则，提供了合同价款争议解决的方法，增加了工程造价鉴定的专门规定，细化了措施项目计价的规定，增强了规范的可操作性和保持了规范的先进性。

为使广大建设工程造价工作者能更好地理解 2013 版清单计价规范和相关专业工程国家计量规范的内容，更好地掌握建标〔2013〕44 号文件的精神，我们组织工程造价领域有着丰富工作经验的专家学者，编写这套《工程量清单计价实务教程系列》丛书。本套丛书共包括下列分册：

1. 工程量清单计价实务教程——房屋建筑工程
2. 工程量清单计价实务教程——建筑安装工程
3. 工程量清单计价实务教程——装饰装修工程
4. 工程量清单计价实务教程——园林绿化工程
5. 工程量清单计价实务教程——仿古建筑工程
6. 工程量清单计价实务教程——市政工程

本系列丛书《建设工程工程量清单计价规范》(GB 50500—2013) 为基础，配合各专业工程量计算规范进行编写，具有很强的实用价值，对帮助广大建设工程造价人员更好地履行职责，以适应市场经济条件下工程造价工作的需要，更好地理解工程量清单计价与定额计价的内容与区别提供了力所能及的帮助。丛书编写时以实用性为主，突出了清单计价实务的主题，对工程量清单计价的相关理论知识只进行了简单介绍，而是直接以各专业工程清单计价具体应用为主题，详细阐述了各专业工程清单项目设置、项目特征描述要求、工程量计算规则等工程量清单计价的实用知识，具有较强的实用价值，方便广大读者在工作中随时查阅学习。

　　丛书内容翔实、结构清晰、编撰体例新颖，在理论与实例相结合的基础上，注重应用理解，以更大限度地满足造价工作者实际工作的需要，增加了图书的适用性和使用范围，提高了使用效果。丛书在编写过程中，参考或引用了有关部门、单位和个人的资料，参阅了国内同行多部著作，得到了相关部门及工程咨询单位的大力支持与帮助，在此一并表示衷心感谢。丛书在编写过程中，虽经推敲核证，但限于编者的专业水平和实践经验，仍难免有疏漏或不妥之处，恳请广大读者指正。

编　者

目　　录

第一章 建设工程工程量清单计价简介

第一节 工程量清单计价规范简介

一、2013 版清单计价规范的发布

2012 年 12 月 25 日,住房和城乡建设部发布了《建设工程工程量清单计价规范》(GB 50500—2013)(以下简称"13 计价规范")和《房屋建筑与装饰工程工程量计算规范》(GB 50854—2013)、《仿古建筑工程工程量计算规范》(GB 50855—2013)、《通用安装工程工程量计算规范》(GB 50856—2013)、《市政工程工程量计算规范》(GB 50857—2013)、《园林绿化工程工程量计算规范》(GB 50858—2013)、《矿山工程工程量计算规范》(GB 50859—2013)、《构筑物工程工程量计算规范》(GB 50860—2013)、《城市轨道交通工程工程量计算规范》(GB 50861—2013)、《爆破工程工程量计算规范》(GB 50862—2013)等 9 本计量规范(以下简称"13 工程计量规范"),全部 10 本规范于 2013 年 7 月 1 日起实施。

"13 计价规范"及"13 工程计量规范"是在《建设工程工程量清单计价规范》(GB 50500—2008)(以下简称"08 计价规范")基础上,以原建设部发布的工程基础定额、消耗量定额、预算定额以及各省、自治区、直辖市或行业建设主管部门发布的工程计价定额为参考,以工程计价相关的国家或行业的技术标准、规范、规程为依据,收集近年来新的施工技术、工艺和新材料的项目资料,经过整理,在全国广泛征求意见后编制而成。

二、2013 版清单计价规范的适用范围

"13 计价规范"适用于建设工程发承包及实施阶段的招标工程量清单、招标控制价、投标报价的编制,工程合同价款的约定,竣工结算的办理以及施工过程中的工程计量、合同价款支付、施工索赔与现场签证、合同价款调整和合同价款争议的解决等计价活动。相对于"08 计价规范","13 计价规范"将"建设工程工程量清单计价活动"修改为"建设工程发承包及实施阶段的计价活动",从而对清单计价规范的适用范围进一步进行了明确,表明了不分何种计价方式,建设工程发承包及实施阶段的计价活动必须执行"13 计价规范"。之所以规定"建设工程发承包及实施阶段的计价活动",主要是因为工程建设具有周期长、金额大、不确定因素多的特点,从而决定了建设工程计价具有分阶段计价的特点,建设工程决策阶段、设计阶段的计价要求与发承包及实施阶段

的计价要求是有区别的,这就避免了因理解上的歧义而发生纠纷。

根据《工程建设项目招标范围和规模标准规定》(国家计委 3 号令)的规定,国有资金投资的工程建设项目包括使用国有资金投资和国家融资投资的工程建设项目。

(1)使用国有资金投资项目的范围包括:

1)使用各级财政预算资金的项目。

2)使用纳入财政管理的各种政府性专项建设基金的项目。

3)使用国有企业事业单位自有资金,并且国有资产投资者实际拥有控制权的项目。

(2)使用国家融资项目的范围包括:

1)使用国家发行债券所筹资金的项目。

2)使用国家对外借款或者担保所筹资金的项目。

3)使用国家政策性贷款的项目。

4)国家授权投资主体融资的项目。

5)国家特许的融资项目。

以国有资金(含国家融资资金)为主的工程建设项目是指国有资金占投资总额的50%以上,或虽不足 50%但国有投资者实质上拥有控股权的工程建设项目。

三、2013 版清单计价规范区别于"08 计价规范"的有关规定

"13 计价规范"规定:"建设工程发承包及实施阶段的工程造价应由分部分项工程费、措施项目费、其他项目费、规费和税金组成。"这说明了不论采用什么计价方式,建设工程发承包及实施阶段的工程造价均由这五部分组成,这五部分也称之为建筑安装工程费。

根据原人事部、原建设部《关于印发〈造价工程师执业制度暂行规定〉的通知》(人发[1996]77 号)、《注册造价工程师管理办法》(建设部第 150 号令)以及《全国建设工程造价员管理办法》(中价协[2011]021 号)的有关规定,"13 计价规范"规定:"招标工程量清单、招标控制价、投标报价、工程计量、合同价款调整、合同价款结算与支付以及工程造价鉴定等工程造价文件的编制与核对,应由具有专业资格的工程造价人员承担。""承担工程造价文件的编制与核对的工程造价人员及其所在单位,应对工程造价文件的质量负责。"

另外,由于建设工程造价计价活动不仅要客观反映工程建设的投资,更应体现工程建设交易活动的公正、公平的原则,因此"13 计价规范"规定,工程建设双方,包括受其委托的工程造价咨询方,在建设工程发承包及实施阶段从事计价活动均应遵循客观、公正、公平的原则。

四、2013 版清单计价规范的修订变化

"13 计价规范"及"13 工程计量规范"统称为"13 版规范"。"13 计价规范"共设置

16章、54节、329条，各章名称为：总则、术语、一般规定、工程量清单编制、招标控制价、投标报价、合同价款约定、工程计量、合同价款调整、合同价款期中支付、竣工结算与支付、合同解除的价款结算与支付、合同价款争议的解决、工程造价鉴定、工程计价资料与档案和工程计价表格。相比"08计价规范"而言，分别增加了11章、37节、192条；"13工程计量规范"是在"08计价规范"附录A、B、C、D、E、F基础上制定的，包括9个专业，下文部分共计261条，附录部分共计3915个项目，在"08计价规范"的基础上新增2185个项目，减少350个项目。

第二节　工程量清单组成及编制原则

工程量清单表示的是建设工程的分部分项工程项目、措施项目、其他项目的名称和相应数量以及规费、税金项目等内容的明细清单。在建设工程发承包及实施过程的不同阶段，又可分别称为"招标工程量清单"、"已标价工程量清单"等。

建筑工程工程量清单是招标文件的组成部分，是编制招标控制价、投标报价、计算或调整工程量、索赔等的依据之一。招标工程量清单应由具有编制能力的招标人或受其委托、具有相应资质的工程造价咨询人编制。

一、工程量清单组成

"13计价规范"规定工程量清单由下列内容组成：

(1)封面(表1-1)。

(2)扉页(表1-2)。

(3)总说明(表1-3)。

(4)分部分项工程和单价措施项目清单与计价表(表1-4)。

(5)总价措施项目清单与计价表(表1-5)。

(6)其他项目清单与计价汇总表(表1-6)。

(7)暂列金额明细表(表1-7)。

(8)材料(工程设备)暂估单价及调整表(表1-8)。

(9)专业工程暂估价及结算价表(表1-9)。

(10)计日工表(表1-10)。

(11)总承包服务费计价表(表1-11)。

(12)规费、税金项目计价表(表1-12)。

(13)发包人提供材料和工程设备一览表(表1-13)。

(14)承包人提供主要材料和工程设备一览表(表1-14或表1-15)。

二、工程量清单编制依据

(1)"13计价规范"和相关工程的国家计量规范。

（2）国家或省级、行业建设主管部门颁发的计价定额和办法。

（3）建设工程设计文件及相关资料。

（4）与建设工程有关的标准、规范、技术资料。

（5）拟定的招标文件。

（6）施工现场情况、地勘水文资料、工程特点及常规施工方案。

（7）其他相关资料。

三、工程量清单编制原则

（1）必须能满足建设工程项目招标、投标计价的需要。

（2）必须遵循《房屋建筑与装饰工程工程量计算规范》（GB 50854—2013）中项目编码、项目名称、计量单位、计算规则、工作内容的各项规定。

（3）必须能满足控制实物工程量，市场竞争形成价格的价格运行机制和对工程造价进行合理确定与有效控制的要求。

（4）必须适度考虑我国目前工程造价管理工作的现状，必须有利于规范建筑市场的计价行为，能够促进企业的竞争能力。

第三节　工程量清单编制

工程量清单表示的是建设工程的分部分项工程项目、措施项目、其他项目的名称和相应数量以及规费、税金项目等内容的明细清单。在建设工程发承包及实施过程的不同阶段，又可分别称为"招标工程量清单"、"已标价工程量清单"等。

招标工程量清单指招标人依据国家标准、招标文件、设计文件以及施工现场实际情况编制的，随招标文件发布供投标报价的工程量清单，包括其说明和表格，是招标阶段供投标人报价的工程量清单，是对工程量清单的进一步具体化。

已标价工程量清单指构成合同文件组成部分的投标文件中已标明价格，经算术性错误修正（如有）且承包人已确认的工程量清单，包括其说明和表格。表示的是投标人对招标工程量清单已标明价格，并被招标人接受，构成合同文件组成部分的工程量清单。

一、工程量清单编制一般规定

（1）招标工程量清单应由招标人负责编制，若招标人不具有编制工程量清单的能力，则可根据《工程造价咨询企业管理办法》（建设部第 149 号令）的规定，委托具有工程造价咨询性质的工程造价咨询人编制。

（2）招标工程量清单必须作为招标文件的组成部分，其准确性（数量不算错）和完整性（不缺项漏项）应由招标人负责。招标人应将工程量清单连同招标文件一起发（售）给投标人。投标人依据工程量清单进行投标报价时，对工程量清单不负有核实的义务,更不具有修改和调整的权力。如招标人委托工程造价咨询人编制工程量清单,其责任仍由招标人负责。

(3)招标工程量清单是工程量清单计价的基础,应作为编制招标控制价、投标报价、计算或调整工程量以及工程索赔等的依据之一。

(4)招标工程量清单应以单位(项)工程为单位编制,应由分部分项工程项目清单、措施项目清单、其他项目清单、规费和税金项目清单组成。

二、填写招标工程量清单封面

招标工程量清单封面(表 1-1)应填写招标工程项目的具体名称,招标人应盖单位公章,如委托工程造价咨询人编制,还应加盖工程造价咨询人所在单位公章。

表 1-1   招标工程量清单封面

_____某小区住宅_____ **工程**

招标工程量清单

招　标　人:_____×××_____
(单位盖章)

造价咨询人:_____×××_____
(单位盖章)

××××年××月××日

三、填写招标工程量清单扉页

招标工程量清单扉页(表 1-2)由造价员编制的工程量清单应有负责审核的造价工程师签字、盖章;受委托编制的工程量清单,应有造价工程师签字、盖章以及工程造价咨询人盖章。

(1)招标人自行编制工程量清单的,编制人员必须是在招标人单位注册的造价人员,由招标人盖单位公章,法定代表人或其授权人签字或盖章。当编制人是注册造价工程师时,由其签字盖执业专用章;当编制人是造价员时,由其在编制人栏签字盖专用章,并应由注册造价工程师复核,在复核人栏签字盖执业专用章。

(2)招标人委托工程造价咨询人编制工程量清单的,编制人员必须是在工程造价咨询人单位注册的造价人员。由工程造价咨询人盖单位资质专用章,法定代表人或其授权人签字或盖章。当编制人是注册造价工程师时,由其签字盖执业专用章;当编制人是造价员时,由其在编制人栏签字盖专用章,并应由注册造价工程师复核,在复核人栏签字盖执业专用章。

表 1-2　　　　　　　　　　招标工程量清单扉页

_____某小区住宅_____ 工程

招标工程量清单

招　标　人:___×××___
　　　　　　(单位盖章)

造价咨询人:___×××___
　　　　　　　(单位资质专用章)

法定代表人
或其授权人:___×××___
　　　　　　(签字或盖章)

法定代表人
或其授权人:___×××___
　　　　　　(签字或盖章)

编　制　人:___×××___
(造价人员签字盖专用章)

复　核　人:___×××___
(造价工程师签字盖专用章)

编制时间:××××年××月××日　　　复核时间:××××年××月××日

四、填写招标工程量清单总说明

招标工程量清单中总说明(表 1-3)应包括的内容有:①工程概况:如建设地址、建设规模、工程特征、交通状况、环保要求等;②工程招标和专业工程发包范围;③工程量清单编制依据;④工程质量、材料、施工等的特殊要求;⑤其他需要说明的问题。

表 1-3　　　　　　　　　　招标工程量清单总说明

工程名称:某小区住宅工程　　　　　　　　　　　　　　　　　第 页 共 页

---

1. 工程概况:本工程为砖混结构,采用混凝土灌注桩,建筑层数为六层,建筑面积为 15950m² ,计划工期为 360 日历天。

2. 工程招标范围:本次招标范围为施工图范围内的主体建筑工程。

3. 工程量清单编制依据:

3.1 住宅楼施工图。

3.2 《建设工程工程量清单计价规范》和《房屋建筑与装饰工程工程量计算规范》。

4. 其他需要说明的问题

4.1 招标人供应现浇构件的全部钢筋,单价暂定为 5000 元/t。

承包人应在施工现场对招标人供应的钢筋进行验收及保管和使用发放。

招标人供应钢筋的价款支付,由招标人按每次发生的金额支付给承包人,再由承包人支付给供应商。

4.2 进户防盗门另行专业发包。总承包人应配合专业工程承包人完成以下工作:

4.2.1 按专业工程承包人的要求提供施工工作面并对施工现场进行统一管理,对竣工资料进行统一整理汇总。

4.2.2 为专业工程承包人提供垂直运输机械和焊接电源接入点,并承担垂直运输费和电费。

4.2.3 为防盗门安装后进行补缝和找平并承担相应费用

五、编制分部分项工程量清单

1. 分部分项工程的概念

分部工程是单项或单位工程的组成部分,是按结构部位、路段长度及施工特点或施工任务将单项或单位工程划分为若干分部的工程;分项工程是分部工程的组成部分,是按不同施工方法、材料、工序及路段长度等将分部工程划分为若干个分项或项目的工程。

2. 分部分项工程项目清单的五个要件

分部分项工程项目清单必须载明项目编码、项目名称、项目特征、计量单位和工程量,这五个要件在分部分项工程项目清单的组成中缺一不可。

(1)分部分项工程清单的项目编码。房屋建筑工程项目编码按《房屋建筑与装饰工程工程量计算规范》(GB 50854—2013)附录项目编码栏内规定的九位数字另加三位顺序码共十二位阿拉伯数字组成。其中一、二位(一级)为专业工程代码;三、四位(二级)为专业工程附录分类顺序码;五、六位(三级)为分部工程顺序码;七、八、九位

（四级）为分项工程项目名称顺序码；十至十二位（五级）为清单项目名称顺序码，第五级编码应根据拟建工程的工程量清单项目名称设置。

1）第一、二位专业工程代码。根据《房屋建筑与装饰工程工程量计算规范》（GB 50854—2013）附录项目编码栏内规定，房屋建筑与装饰工程为01。

2）第三、四位专业工程附录分类顺序码（相当于章）。在《房屋建筑与装饰工程工程量计算规范》（GB 50854—2013）附录中，房屋建筑与装饰工程共分为17部分，其各自专业工程附录分类顺序码分别为：附录A土石方工程，附录分类顺序码01；附录B地基处理与边坡支护工程，附录分类顺序码02；附录C桩基工程，附录分类顺序码03；附录D砌筑工程，附录分类顺序码04；附录E混凝土及钢筋混凝土工程，附录分类顺序码05；附录F金属结构工程，附录分类顺序码06；附录G木结构工程，附录分类顺序码07；附录H门窗工程，附录分类顺序码08；附录J屋面及防水工程，附录分类顺序码09；附录K保温、隔热、防腐工程，附录分类顺序码10；附录L楼地面装饰工程，附录分类顺序码11；附录M墙、柱面装饰与隔断、幕墙工程，附录分类顺序码12；附录N天棚工程，附录分类顺序码13；附录P油漆、涂料、裱糊工程，附录分类顺序码14；附录Q其他装饰工程，附录分类顺序码15；附录R拆除工程，附录分类顺序码16；附录S措施项目，附录分类顺序码17。

3）第五、六位分部工程顺序码（相当于章中的节）。以房屋建筑与装饰工程中的砌筑工程为例，在《房屋建筑与装饰工程工程量计算规范》（GB 50854—2013）附录D中，砌筑工程共分为4节，其各自分部工程顺序码分别为：D.1砖砌体，分部工程顺序码01；D.2砌块砌体，分部工程顺序码02；D.3石砌体，分部工程顺序码03；D.4垫层，分部工程顺序码04。

4）第七、八、九位分项工程项目名称顺序码。以砌筑工程中砌块砌体为例，在《房屋建筑与装饰工程工程量计算规范》（GB 50854—2013）附录D中，砌块砌体共分为2项，其各自分项工程项目名称顺序码分别为：砌块墙001，砌块柱002。

5）第十至十二位清单项目名称顺序码。以砌筑工程中砌块墙为例，按《房屋建筑与装饰工程工程量计算规范》（GB 50854—2013）的有关规定，砌块墙需描述的清单项目特征包括：砌块品种、规格、强度等级；墙体类型；砂浆强度等级。清单编制人在对砌块墙进行编码时，即可在全国统一九位编码010402001的基础上，根据不同的砌块品种、规格、强度等级；墙体类型；砂浆强度等级等因素，对十至十二位编码自行设置，编制出清单项目名称顺序码001、002、003、004……

（2）分部分项工程清单的项目名称应按《房屋建筑与装饰工程工程量计算规范》（GB 50854—2013）附录的项目名称结合拟建工程的实际确定。

（3）分部分项工程清单的项目特征应按《房屋建筑与装饰工程工程量计算规范》（GB 50854—2013）附录中规定的项目特征，结合拟建工程项目的实际特征予以描述。

1）项目特征是区分清单项目的依据。工程量清单项目特征是用来表述分部分项工程量清单项目的实质内容，用于区分计价规范中同一清单条目下各个具体的清单项目。没有项目特征的准确描述,对于相同或相似的清单项目名称,就无从区分。

2)项目特征是确定综合单价的前提。由于工程量清单项目的特征决定了工程实体的实质内容,必然直接决定了工程实体的自身价值。因此,工程量清单项目特征描述得准确与否,直接关系到工程量清单项目综合单价的准确确定。

3)项目特征是履行合同义务的基础。实行工程量清单计价,工程量清单及其综合单价是施工合同的组成部分,因此,如果工程量清单项目特征的描述不清甚至漏项、错误,导致在施工过程中更改,就会发生分歧,甚至引起纠纷。

(4)分部分项工程清单的计量单位应按《房屋建筑与装饰工程工程量计算规范》(GB 50854—2013)附录中规定的计量单位确定。

当计量单位有两个或两个以上时,应根据所编工程量清单项目的特征要求,选择最适宜表现该项目特征并方便计量的单位。例如,打桩有"根"、"m"和"m³"三个计量单位,实际工作中,就应该选择最适宜、最方便计量的单位来表示。

(5)分部分项工程量清单中所列工程量应按《房屋建筑与装饰工程工程量计算规范》(GB 50854—2013)附录中规定的工程量计算规则计算。

1)以"吨"为计量单位的应保留小数点后三位,第四位小数四舍五入。

2)以"m³"、"m²"、"m"为计量单位的应保留小数点后两位,第三位小数四舍五入。

3)以"根"、"个"等为计量单位的应取整数。

3. 分部分项工程和单价措施项目清单与计价编制表

分部分项工程和单价措施项目清单与计价表(表1-4~表1-7)必须根据相关工程现行国家计量规范规定的项目编码、项目名称、项目特征、计量单位和工程量计算规则进行编制。

表 1-4   分部分项工程和单价措施项目清单与计价表

工程名称:某小区住宅工程　　　　　　　　标段:　　　　　　　第 页 共 页

序号	项目编码	项目名称	项目特征描述	计量单位	工程量	金额(元)		
						综合单价	合价	其中
								暂估价
			附录 A　土石方工程					
1	010101001001	平整场地	Ⅱ、Ⅲ类土综合,土方就地挖填找平	m²	2100.00			
2	010101003001	挖沟槽土方	Ⅱ类土,挖土深度 3m 以内,弃土运距为 50m	m³	1690.00			
			(其他略)					
			分部小计					

续一

序号	项目编码	项目名称	项目特征描述	计量单位	工程量	综合单价	合价	其中 暂估价
						_金额(元)_		
			附录 B　地基处理与边坡支护工程					
3	010302001001	泥浆护壁成孔灌注桩	人工挖孔,二级土,桩长10m,有护壁段长 9m,桩直径 1000mm,扩大头直径 1100mm,桩混凝土为 C25,护壁混凝土为 C20	m	485.00			
			(其他略)					
			分部小计					
			附录 D　砌筑工程					
4	010401001001	砖基础	M10 水泥砂浆砌条形基础，MU15 页岩砖 240mm×115mm×53mm	m³	293.00			
5	010401003001	实心砖墙	M7.5 混合砂浆砌实心墙,MU15 页岩砖 240mm×115mm×53mm,墙体厚度 240mm	m³	2155.00			
			(其他略)					
			分部小计					
			附录 E　混凝土及钢筋混凝土工程					
6	010503001001	基础梁	C30 混凝土基础梁	m³	256.00			
7	010515001001	现浇构件钢筋	螺纹钢 Q235,φ14	t	72.000			
			(其他略)					
			分部小计					
			本页小计					
			合　计					

续二

序号	项目编码	项目名称	项目特征描述	计量单位	工程量	综合单价	合价	其中 暂估价
						金额(元)		
		附录F 金属结构工程						
8	010606008001	钢梯	U形钢爬梯,型钢品种、规格详见××图	t	0.356			
		分部小计						
		附录J 屋面及防水工程						
9	010902003001	屋面刚性层	C20细石混凝土,厚40mm,建筑油膏嵌缝	m²	2052.00			
		(其他略)						
		分部小计						
		附录K 保温、隔热、防腐工程						
10	011001001001	保温隔热屋面	沥青珍珠岩块500mm×500mm×150mm,1∶3水泥砂浆护面,厚25mm	m²	1965.00			
		(其他略)						
		分部小计						
11	011701001001	综合脚手架		m²	450.00			
		(其他略)						
		分部小计						
		本页小计						
		合 计						

注:为计取规费等的使用,可在表中增设"其中:定额人工费"。

六、编制措施项目清单

措施项目清单应根据拟建工程的实际情况列项。措施项目清单的编制需考虑多种因素,除工程本身的因素外,还涉及水文、气象、环境、安全等因素。由于影响措施项目设置的因素太多,计量规范不可能将施工中可能出现的措施项目一一列出。在编制措施项目清单时,因工程情况不同,出现计量规范附录中未列的措施项目,可根据工程的具体情况对措施项目清单作补充。

计量规范将措施项目划分为两类：一类是不能计算工程量的项目，如文明施工和安全防护、临时设施等，就以"项"计价，称为"总价项目"；另一类是可以计算工程量的项目，如脚手架、降水工程等，就以"量"计价，更有利于措施费的确定和调整，称为"单价项目"。

措施项目清单必须根据相关工程现行国家计量规范的规定编制。编制招标工程量清单时，表中的项目可根据工程实际情况进行增减。总价措施项目清单格式见表1-5。

表1-5　　　　　　　　　　　总价措施项目清单表

工程名称：某小区住宅工程　　　　　　标段：　　　　　　　　第　页　共　页

序号	项目编码	项目名称	计算基础	费率 (%)	金额 (元)	调整费率 (%)	调整后金额 (元)	备注
1	011707001001	安全文明施工费	定额人工费					
2	011707002001	夜间施工增加费	定额人工费					
3	011707004001	二次搬运费	定额人工费					
4	011707005001	冬雨季施工增加费	定额人工费					
5	011707007001	已完工程及设备保护费	定额人工费					
合　计								

编制人(造价人员)：　　　　　　　　　　　复核人(造价工程师)：

注：1. "计算基础"中安全文明施工费可为"定额基价"、"定额人工费"或"定额人工费＋定额机械费"，其他项目可为"定额人工费"或"定额人工费＋定额机械费"。

　　2. 按施工方案计算的措施费，若无"计算基础"和"费率"的数值，也可只填"金额"数值，但应在备注栏说明施工方案出处或计算方法。

七、编制其他项目清单

(1)其他项目清单应按照下列内容列项：

1)暂列金额是招标人暂定并包括在合同中的一笔款项。不管采用何种合同形式，其理想的标准是，一份合同的价格就是其最终的竣工结算价格，或者至少两者应尽可能接近。我国规定对政府投资工程实行概算管理，经项目审批部门批复的设计概算是工程投资控制的刚性指标，即使商业性开发项目也有成本的预先控制问题，否则，无法相对准确地预测投资的收益和科学合理地进行投资控制。但工程建设自身的特性决定了工程的设计需要根据工程进展不断地进行优化和调整，业主需求可能会随工程建设进展而出现变化，工程建设过程还会存在一些不能预见、不能确定的因素。消化这些因素必然会影响合同价格的调整，暂列金额正是因这类不可避免的价格调整而设立，以便达到合理确定和有效控制工程造价的目标。

2)暂估价是指招标阶段直至签订合同协议时，招标人在招标文件中提供的用于支付必然要发生但暂时不能确定价格的材料以及专业工程的金额。暂估价类似于 FIDIC 合同条款中的 Prine Cost Items，在招标阶段预见肯定要发生，只是因为标准不明确或者需要由专业承包人完成，暂时无法确定价格。暂估价数量和拟用项目应当结合工程量清单中的"暂估价表"予以补充说明。

为方便合同管理，需要纳入分部分项工程项目清单综合单价中的暂估价应只是材料、工程设备费，以方便投标人组价。

专业工程的暂估价应是综合暂估价，包括除规费和税金以外的管理费、利润等。总承包招标时，专业工程设计深度往往是不够的，一般需要交由专业设计人设计，出于提高可建造性考虑，国际上惯例，一般由专业承包人负责设计，以发挥其专业技能和专业施工经验的优势。这类专业工程交由专业分包人完成是国际工程的良好实践，目前，在我国工程建设领域中也已经比较普遍。公开透明、合理地确定这类暂估价的实际开支金额的最佳途径就是通过施工总承包人与工程建设项目招标人共同组织招标。

3)计日工是为了解决现场发生的零星工作的计价而设立的。国际上常见的标准合同条款中，大多数都设立了计日工(Daywork)计价机制。计日工对完成零星工作所消耗的人工工时、材料数量、施工机械台班进行计量，并按照计日工表中填报的适用项目的单价进行计价支付。计日工适用的所谓零星工作一般是指合同约定之外或者因变更而产生的、工程量清单中没有相应项目的额外工作，尤其是那些时间不允许事先商定价格的额外工作。

4)总承包服务费是为了解决招标人在法律、法规允许的条件下进行专业工程发包以及自行供应材料、工程设备，并需要总承包人对发包的专业工程提供协调和配合服务，对甲供材料、工程设备提供收、发和保管服务以及进行施工现场管理时发生并向总承包人支付的费用。招标人应预计该项费用，并按投标人的投标报价向投标人支付该项费用。

(2)暂列金额应根据工程特点按有关计价规定估算。

(3)暂估价中的材料、工程设备暂估单价应根据工程造价信息或参照市场价格估算，列出明细表；专业工程暂估价应分不同专业，按有关计价规定估算，列出明细表。

(4)计日工应列出项目名称、计量单位和暂估数量。

(5)总承包服务费应列出服务项目及其内容等。

(6)工程建设标准的高低、工程的复杂程度、工程的工期长短、工程的组成内容、发包人对工程管理要求等都直接影响其他项目清单的具体内容，"13 计价规范"仅提供了 4 项内容作为列项参考，不足部分，可根据工程的具体情况进行补充。

编制招标工程其他项目清单,应汇总"暂列金额"和"专业工程暂估价",以提供给投标人报价。其他项目清单与计价汇总表格式见表1-6。

表 1-6　　　　其他项目清单与计价汇总表

工程名称:某小区住宅工程　　　　标段:　　　　　　　　第 页 共 页

序号	项目名称	金额(元)	结算金额(元)	备注
1	暂列金额	300000.00		明细详见表1-7
2	暂估价			
2.1	材料(工程设备)暂估价/结算价	—		明细详见表1-8
2.2	专业工程暂估价/结算价			明细详见表1-9
3	计日工			明细详见表1-10
4	总承包服务费			明细详见表1-11
	合　计	300000.00		

注:材料(工程设备)暂估单价计入清单项目综合单价,此处不汇总。

表 1-7　　　　暂列金额明细表

工程名称:某小区住宅工程　　　　标段:　　　　　　　　第 页 共 页

序号	项目名称	计量单位	暂定金额(元)	备注
1	工程量清单中工程量偏差和设计变更	项	100000.00	
2	政策性调整和材料价格风险	项	100000.00	
3	其他	项	100000.00	
4				
5				
6				
7				
8				
9				
10				
11				
	合　计		300000.00	—

注:此表由招标人填写,如不能详列,也可只列暂定金额总额,投标人应将上述暂列金额计入投标总价中。

表 1-8　　　　　　　　　　材料(工程设备)暂估单价及调整表

工程名称:某小区住宅工程　　　　　　　标段:　　　　　　　　第　页　共　页

序号	材料(工程设备)名称、规格、型号	计量单位	数量		暂估(元)		确认(元)		差额(元)		备注
			暂估	确认	单价	合价	单价	合价	单价	合价	
1	钢筋(规格、型号综合)	t	5								用于筋混凝土基础梁
	(其他略)										
	合　计										

注:此表由招标人填写"暂估单价",并在备注栏说明暂估单价的材料、工程设备拟用在哪些清单项目上,投标人应将上述材料、工程设备暂估单价计入工程量清单综合单价报价中。

表 1-9　　　　　　　　　　专业工程暂估价及结算价表

工程名称:某小区住宅工程　　　　　　　标段:　　　　　　　　第　页　共　页

序号	工程名称	工程内容	暂估金额(元)	结算金额(元)	差额±(元)	备注
	合　计					

注:此表"暂估金额"由招标人填写,投标人应将"暂估金额"计入投标总价中。结算时按合同约定结算金额填写。

表 1-10 　　　　　　　　　　　计 日 工 表

工程名称:某小区住宅工程　　　　　　　　标段:　　　　　　　　　　第 页 共 页

编号	项目名称	单位	暂定数量	实际数量	综合单价（元）	合价(元)	
						暂定	实际
一	人工						
1	普工	工时	145				
2	技工	工时	96				
3							
4							
	人工小计						
二	材料						
1	钢筋(规格、型号综合)	t	1				
2	水泥 42.5 级	t	2				
3	中砂	m³	10				
4	砾石(5～40mm)	m³	5				
5	页岩砖(240mm×115mm×53mm)	千匹	1				
	材料小计						
三	施工机械						
1	自升式塔式起重机 (起重力矩 1250KN·m)	台班	5				
2	灰浆搅拌机(400L)	台班	2				
3							
4							
	施工机械小计						
四、企业管理费和利润							
	总 计						

注:此表项目名称、暂定数量由招标人填写,编制招标控制价时,单价由招标人按有关规定确定;投标时,单价由投标人自主确定,按暂定数量计算合价计入投标总价中;结算时,按发承包双方确定的实际数量计算合价。

表 1-11　　　　　　　　　　**总承包服务费计价表**

工程名称：某小区住宅工程　　　　　　标段：　　　　　　第　页　共　页

序号	项目名称	项目价值(元)	服务内容	计算基础	费率(%)	金额(元)
1	发包人发包专业工程					
2	发包人提供材料					
		合　　计	—	—	—	

注：此表项目名称、服务内容由招标人填写，编制招标控制价时，费率及金额由招标人按有关计价规定确定；
　　投标时，费率及金额由投标人自主报价，计入投标总价中。

八、编制规费、税金项目清单

1. 规费项目清单

根据住房和城乡建设部、财政部印发的《建筑安装工程费用项目组成》(建标〔2013〕44 号)的规定，规费包括工程排污费、社会保险费(养老保险、失业保险、医疗保险、工伤保险、生育保险)、住房公积金。规费作为政府和有关权力部门规定必须缴纳的费用，编制人对《建筑安装工程费用项目组成》未包括的规费项目，在编制规费项目清单时应根据省级政府或省级有关权力部门的规定列项。

2. 税金项目清单

根据住房和城乡建设部、财政部印发的《建筑安装工程费用项目组成》(建标〔2013〕44 号)的规定，目前，我国税法规定应计入建筑安装工程造价的税种包括营业税、城市建设维护税、教育费附加和地方教育附加。如国家税法发生变化，税务部门依据职权增加了税种，应对税金项目清单进行补充。

规费、税金项目清单格式见表 1-12。

表 1-12　　　　　　　　　　　　**规费、税金项目计价表**

工程名称:某小区住宅工程　　　　　　　标段:　　　　　　　　　第 页 共 页

序号	项目名称	计算基础	计算基数	计算费率(%)	金额(元)
1	规费	定额人工费			
1.1	社会保险费	定额人工费			
(1)	养老保险费	定额人工费			
(2)	失业保险费	定额人工费			
(3)	医疗保险费	定额人工费			
(4)	工伤保险费	定额人工费			
(5)	生育保险费	定额人工费			
1.2	住房公积金	定额人工费			
1.3	工程排污费	按工程所在地环境保护部门收取标准,按实计入			
2	税金	分部分项工程费＋措施项目费＋其他项目费＋规费－按规定不计税的工程设备金额			
	合　计				

编制人(造价人员):　　　　　　　　　　　　　　复核人(造价工程师):

九、发包人提供材料和机械设备

《建设工程质量管理条例》第 14 条规定:"按照合同约定,由建设单位采购建筑材料、建筑构配件和设备的,建设单位应当保证建筑材料、建筑构配件和设备符合设计文件和合同要求";《中华人民共和国合同法》第 283 条规定:"发包人未按照约定的时间和要求提供原材料、设备、场地、资金、技术资料的,承包人可以顺延工程日期,并有权要求赔偿停工、窝工等损失"。"13 计价规范"根据上述法律条文对发包人提供材料和机械设备的情况进行了如下约定:

(1)发包人提供的材料和工程设备(以下简称甲供材料)应在招标文件中按照规定填写《发包人提供材料和工程设备一览表》(表 1-13),写明甲供材料的名称、规格、数量、单价、交货方式、交货地点等。

承包人投标时,甲供材料价格应计入相应项目的综合单价中,签约后,发包人应按合同约定扣除甲供材料款,不予支付。

(2)承包人应根据合同工程进度计划的安排,向发包人提交甲供材料交货的日期计划,发包人应按计划提供。

(3)发包人提供的甲供材料如规格、数量或质量不符合合同要求,或由于发包人原因发生交货日期延误、交货地点及交货方式变更等情况的,发包人应承担由此增加的费用和(或)工期延误,并应向承包人支付合理利润。

(4)发承包双方对甲供材料的数量发生争议不能达成一致的,应按照相关工程的计价定额同类项目规定的材料消耗量计算。

(5)若发包人要求承包人采购已在招标文件中确定为甲供材料的,材料价格应由发承包双方根据市场调查确定,并应另行签订补充协议。

表 1-13　　　　　　　　　　发包人提供材料和工程设备一览表

工程名称:某小区住宅工程　　　　　　　标段:　　　　　　　　第 页 共 页

序号	材料(工程设备)名称、规格、型号	单位	数量	单价(元)	交货方式	送达地点	备注

注:此表由招标人填写,供投标人在投标报价、确定总承包服务费时参考。

十、承包人提供材料和工程设备

《建设工程质量管理条例》第 29 条规定:"施工单位必须按照工程设计要求、施工技术标准和合同约定,对建筑材料、建筑构配件、设备和商品混凝土进行检验,检验应当有书面记录和专人签字;未经检验或者检验不合格的,不得使用"。"13 计价规范"根据此法律条文对承包人提供材料和机械设备的情况进行了如下约定:

(1)除合同约定的发包人提供的甲供材料外,合同工程所需的材料和工程设备应由承包人提供,承包人提供的材料和工程设备均应由承包人负责采购、运输和保管。

(2)承包人应按合同约定将采购材料和工程设备的供货人及品种、规格、数量和供货时间等提交发包人确认,并负责提供材料和工程设备的质量证明文件,满足合同约定的质量标准。

(3)对承包人提供的材料和工程设备经检测不符合合同约定的质量标准,发包人应立即要求承包人更换,由此增加的费用和(或)工期延误应由承包人承担。对发包人要求检测承包人已具有合格证明的材料、工程设备,但经检测证明该项材料、工程设备符合合同约定的质量标准,发包人应承担由此增加的费用和(或)工期延误,并向承包人支付合理利润。

承包人提供主要材料和工程设备一览表格式见表 1-14 或表 1-15。

表 1-14 **承包人提供主要材料和工程设备一览表**

（适用于造价信息差额调整法）

工程名称：某小区住宅工程 标段： 第 页 共 页

序号	名称、规格、型号	单位	数量	风险系数（%）	基准单价（元）	投标单价（元）	发承包人确认单价（元）	备注

注：1. 此表由招标人填写除"投标单价"栏的内容，投标人在投标时自主确定投标单价。

　　2. 招标人应优先采用工程造价管理机构发布的单价作为基准单价，未发布的，通过市场调查确定其基准单价。

表 1-15 **承包人提供主要材料和工程设备一览表**

（适用于价格指数调整法）

工程名称：某小区住宅工程 标段： 第 页 共 页

序号	名称、规格、型号	变值权重 B	基本价格指数 F_0	现行价格指数 F_t	备注
	定值权重 A		—	—	
	合　计	1	—	—	

注：1. "名称、规格、型号"、"基本价格指数"栏由招标人填写，基本价格指数应首先采用工程造价管理机构发布的价格指数，没有时，可采用发布的价格代替。如人工、机械费也采用本法调整，由招标人在"名称"栏填写。

　　2. "变值权重"栏由投标人根据该项人工、机械费和材料、工程设备价值在投标总报价中所占比例填写，1减去其比例为定值权重。

　　3. "现行价格指数"按约定付款证书相关周期最后一天的前42天的各项价格指数填写，该指数应首先采用工程造价管理机构发布的价格指数，没有时，可采用发布的价格代替。

第四节　建筑安装工程费用构成

一、按照费用构成要素划分

建筑安装工程费按照费用构成要素划分,由人工费、材料(包含工程设备,下同)费、施工机具使用费、企业管理费、利润、规费和税金组成(图1-1)。其中,人工费、材料费、施工机具使用费、企业管理费和利润包含在分部分项工程费、措施项目费、其他项目费中。

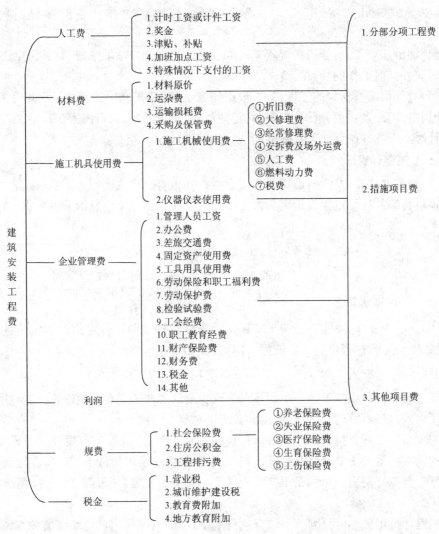

图1-1　建筑安装工程费用项目组成(按照费用构成要素划分)

(一)人工费

1. 人工费组成

人工费是指按工资总额构成规定,支付给从事建筑安装工程施工的生产工人和附属生产单位工人的各项费用。内容包括:

(1)计时工资或计件工资:是指按计时工资标准和工作时间或对已做工作按计件单价支付给个人的劳动报酬。

(2)奖金:是指对超额劳动和增收节支支付给个人的劳动报酬。如节约奖、劳动竞赛奖等。

(3)津贴补贴:是指为了补偿职工特殊或额外的劳动消耗和因其他特殊原因支付给个人的津贴,以及为了保证职工工资水平不受物价影响支付给个人的物价补贴,如流动施工津贴、特殊地区施工津贴、高温(寒)作业临时津贴、高空津贴等。

(4)加班加点工资:是指按规定支付的在法定节假日工作的加班工资和在法定日工作时间外延时工作的加点工资。

(5)特殊情况下支付的工资:是指根据国家法律、法规和政策规定,因病、工伤、产假、计划生育假、婚丧假、事假、探亲假、定期休假、停工学习、执行国家或社会义务等原因按计时工资标准或计时工资标准的一定比例支付的工资。

2. 人工费计算

(1)人工费计算方法一:适用于施工企业投标报价时自主确定人工费,也是工程造价管理机构编制计价定额确定定额人工单价或发布人工成本信息的参考依据,计算公式如下:

$$人工费 = \sum(工日消耗量 \times 日工资单价)$$

$$日工资单价 = \frac{生产工人平均月工资(计时、计件) + 平均月(奖金 + 津贴补贴 + 特殊情况下支付的工资)}{年平均每月法定工作日}$$

(2)人工费计算方法二:适用于工程造价管理机构编制计价定额时确定定额人工费,是施工企业投标报价的参考依据,计算公式如下:

$$人工费 = \sum(工程工日消耗量 \times 日工资单价)$$

日工资单价是指施工企业平均技术熟练程度的生产工人在每工作日(国家法定工作时间内)按规定从事施工作业应得的日工资总额。

工程造价管理机构确定日工资单价应通过市场调查,根据工程项目的技术要求,参考实物工程量人工单价综合分析确定,最低日工资单价不得低于工程所在地人力资源和社会保障部门所发布的最低工资标准的:普工1.3倍、一般技工2倍、高级技工3倍。

工程计价定额不可只列一个综合工日单价,应根据工程项目技术要求和工种差别适当划分多种日人工单价,确保各分部工程人工费的合理构成。

(二)材料费

1. 材料费组成

材料费是指施工过程中耗费的原材料、辅助材料、构配件、零件、半成品或成品、工程设备的费用。内容包括：

(1)材料原价：是指材料、工程设备的出厂价格或商家供应价格。

(2)运杂费：是指材料、工程设备自来源地运至工地仓库或指定堆放地点所发生的全部费用。

(3)运输损耗费：是指材料在运输装卸过程中不可避免的损耗。

(4)采购及保管费：是指为组织采购、供应和保管材料、工程设备的过程中所需要的各项费用。包括采购费、仓储费、工地保管费、仓储损耗。

工程设备是指构成或计划构成永久工程一部分的机电设备、金属结构设备、仪器装置及其他类似的设备和装置。

2. 材料费计算

(1)材料费。

$$材料费 = \sum(材料消耗量 \times 材料单价)$$

$$材料单价 = [(材料原价 + 运杂费) \times [1 + 运输损耗率(\%)]] \times [1 + 采购保管费率(\%)]$$

(2)工程设备费。

$$工程设备费 = \sum(工程设备量 \times 工程设备单价)$$

$$工程设备单价 = (设备原价 + 运杂费) \times [1 + 采购保管费率(\%)]$$

(三)施工机具使用费

1. 施工机具使用费组成

施工机具使用费是指施工作业所发生的施工机械、仪器仪表使用费或其租赁费。

(1)施工机械使用费：以施工机械台班耗用量乘以施工机械台班单价表示，施工机械台班单价应由下列七项费用组成：

1)折旧费：是指施工机械在规定的使用年限内，陆续收回其原值的费用。

2)大修理费：是指施工机械按规定的大修理间隔台班进行必要的大修理，以恢复其正常功能所需的费用。

3)经常修理费：是指施工机械除大修理以外的各级保养和临时故障排除所需的费用。包括为保障机械正常运转所需替换设备与随机配备工具附具的摊销和维护费用，机械运转中日常保养所需润滑与擦拭的材料费用及机械停滞期间的维护和保养费用等。

4)安拆费及场外运费：安拆费是指施工机械(大型机械除外)在现场进行安装与拆卸所需的人工、材料、机械和试运转费用以及机械辅助设施的折旧、搭设、拆除等费用；场外运费是指施工机械整体或分体自停放地点运至施工现场或由一施工地点运至另一施工地点的运输、装卸、辅助材料及架线等费用。

5)人工费:是指机上司机(司炉)和其他操作人员的人工费。

6)燃料动力费:是指施工机械在运转作业中所消耗的各种燃料及水、电等。

7)税费:是指施工机械按照国家规定应缴纳的车船使用税、保险费及年检费等。

(2)仪器仪表使用费:是指工程施工所需使用的仪器仪表的摊销及维修费用。

2. 施工机具使用费计算

(1)施工机械使用费。

$$施工机械使用费 = \sum(施工机械台班消耗量 × 机械台班单价)$$

$$机械台班单价 = 台班折旧费 + 台班大修费 + 台班经常修理费 +$$
$$台班安拆费及场外运费 + 台班人工费 + 台班燃料动力费 +$$
$$台班车船税费$$

注:工程造价管理机构在确定计价定额中的施工机械使用费时,应根据《建筑施工机械台班费用计算规则》结合市场调查编制施工机械台班单价。施工企业可以参考工程造价管理机构发布的台班单价,自主确定施工机械使用费的报价,如租赁施工机械,公式为:$施工机械使用费 = \sum(施工机械台班消耗量 × 机械台班租赁单价)$

(2)仪器仪表使用费。

$$仪器仪表使用费 = 工程使用的仪器仪表摊销费 + 维修费$$

(四)企业管理费

1. 企业管理费组成

企业管理费是指建筑安装企业组织施工生产和经营管理所需的费用。内容包括:

(1)管理人员工资:是指按规定支付给管理人员的计时工资、奖金、津贴补贴、加班加点工资及特殊情况下支付的工资等。

(2)办公费:是指企业管理办公用的文具、纸张、账表、印刷、邮电、书报、办公软件、现场监控、会议、水电、烧水和集体取暖降温(包括现场临时宿舍取暖降温)等费用。

(3)差旅交通费:是指职工因公出差、调动工作的差旅费、住勤补助费,市内交通费和误餐补助费,职工探亲路费,劳动力招募费,职工退休、退职一次性路费,工伤人员就医路费,工地转移费以及管理部门使用的交通工具的油料、燃料等费用。

(4)固定资产使用费:是指管理和试验部门及附属生产单位使用的属于固定资产的房屋、设备、仪器等的折旧、大修、维修或租赁费。

(5)工具用具使用费:是指企业施工生产和管理使用的不属于固定资产的工具、器具、家具、交通工具和检验、试验、测绘、消防用具等的购置、维修和摊销费。

(6)劳动保险和职工福利费:是指由企业支付的职工退职金,按规定支付给离休干部的经费,集体福利费,夏季防暑降温、冬季取暖补贴,上下班交通补贴等。

(7)劳动保护费:是指企业按规定发放的劳动保护用品的支出。如工作服、手套、防暑降温饮料以及在有碍身体健康的环境中施工的保健费用等。

(8)检验试验费：是指施工企业按照有关标准规定，对建筑以及材料、构件和建筑安装物进行一般鉴定、检查所发生的费用，包括自设试验室进行试验所耗用的材料等费用。不包括新结构、新材料的试验费，对构件做破坏性试验及其他特殊要求检验试验的费用和建设单位委托检测机构进行检测的费用，对此类检测发生的费用，由建设单位在工程建设其他费用中列支。但对施工企业提供的具有合格证明的材料进行检测不合格的，该检测费用由施工企业支付。

(9)工会经费：是指企业按《工会法》规定的全部职工工资总额比例计提的工会经费。

(10)职工教育经费：是指按职工工资总额的规定比例计提，企业为职工进行专业技术和职业技能培训，专业技术人员继续教育、职工职业技能鉴定、职业资格认定以及根据需要对职工进行各类文化教育所发生的费用。

(11)财产保险费：是指施工管理用财产、车辆等的保险费用。

(12)财务费：是指企业为施工生产筹集资金或提供预付款担保、履约担保、职工工资支付担保等所发生的各种费用。

(13)税金：是指企业按规定缴纳的房产税、车船使用税、土地使用税、印花税等。

(14)其他：包括技术转让费、技术开发费、投标费、业务招待费、绿化费、广告费、公证费、法律顾问费、审计费、咨询费、保险费等。

2. 企业管理费费率

(1)以分部分项工程费为计算基础。

$$企业管理费费率（\%）=\frac{生产工人年平均管理费}{年有效施工天数×人工单价}×$$
$$人工费占分部分项工程费比例（\%）$$

(2)以人工费和机械费合计为计算基础。

$$企业管理费费率（\%）=\frac{生产工人年平均管理费}{年有效施工天数×（人工单价＋每一工日机械使用费）}×$$
$$100\%$$

(3)以人工费为计算基础。

$$企业管理费费率（\%）=\frac{生产工人年平均管理费}{年有效施工天数×人工单价}×100\%$$

注：上述公式适用于施工企业投标报价时自主确定管理费，是工程造价管理机构编制计价定额确定企业管理费的参考依据。

工程造价管理机构在确定计价定额中企业管理费时，应以定额人工费或（定额人工费＋定额机械费）作为计算基数，其费率根据历年工程造价积累的资料，辅以调查数据确定，列入分部分项工程和措施项目中。

（五）利润

利润是指施工企业完成所承包工程获得的盈利。施工企业根据企业自身需求并结合建筑市场实际自主确定,列入报价中。

工程造价管理机构在确定计价定额中利润时,应以定额人工费或(定额人工费+定额机械费)作为计算基数,其费率根据历年工程造价积累的资料,并结合建筑市场实际确定,以单位(单项)工程测算,利润在税前建筑安装工程费的比重可按不低于5%且不高于7%的费率计算。利润应列入分部分项工程和措施项目中。

(六)规费

1. 规费组成

规费是指按国家法律、法规规定,由省级政府和省级有关权力部门规定必须缴纳或计取的费用。包括:

(1)社会保险费:

1)养老保险费:是指企业按照规定标准为职工缴纳的基本养老保险费。

2)失业保险费:是指企业按照规定标准为职工缴纳的失业保险费。

3)医疗保险费:是指企业按照规定标准为职工缴纳的基本医疗保险费。

4)生育保险费:是指企业按照规定标准为职工缴纳的生育保险费。

5)工伤保险费:是指企业按照规定标准为职工缴纳的工伤保险费。

(2)住房公积金:是指企业按规定标准为职工缴纳的住房公积金。

(3)工程排污费:是指按规定缴纳的施工现场工程排污费。

其他应列而未列入的规费,按实际发生计取。

2. 规费计算

(1)社会保险费和住房公积金。社会保险费和住房公积金应以定额人工费为计算基础,根据工程所在地省、自治区、直辖市或行业建设主管部门规定费率计算。

$$社会保险费和住房公积金 = \sum(工程定额人工费 \times$$
$$社会保险费和住房公积金费率)$$

式中:社会保险费和住房公积金费率可以每万元发承包价的生产工人人工费和管理人员工资含量与工程所在地规定的缴纳标准综合分析取定。

(2)工程排污费。工程排污费等其他应列而未列入的规费应按工程所在地环境保护等部门规定的标准缴纳,按实际计取列入。

(七)税金

税金是指国家税法规定的应计入建筑安装工程造价内的营业税、城市维护建设税、教育费附加以及地方教育附加。

根据上述规定,现行应缴纳的税金计算公式如下:

$$税金 = 税前造价 \times 综合税率(\%)$$

综合税率计算为:

(1)纳税地点在市区的企业。

$$综合税率(\%) = \frac{1}{1 - 3\% - 3\% \times 7\% - 3\% \times 3\% - 3\% \times 2\%} - 1$$

(2)纳税地点在县城、镇的企业。

$$综合税率(\%)=\frac{1}{1-3\%-3\%\times5\%-3\%\times3\%-3\%\times2\%}-1$$

(3)纳税地点不在市区、县城、镇的企业。

$$综合税率(\%)=\frac{1}{1-3\%-3\%\times1\%-3\%\times3\%-3\%\times2\%}-1$$

(4)实行营业税改增值税的,按纳税地点现行税率计算。

二、按照工程造价形成划分

建筑安装工程费按照工程造价形成由分部分项工程费、措施项目费、其他项目费、规费、税金组成(图 1-2)。其中分部分项工程费、措施项目费、其他项目费包含人工费、材料费、施工机具使用费、企业管理费和利润。

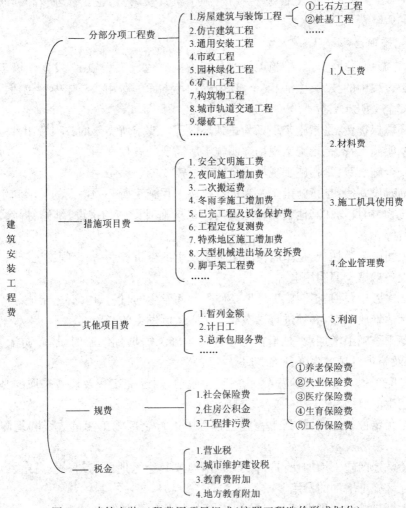

图 1-2　建筑安装工程费用项目组成(按照工程造价形成划分)

1. 分部分项工程费

(1)分部分项工程费组成。

分部分项工程费是指各专业工程的分部分项工程应予列支的各项费用。

1)专业工程:是指按现行国家计量规范划分的房屋建筑与装饰工程、仿古建筑工程、通用安装工程、市政工程、园林绿化工程、矿山工程、构筑物工程、城市轨道交通工程、爆破工程等各类工程。

2)分部分项工程:是指按现行国家计量规范对各专业工程划分的项目。如房屋建筑与装饰工程划分的土石方工程、地基处理与桩基工程、砌筑工程、钢筋及钢筋混凝土工程等。

(2)分部分项工程费计算。

$$分部分项工程费 = \sum(分部分项工程量 \times 综合单价)$$

式中:综合单价包括人工费、材料费、施工机具使用费、企业管理费和利润以及一定范围的风险费用。

2. 措施项目费

(1)措施项目费组成。措施项目费是指为完成建设工程施工,发生于该工程施工前和施工过程中的技术、生活、安全、环境保护等方面的费用。具体内容包括:

1)安全文明施工费:

①环境保护费:是指施工现场为达到环保部门要求所需要的各项费用。

②文明施工费:是指施工现场文明施工所需要的各项费用。

③安全施工费:是指施工现场安全施工所需要的各项费用。

④临时设施费:是指施工企业为进行建设工程施工所必须搭设的生活和生产用的临时建筑物、构筑物和其他临时设施费用。包括临时设施的搭设、维修、拆除、清理费或摊销费等。

2)夜间施工增加费:是指因夜间施工所发生的夜班补助费、夜间施工降效、夜间施工照明设备摊销及照明用电等费用。

3)二次搬运费:是指因施工场地条件限制而发生的材料、构配件、半成品等一次运输不能到达堆放地点,必须进行二次或多次搬运所发生的费用。

4)冬雨季施工增加费:是指在冬季或雨季施工需增加的临时设施、防滑、排除雨雪,人工及施工机械效率降低等费用。

5)已完工程及设备保护费:是指竣工验收前,对已完工程及设备采取的必要保护措施所发生的费用。

6)工程定位复测费:是指工程施工过程中进行全部施工测量放线和复测工作的费用。

7)特殊地区施工增加费:是指工程在沙漠或其边缘地区、高海拔、高寒、原始森林等特殊地区施工增加的费用。

8)大型机械设备进出场及安拆费:是指机械整体或分体自停放场地运至施工现场

或由一个施工地点运至另一个施工地点,所发生的机械进出场运输及转移费用及机械在施工现场进行安装、拆卸所需的人工费、材料费、机械费、试运转费和安装所需的辅助设施的费用。

9)脚手架工程费:是指施工需要的各种脚手架搭、拆、运输费用以及脚手架购置费的摊销(或租赁)费用。

措施项目及其包含的内容详见各类专业工程的现行国家或行业计量规范。

(2)措施项目费计算。

1)国家计量规范规定应予计量的措施项目,其计算公式为:

$$措施项目费 = \sum(措施项目工程量 \times 综合单价)$$

2)国家计量规范规定不宜计量的措施项目计算方法如下:

①安全文明施工费:

$$安全文明施工费 = 计算基数 \times 安全文明施工费费率(\%)$$

计算基数应为定额基价(定额分部分项工程费＋定额中可以计量的措施项目费)、定额人工费或(定额人工费＋定额机械费),其费率由工程造价管理机构根据各专业工程的特点综合确定。

②夜间施工增加费:

$$夜间施工增加费 = 计算基数 \times 夜间施工增加费费率(\%)$$

③二次搬运费:

$$二次搬运费 = 计算基数 \times 二次搬运费费率(\%)$$

④冬雨季施工增加费:

$$冬雨季施工增加费 = 计算基数 \times 冬雨季施工增加费费率(\%)$$

⑤已完工程及设备保护费:

$$已完工程及设备保护费 = 计算基数 \times 已完工程及设备保护费费率(\%)$$

上述②～⑤项措施项目的计费基数应为定额人工费或(定额人工费＋定额机械费),其费率由工程造价管理机构根据各专业工程特点和调查资料综合分析后确定。

3. 其他项目费

(1)其他项目费组成。

1)暂列金额:是指建设单位在工程量清单中暂定并包括在工程合同价款中的一笔款项。用于施工合同签订时尚未确定或者不可预见的所需材料、工程设备、服务的采购,施工中可能发生的工程变更、合同约定调整因素出现时的工程价款调整以及发生的索赔、现场签证确认等的费用。

2)计日工:是指在施工过程中,施工企业完成建设单位提出的施工图纸以外的零星项目或工作所需的费用。

3)总承包服务费:是指总承包人为配合、协调建设单位进行的专业工程发包,对建设单位自行采购的材料、工程设备等进行保管以及施工现场管理、竣工资料汇总整理等服务所需的费用。

（2）其他项目费计算。

1）暂列金额由建设单位根据工程特点，按有关计价规定估算，施工过程中由建设单位掌握使用、扣除合同价款调整后如有余额，归建设单位。

2）计日工由建设单位和施工企业按施工过程中的签证计价。

3）总承包服务费由建设单位在招标控制价中根据总包服务范围和有关计价规定编制，施工企业投标时自主报价，施工过程中按签约合同价执行。

4. 规费和税金

规费是政府和有关权力部门根据国家法律、法规规定施工企业必须缴纳的费用。税金是国家按照税法预先规定的标准，强制地、无偿地要求纳税人缴纳的费用。二者都是工程造价的组成部分，但是其费用内容和计取标准都不是发承包人能自主确定的，更不是由市场竞争决定的。主要包括如下内容：

（1）社会保险费。《中华人民共和国社会保险法》第二条规定："国家建立基本养老保险、基本医疗保险、工伤保险、失业保险、生育保险等社会保险制度，保障公民在年老、疾病、工伤、失业、生育等情况下依法从国家和社会获得物质帮助的权利。"

1）养老保险费。《中华人民共和国社会保险法》第十条规定："职工应当参加基本养老保险，由用人单位和职工共同缴纳基本养老保险费。"

《中华人民共和国劳动法》第七十二条规定："用人单位和劳动者必须依法参加社会保险，缴纳社会保险费。"为此，国务院《关于建立统一的企业职工基本养老保险制度的决定》（国发［1997］26号）第三条规定："企业缴纳基本养老保险费（以下简称企业缴费）的比例，一般不得超过企业工资总额的20%（包括划入个人账户的部分），具体比例由省、自治区、直辖市人民政府确定。"

2）医疗保险费。《中华人民共和国社会保险法》第二十三条规定："职工应当参加职工医疗保险，由用人单位和职工按照国家规定共同缴纳基本医疗保险费。"

国务院《关于建立城镇职工基本医疗保险制度的决定》（国发［1998］44号）第二条规定：基本医疗保险费由用人单位和职工个人共同缴纳。用人单位缴费应控制在职工工资总额的6%左右，职工一般为本人工资收入的2%。随着经济发展，用人单位和职工缴费率可作相应调整。

3）失业保险费。《中华人民共和国社会保险法》第四十四条规定："职工应当参加失业保险，由用人单位和职工按照国家规定共同缴纳失业保险费。"

《失业保险条例》（国务院令第258号）第六条规定：城镇企业事业单位按照本单位工资总额的百分之二缴纳失业保险费。城镇企业事业单位职工按照本人工资的百分之一缴纳失业保险费。城镇企业事业单位招用的农民合同制工人本人不缴纳失业保险费。

4）工伤保险费。《中华人民共和国社会保险法》第三十三条规定："职工应当参加工伤保险。由用人单位缴纳工伤保险费，职工不缴纳工伤保险费。"

《中华人民共和国建筑法》第四十八条规定："建筑施工企业应当依法为职工参加

工伤保险缴纳工伤保险费。鼓励企业为从事危险作业的职工办理意外伤害保险,支付保险费。"

《工伤保险条例》(国务院令第 375 号)第十条规定:"用人单位应按时缴纳工伤保险费。职工个人不缴纳工伤保险费。"

5)生育保险费。《中华人民共和国社会保险法》第五十三条规定:"职工应当参加生育保险,由用人单位按照国家规定缴纳生育保险费,职工不缴纳生育保险费。"

(2)住房公积金。《住房公积金管理条例》(国务院令第 262 号)第十八条规定:"职工和单位住房公积金的缴存比例均不得低于职工上一年度月平均工资的 5%;有条件的城市,可以适当提高缴存比例。具体缴存比例由住房公积金管理委员会拟订,给本级人民政府审核后,报省、自治区、直辖市人民政府批准。"

(3)工程排污费。《中华人民共和国水污染防治法》第二十四条规定:"直接向水体排放污染物的企业事业单位和个体工商户,应当按照排放水污染物的种类、数量和排污费征收标准缴纳排污费。"

由上述法律、行政法规以及国务院文件规定可见,规费是由国家或省级、行业建设行政主管部门依据国家有关法律、法规以及省级政府或省级有关权力部门的规定确定。因此,在工程造价计价时,规费和税金应按国家或省级、行业建设主管部门的有关规定计算,并不得作为竞争性费用。

三、建筑安装工程计价程序

1. 工程招标控制价计价程序

建设单位工程招标控制价计价程序见表 1-16。

表 1-16　　　　　　　　建设单位工程招标控制价计价程序

工程名称:　　　　　　　　　　　标段:

序号	内　容	计算方法	金额(元)
1	分部分项工程费	按计价规定计算	
1.1			
1.2			
1.3			
1.4			
1.5			
2	措施项目费	按计价规定计算	
2.1	其中:安全文明施工费	按规定标准计算	

续表

序号	内　　容	计算方法	金额(元)
3	其他项目费		
3.1	其中:暂列金额	按计价规定估算	
3.2	其中:专业工程暂估价	按计价规定估算	
3.3	其中:计日工	按计价规定估算	
3.4	其中:总承包服务费	按计价规定估算	
4	规费	按规定标准计算	
5	税金(扣除不列入计税范围的工程设备金额)	(1+2+3+4)×规定税率	
招标控制价合计=1+2+3+4+5			

2. 工程投标报价计价程序

施工企业工程投标报价计价程序见表 1-17。

表 1-17　　　　　　　　施工企业工程投标报价计价程序

工程名称:　　　　　　　　　标段:

序号	内　　容	计算方法	金额(元)
1	分部分项工程费	自主报价	
1.1			
1.2			
1.3			
1.4			
1.5			
2	措施项目费	自主报价	
2.1	其中:安全文明施工费	按规定标准计算	
3	其他项目费		
3.1	其中:暂列金额	按招标文件提供金额计列	
3.2	其中:专业工程暂估价	按招标文件提供金额计列	
3.3	其中:计日工	自主报价	
3.4	其中:总承包服务费	自主报价	
4	规费	按规定标准计算	
5	税金(扣除不列入计税范围的工程设备金额)	(1+2+3+4)×规定税率	
投标报价合计=1+2+3+4+5			

3. 竣工结算计价程序

竣工结算计价程序见表1-18。

表 1-18   竣工结算计价程序

工程名称：   标段：

序号	汇总内容	计算方法	金额(元)
1	分部分项工程费	按合同约定计算	
1.1			
1.2			
1.3			
1.4			
1.5			
2	措施项目	按合同约定计算	
2.1	其中:安全文明施工费	按规定标准计算	
3	其他项目		
3.1	其中:专业工程结算价	按合同约定计算	
3.2	其中:计日工	按计日工签证计算	
3.3	其中:总承包服务费	按合同约定计算	
3.4	索赔与现场签证	按发承包双方确认数额计算	
4	规费	按规定标准计算	
5	税金(扣除不列入计税范围的工程设备金额)	(1+2+3+4)×规定税率	
竣工结算总价合计＝1＋2＋3＋4＋5			

第二章 建筑面积计算

第一节 建筑面积的概念及作用

一、建筑面积的概念

建筑面积又称建筑展开面积,是表示建筑物平面特征的几何参数,是建筑物各层水平面面积之和,单位通常用"m^2"表示。

建筑面积主要包括使用面积、辅助面积和结构面积三部分。使用面积是指建筑物各层平面面积中直接为生产或生活使用的净面积之和;辅助面积是指建筑物各层平面面积中为辅助生产或辅助生活所占净面积之和。使用面积与辅助面积之和称为有效面积;结构面积是指建筑物各层平面面积中的墙、柱等结构所占面积之和。

二、建筑面积的作用

建筑面积在建筑装饰工程预算中的作用主要有以下几个方面:

(1)建筑面积是建设投资、建设项目可行性研究、建设项目勘察设计、建设项目评估、建设项目招标投标、建筑工程施工和竣工验收、建筑工程造价管理、建筑工程造价控制等一系列工作的重要评价指标。

(2)建筑面积是计算开工面积、竣工面积以及建筑装饰规模的重要技术指标。

(3)建筑面积是计算单位工程技术经济指标的基础。如单方造价,单方人工、材料、机械消耗指标及工程量消耗指标等的重要技术经济指标。

(4)建筑面积是进行设计评价的重要技术指标。设计人员在进行建筑与结构设计时,通过计算建筑面积与使用面积、辅助面积、结构面积、有效面积之间的比例关系以及平面系数、土地利用系数等技术经济指标,对设计方案做出优劣评价。

综上所述,建筑面积是重要的技术经济指标,在全面控制建筑装饰工程造价和建设过程中起着重要作用。

第二节 建筑面积计算规则与方法

一、计算建筑面积的范围及规则

(1)单层建筑物的建筑面积,应按其外墙勒脚以上结构外围水平面积计算,并应符合下列规定：

1)单层建筑物高度在 2.20m 及以上者应计算全面积；高度不足 2.20m 者应计算 1/2 面积。

注：单层建筑物的高度是指室内地面标高至屋面面板板面结构标高之间的垂直距离，遇有此屋面板找坡的平屋顶单层建筑物，其高度指室内地面标高至屋面板最低处板面结构标高之间的垂直距离。

净高是指楼面或地面至上部楼板底面或吊顶底面之间的垂直距离。

如图 2-1 所示，其建筑面积按建筑平面图外轮廓线尺寸进行计算，即

$$S = L \times B$$

式中　S——单层建筑物的建筑面积(m^2)；

　　　L——两端山墙勒脚以上外表面间水平长度(m)；

　　　B——两纵墙勒脚以上外表面间水平宽度(m)。

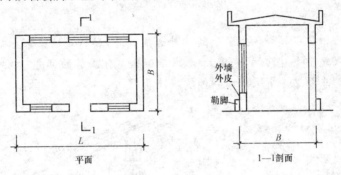

图 2-1　单层建筑物示意图

【例 2-1】　如图 2-2 所示，求某单层建筑物建筑面积。

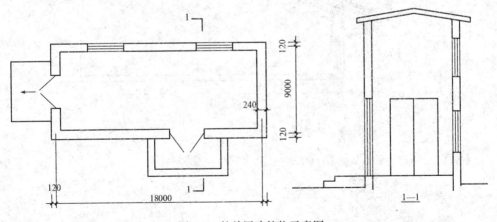

图 2-2　某单层建筑物示意图

【解】　单层建筑物的建筑面积按外墙勒脚以上外围水平投影面积计算。

$$S = (18 + 0.24) \times (9 + 0.24) = 168.54 m^2$$

2)利用坡屋顶内空间时,净高超过 2.10m 的部位应计算全面积;净高在 1.20m 至 2.10m 的部位应计算 1/2 面积;净高不足 1.20m 的部位不应计算面积。坡屋顶如图 2-3 所示。

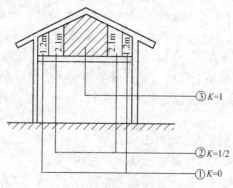

图 2-3　坡屋顶示意图

　　注:建筑面积是以勒脚以上外墙结构外边线计算,勒脚是墙根部很矮的一部分墙体加厚,不能代表整个外墙结构,因此,要扣除勒脚墙体加厚的部分。

【例 2-2】　求图 2-4 所示某坡屋顶的建筑面积。

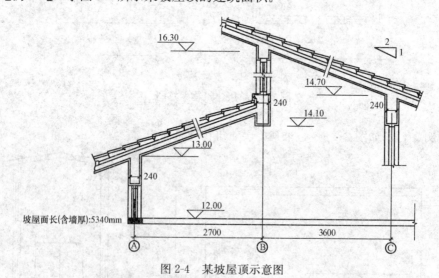

图 2-4　某坡屋顶示意图

【解】　1)应计算 1/2 面积:(Ⓐ轴~Ⓑ轴)

$$S_1 = 符合 1.2m 高的宽 \times 坡屋面长 \times \frac{1}{2} = [2.70 - (1.2-1.0) \times 2] \times 5.34 \times \frac{1}{2}$$

$$= 6.14m^2$$

2)应计算全部面积:(Ⓑ轴~Ⓒ轴)

$$S_2 = 3.60 \times 5.34 = 19.22m^2$$

小计:$S = S_1 + S_2 = 6.14 + 19.22 = 25.36m^2$

(2)单层建筑物内设有局部楼层者,局部楼层的二层及以上楼层,有围护结构的应按其围护结构外围水平面积计算,无围护结构的应按其结构底板水平面积计算。层高在 2.20m 及以上者应计算全面积;层高不足 2.20m 者应计算 1/2 面积。

如图 2-5 所示,即应计算建筑物内 h_2 部分楼层的面积。

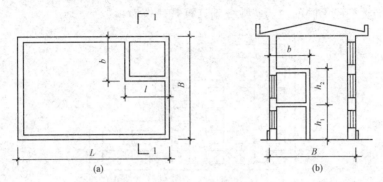

图 2-5 设有局部楼层的单层建筑物示意图

(a)平面图;(b)1—1 剖面图

图 2-5 所示建筑面积可表示为:

$$S = L \times B + \sum_{i=2}^{n} l_i \times b_i$$

注:1. 单层建筑物应按不同的高度确定其面积的计算,其高度指室内地面标高至屋面板板面结构标高之间的垂直距离。遇有以屋面板找坡的平屋顶单层建筑物,其高度指室内地面标高至屋面板最低处板面结构标高之间的垂直距离。

2. 坡屋顶内空间建筑面积计算,可参照《住宅设计规范》(GB 50096—2011)的有关规定,将坡屋顶的建筑按不同净高确定其面积的计算。净高指楼面或地面至上部楼板底面或吊顶底面之间的垂直距离。

【例 2-3】 求带有局部楼层的单层建筑物(图 2-6)的建筑面积。

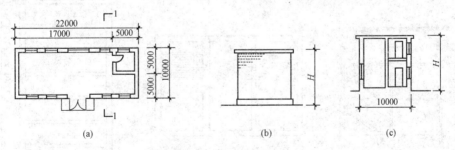

图 2-6 某单层建筑物示意图

(a)平面图;(b)侧立面图;(c)1—1 剖面图

【解】 $S=$ 底层建筑面积+局部楼层的建筑面积

$$S = 22.0 \times 10.0 + 5.0 \times 5.0 = 245 \text{m}^2$$

（3）多层建筑物首层应按其外墙勒脚以上结构外围水平面积计算；二层及以上楼层应按其外墙结构外围水平面积计算。层高在 2.20m 及以上者应计算全面积；层高不足 2.20m 者应计算 1/2 面积。

同一建筑物如结构、层数不同时，应分别计算建筑面积，如图 2-7 所示。建筑物应按不同结构类型或不同部位的层数分别计算其建筑面积。

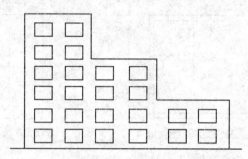

图 2-7　结构、层数不同的同一建筑物示意图

注：多层建筑物的建筑面积应按不同的层高分别计算。层高是指上下两层楼面结构标高之间的垂直距离。建筑物最底层的层高，有基础底板的指基础底板上表面结构标高至上层楼面的结构标高之间的垂直距离；没有基础底板的指地面标高至上层楼面结构标高之间的垂直距离。最上一层的层高是指楼面结构标高至屋面板板面结构标高之间的垂直距离，遇有以屋面板找坡的屋面，层高指楼面结构标高至屋面板最低处板面结构标高之间的垂直距离。

【例 2-4】　如图 2-8 所示，某多层建筑物若所标尺寸线为墙的中心线，墙厚 365mm，求其建筑面积。

【解】　$S = (6.0 \times 3 + 0.365) \times (12.0 + 0.365) + (6.0 \times 3 + 0.24) \times (12.0 + 0.24) \times 6$
　　　　$= 1566.63 \text{m}^2$

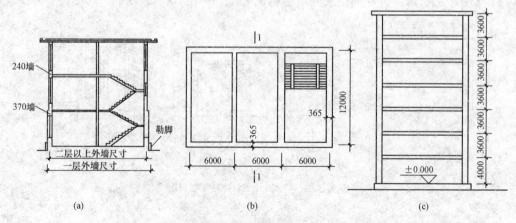

图 2-8　某多层建筑物示意图

(a)墙体外边线示意图；(b)平面图；(c)1—1 剖面图

（4）多层建筑坡屋顶内和场馆看台下，当设计加以利用时，净高超过 2.10m 的部位应计算全面积；净高在 1.20m 至 2.10m 的部位应计算 1/2 面积；当设计不利用或室内净高不足 1.20m 时不应计算面积。

【例 2-5】　某场馆看台剖面如图 2-9 所示，该看台底下空间不加以利用，试计算其建筑面积。

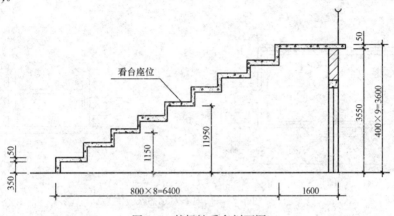

图 2-9　某场馆看台剖面图

【解】　多层建筑坡屋顶内和场馆看台下的空间应视为坡屋顶内的空间，设计不利用的空间，不应计算建筑面积。

（5）地下室、半地下室（车间、商店、车站、车库、仓库等），包括相应的有永久性顶盖的出入口，应按其外墙上口（不包括采光井、外墙防潮层及其保护墙）外边线所围水平面积计算。层高在 2.20m 及以上者应计算全面积；层高不足 2.20m 者应计算 1/2 面积，如图 2-10 所示，地下建筑的建筑面积为：

$$S = 地下室部分 + 出入口部分 = S_{de1} + S_{de2}$$
$$S_{de1} = l_1 \times b_1$$
$$S_{de2} = l_2 \times b_2$$

式中　l_1, b_1——分别为地下室上口外围的水平长与宽（m）；

　　　l_2, b_2——分别为地下室出入口上口外围的水平长与宽（m）。

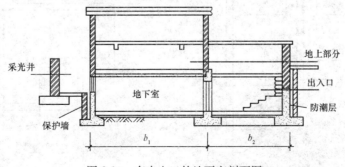

图 2-10　有出入口的地下室剖面图

注:地下室、半地下室应以其外墙上口外边线所围水平面积计算。原计算规则规定按地下室、半地下室上口外墙外围水平面积计算,文字上不甚严密,"上口外墙"容易理解为地下室、半地下室的上一层建筑的外墙。上一层建筑外墙与地下室墙的中心线不一定完全重叠,多数情况是凸出或凹进地下室外墙中心线。

【例2-6】 求如图2-11所示某地下室的建筑面积。

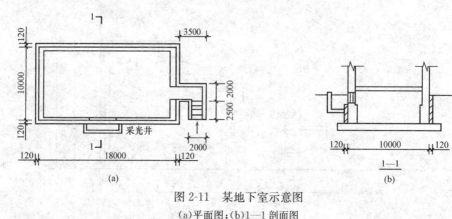

图2-11　某地下室示意图
(a)平面图;(b)1—1剖面图

【解】 $S = 18.0 \times 10.0 + 2 \times 2.5 + 2 \times 3.5 = 192.00 \text{m}^2$

(6)坡地的建筑物吊脚架空层(图2-12)、深基础架空层,设计加以利用并有围护结构的,层高在2.20m及以上的部位应计算全面积;层高不足2.20m的部位应计算1/2面积。设计加以利用、无围护结构的建筑吊脚架空层,应按其利用部位水平面积的1/2计算;设计不利用的深基础架空层、坡地吊脚架空层、多层建筑坡屋顶内、场馆看台下的空间不应计算面积。

坡地吊脚架空层一般是指沿山坡、河坡采用打桩筑柱的方法来支撑建筑物底层板的一种结构,如图2-13所示。有时室内阶梯教室、文体场馆的看台等处也可形成类似吊脚的结构。上述两种结构架空层的层高超过2.20m时,应按围护结构外围水平面积计算建筑面积。

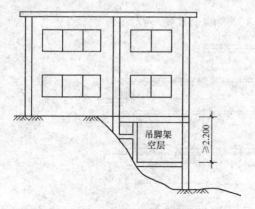

图2-12　坡地建筑物吊脚架空层示意图

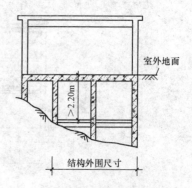

图2-13　坡地吊脚架空层示意图

【例 2-7】 如图 2-14 所示,求利用吊脚空间设置的架空层建筑面积。

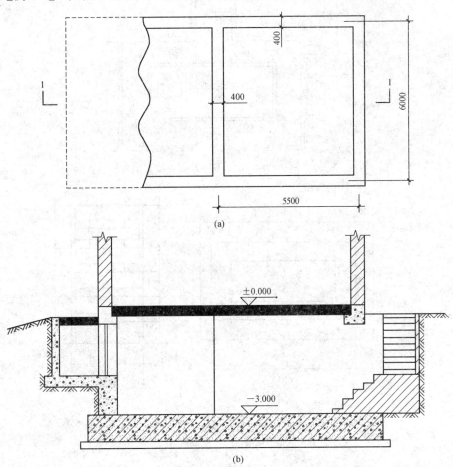

(a)

(b)

图 2-14 利用吊脚空间设置的架空层示意图

(a)吊脚平面图;(b)1—1 剖面图

【解】 建于坡地的建筑物利用吊脚空间设置架空层和深基础地下架空层设计加以利用时,其层高超过 2.20m 的,按围护结构外围水平面积计算建筑面积。

$$S=(6.00+0.40)\times(5.50+0.40)=37.76m^2$$

(7)建筑物的门厅、大厅按一层计算建筑面积。门厅、大厅内设有回廊时,应按其结构底板水平面积计算。层高在 2.20m 及以上者应计算全面积;层高不足 2.20m 者应计算 1/2 面积。

注:"门厅、大厅内设有回廊"是指建筑物大厅、门厅的上部(一般该大厅、门厅占两个或两个以上建筑物层高)四周向大厅、门厅、中间挑出的走廊,如图 2-15 所示。

【例 2-8】 求如图 2-16 所示,某 6 层带回廊实验楼的大厅和回廊的建筑面积。

【解】 大厅部分建筑面积 $S=13\times28=364m^2$

回廊部分建筑面积 $S=(28-1.8+13-1.8)\times1.8\times2\times5=673.2m^2$

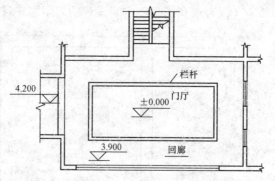

图 2-15　门厅、大厅内设有回廊示意图

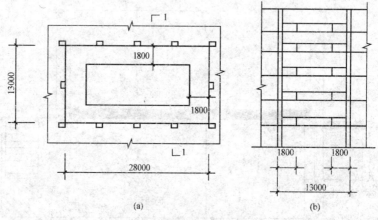

(a)　　　　　　　　　　　　(b)

图 2-16　某实验楼示意图

(a)平面图;(b)1—1剖面图

(8)建筑物间有围护结构的架空走廊(图 2-17),应按其围护结构外围水平面积计算。层高在 2.20m 及以上者应计算全面积;层高不足 2.20m 者应计算 1/2 面积。有永久性顶盖无围护结构的应按其结构底板水平面积的 1/2 计算。

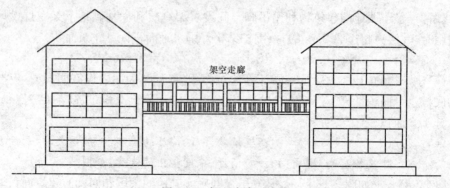

图 2-17　架空走廊示意图

【例 2-9】　如图 2-18 所示,求某空中走廊建筑面积。

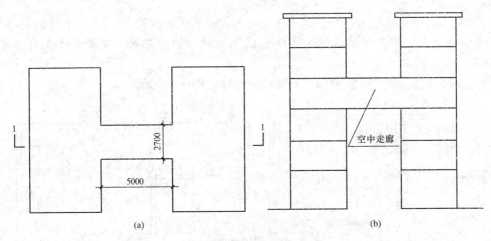

图 2-18　某空中走廊示意图

(a)平面图；(b)1—1 剖面图

【解】　$S=5\times2.7=13.5\mathrm{m}^2$

(9)立体书库(图 2-19)、立体仓库、立体车库,无结构层的应按一层计算,有结构层的应按其结构层面积分别计算。层高在 2.20m 及以上者应计算全面积;层高不足2.20m 者应计算 1/2 面积。

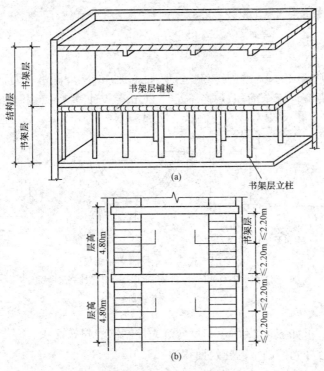

图 2-19　立体书库示意图

(a)书架层轴测图；(b)书架层剖面图

注:立体车库、立体仓库、立体书库不规定是否有围护结构,均按是否有结构层,应区分不同的层高确定建筑面积计算的范围,改变过去按书架层和货架层计算面积的规定。

【例 2-10】 求如图 2-20 所示某立体书库建筑面积。

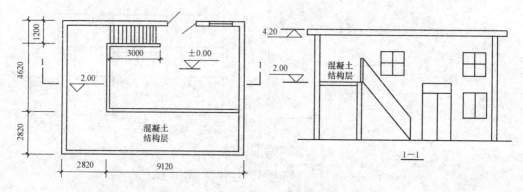

图 2-20 某立体书库示意图

【解】 底层建筑面积 $S=(2.82+4.62)\times(2.82+9.12)+3.0\times1.20$
$$=7.44\times11.94+3.60$$
$$=92.43\text{m}^2$$

结构层建筑面积 $S=(4.62+2.82+9.12)\times2.82\times1/2$(层高 2m)
$$=16.56\times2.82\times0.50$$
$$=23.35\text{m}^2$$

(10)有围护结构的舞台灯光控制室,应按其围护结构外围水平面积计算。层高在 2.20m 及以上者应计算全面积;层高不足 2.20m 者应计算 1/2 面积,如图 2-21 所示。

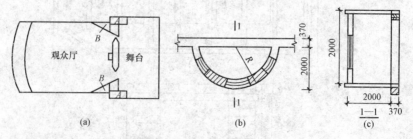

图 2-21 舞台灯光控制室示意图
(a)舞台平面图;(b)灯光控制室平面图;(c)灯光控制室剖面图
A—夹层;B—耳光室

【例 2-11】 求如图 2-22 所示某舞台灯光控制室的建筑面积。

【解】 舞台灯光控制室的建筑面积 $S=S_1+S_2+S_3$
$S_1=(4+0.24+2+0.24)/2\times(4.50+0.24)=15.36\text{m}^2$
$S_2=(2+0.24)\times(4.5+0.24)=10.62\text{m}^2$

$S_3 = (4.5 + 0.24) \times 1.00/2$

　　$= 2.37 m^2$

则：$S = S_1 + S_2 + S_3 = 28.35 m^2$

（11）建筑物外有围护结构的落地橱窗、门斗、挑廊、走廊、檐廊，应按其围护结构外围水平面积计算。层高在 2.20m 及以上者应计算全面积；层高不足 2.20m 者应计算 1/2 面积。有永久性顶盖无围护结构的应按其结构底板水平面积的 1/2 计算。

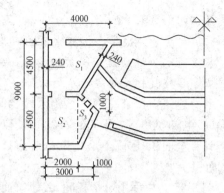

图 2-22　某舞台灯光控制室示意图

【例 2-12】　求如图 2-23 所示某门斗和水箱间的建筑面积。

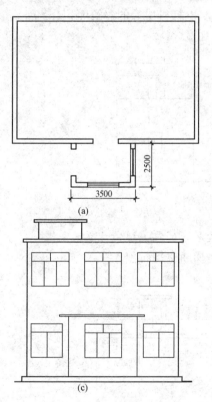

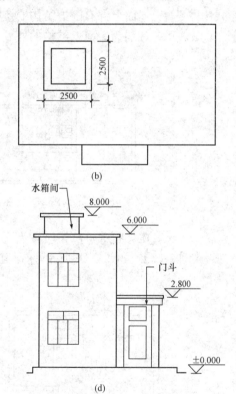

图 2-23　某门斗、水箱间示意图

（a）底层平面；（b）顶层平面；（c）正立面；（d）侧立面

【解】　门斗面积 $S = 3.5 \times 2.5 = 8.75 m^2$

水箱间面积 $S = 2.5 \times 2.5 \times 0.5 = 3.13 m^2$

（12）有永久性顶盖无围护结构的场馆看台（图 2-24），应按其顶盖水平投影面积的 1/2 计算。

注:"场馆"实质上是指"场"(如:足球场、网球场等)看台上有永久性顶盖部分。"馆"应是有永久性顶盖和围护结构的,应按单层或多层建筑相关规定计算面积。

(13)建筑物顶部有围护结构的楼梯间、水箱间、电梯机房等,层高在 2.20m 及以上者应计算全面积;层高不足 2.20m 者应计算1/2 面积。

图 2-25 是屋面上部楼梯间,其建筑面积的计算公式为:

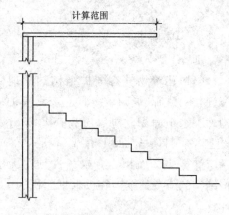

图 2-24　场馆看台剖面示意图

$$S = a \times b$$

式中　S——屋面上部有围护结构的楼梯间、水箱间、电梯机层等的建筑面积(m^2);

　　　a,b——分别为屋面上结构的外墙外围水平长和宽(m)。

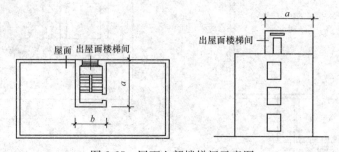

图 2-25　屋面上部楼梯间示意图

注:如遇建筑物屋顶的楼梯间是坡屋顶,应按坡屋顶的相关规定计算面积。

【例 2-13】　如图 2-26 所示,求某建筑屋面上楼梯间建筑面积。

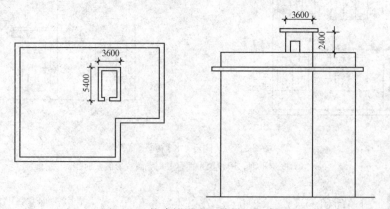

图 2-26　某建筑屋面上楼梯间示意图

【解】　$S = 3.6 \times 5.4 = 19.44 m^2$

(14)设有围护结构不垂直于水平面而超出底板外沿的建筑物,应按其底板面的外围水平面积计算。层高在2.20m及以上者应计算全面积;层高不足2.20m者应计算1/2面积,如图2-27所示。

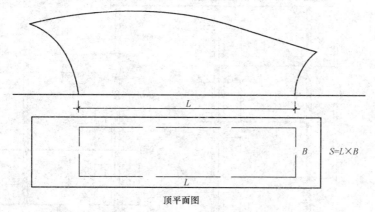

图2-27　设有围护结构不垂直于水平面而超出底板外沿的建筑物示意图

　　注:设有围护结构不垂直于水平面而超出底板外沿的建筑物是指向建筑物外倾斜的墙体,若遇有向建筑物内倾斜的墙体,应视为坡屋顶,应按坡屋顶有关规定计算面积。

　　(15)建筑物内的室内楼梯间、电梯井、观光电梯井、提物井、管道井、通风排气竖井、垃圾道、附墙烟囱应按建筑物的自然层计算,如图2-28和图2-29所示。

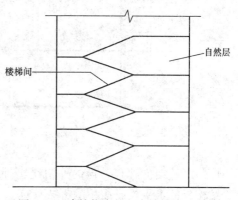

图2-28　建筑物内的室内楼梯间示意图

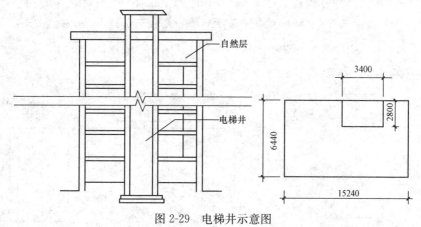

图2-29　电梯井示意图

　　注:室内楼梯间的面积计算,应按楼梯依附的建筑物的自然层数计算并在建筑物面积内。遇跃层建筑,其共用的室内楼梯应按自然层计算面积;上下两错层户室共用

的室内楼梯,应选上一层的自然层计算面积(图 2-30)。

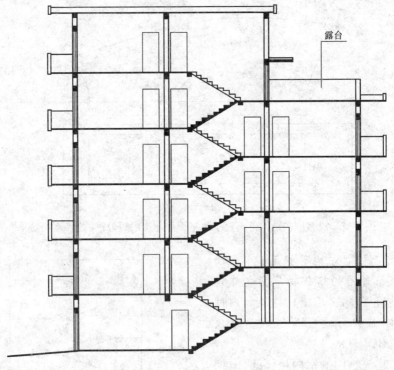

图 2-30　户室错层剖面示意图

(16)雨篷结构(图 2-31)的外边线至外墙结构外边线的宽度超过 2.10m 者,应按雨篷结构板的水平投影面积的 1/2 计算。

注:雨篷均以其宽度超过 2.10m 或不超过 2.10m 衡量,超过 2.10m 者应按雨篷的结构板水平投影面积的 1/2 计算。有柱雨篷和无柱雨篷计算应一致。

【例 2-14】　如图 2-32 所示,求某独立柱雨篷建筑面积。

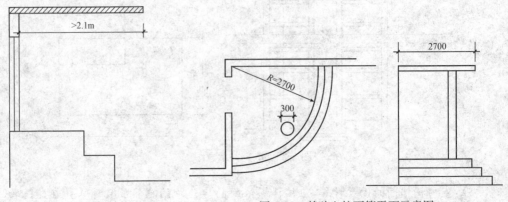

图 2-31　雨篷结构图　　　　　　图 2-32　某独立柱雨篷平面示意图

【解】　$S=\dfrac{(3.14\times2.7\times2.7)/4}{2}=2.86m^2$

(17)有永久性顶盖的室外楼梯,应按建筑物自然层的水平投影面积的 1/2 计算。室外楼梯一般分为二跑梯式,梯井宽一般都不超过 500mm,故按各层水平投影面积计算建筑面积,不扣减梯井面积。

图 2-33 中的室外楼梯建筑面积为 $S=4ab\times1/2$。

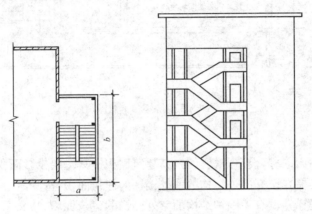

图 2-33　室外楼梯示意图

注:室外楼梯,最上层楼梯无永久性顶盖,或不能完全遮盖楼梯的雨篷,上层楼梯不计算面积,上层楼梯可视为下层楼梯的永久性顶盖,下层楼梯应计算面积。

【例 2-15】　求如图 2-34 所示的室外楼梯建筑面积。

【解】　室外楼梯设置有三种情况:即建筑物内无楼梯,设室外楼梯;室内有楼梯并并设有围护结构的室外楼梯;室内有楼梯并设无围护结构的室外楼梯,其建筑面积的计算规则如下:

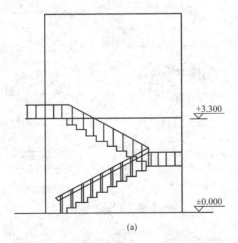

(a)

图 2-34　某建筑楼梯示意图(一)

(a)侧立面图

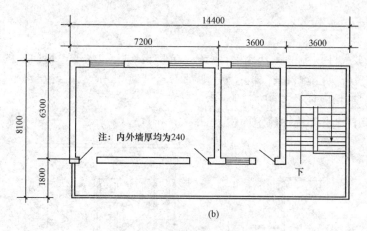

图 2-34　某建筑楼梯示意图(二)

(b)二层平面图

1)建筑物内无楼梯,设室外楼梯时,其建筑面积按其每层投影面积的 1/2 计算。

2)室内有楼梯并设有围护结构的室外楼梯的建筑面积,按其每层投影面积计算。

3)室内有楼梯并设有无围护结构的室外楼梯的建筑面积,按每层投影面积的 1/2 计算。

本例属于第 1)种情况,其建筑面积 $S=\dfrac{1}{2}\times 3.6\times(6.3+1.8)=14.58\mathrm{m}^2$

(18)建筑物的阳台均应按其水平投影面积的 1/2 计算,如图 2-35 所示。

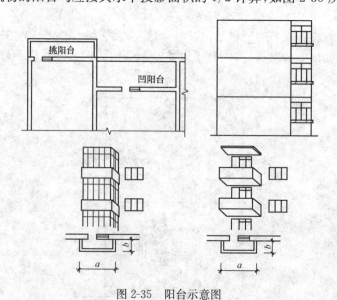

图 2-35　阳台示意图

注:建筑物的阳台,不论是凹阳台、挑阳台、封闭阳台、不封闭阳台均按其水平投影面积的 1/2 计算。

【例2-16】　求如图2-36所示某层建筑物阳台的建筑面积。

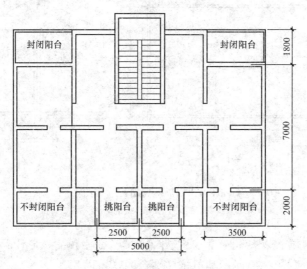

图2-36　某层建筑物阳台平面示意图

【解】　$S = (3.5+0.24) \times (2-0.12) \times 0.5 \times 2 + 3.5 \times (1.8-0.12) \times 0.5 \times 2 + (5+0.24) \times (2-0.12) \times 0.5$

$= 17.84 \text{m}^2$

(19)有永久性顶盖无围护结构的车棚、货棚、站台、加油站、收费站等,应按其顶盖水平投影面积的1/2计算(图2-37和图2-38)。

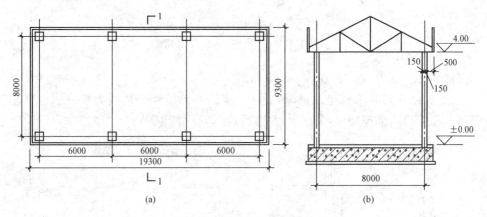

图2-37　双排柱站台示意图

(a)平面图;(b)1—1剖面图

注:车棚、货棚、站台、加油站、收费站等的面积计算。由于建筑技术的发展,出现许多新型结构,如柱不再是单纯的直立的柱,而出现正∨形柱、倒∧形柱等不同类型的柱,给面积计算带来许多争议,为此,《建筑工程建筑面积计算规范》(GB/T 50353)中不以柱来确定面积的计算,而依据顶盖的水平投影面积计算。在车棚、货棚、站台、加

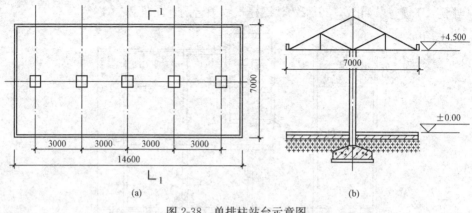

图 2-38　单排柱站台示意图

(a)平面图;(b)1—1 剖面图

油站、收费站内设有围护结构的管理室、休息室等,另按相关规定计算面积。

【例 2-17】　求图 2-39 所示某单排柱站台的建筑面积。

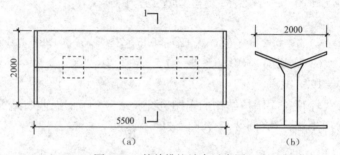

图 2-39　某单排柱站台示意图

(a)单排柱站台平面图;(b)1—1 剖面图

【解】　$S = 2.0 \times 5.50 \times 0.5 = 5.50 \text{m}^2$

(20)高低联跨的单层建筑物(图 2-40),应以高跨结构外边线为界分别计算建筑面积;其高低跨内部连通时,其变形缝应计算在低跨面积内。

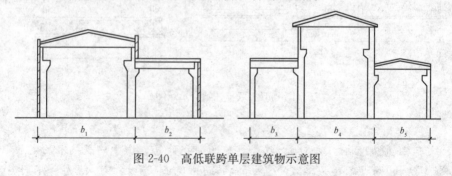

图 2-40　高低联跨单层建筑物示意图

(21)以幕墙作为围护结构的建筑物,应按幕墙外边线计算建筑面积。幕墙通常有两种,围护性幕墙和装饰性幕墙,围护性幕墙计算建筑面积,装饰性幕墙一般贴在墙外皮,其厚度不再计算建筑面积,如图 2-41 所示。

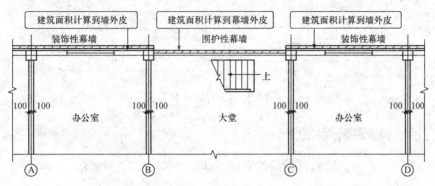

图 2-41　建筑物幕墙示意图

【例 2-18】　求外墙设有保温隔热层
的建筑物的建筑面积(图 2-42)。

【解】　$S=3.4\times4=13.6m^2$

(22)建筑物外墙外侧有保温隔热层
的,应按保温隔热层外边线计算建筑面积
(图 2-43)。

(23)建筑物内的变形缝(图 2-44),应
按其自然层合并在建筑物面积内计算。

注:此处所指建筑物内的变形缝是与
建筑物相连通的变形缝,即暴露在建筑物
内,在建筑物内可以看得见的变形缝。

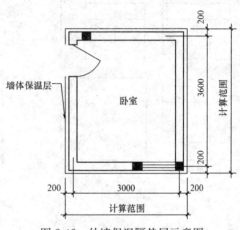

图 2-42　外墙保温隔热层示意图

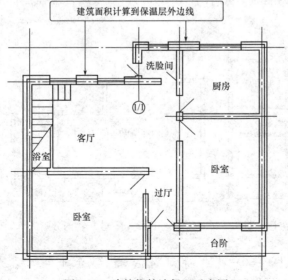

图 2-43　建筑物外墙保温示意图

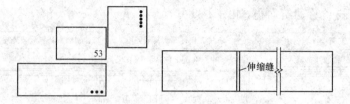

图 2-44　变形缝示意图

二、不计算建筑面积的范围

(1)建筑物通道(骑楼、过街楼的底层),如图 2-45、图 2-46 所示。

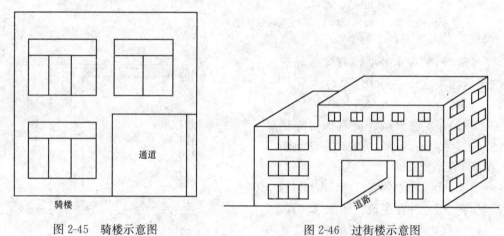

图 2-45　骑楼示意图　　　　　　　　　图 2-46　过街楼示意图

(2)建筑物内的设备管道夹层,如图 2-47 所示。

(3)建筑物内分隔的单层房间(图 2-48),舞台及后台悬挂幕布、布景的天桥、挑台(图 2-49)等。

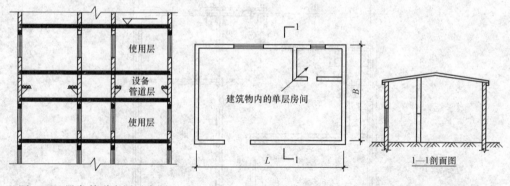

图 2-47　设备管道夹层示意图　　　　　图 2-48　建筑物内分隔的单层房间示意图

(4)屋顶水箱(图 2-50)、花架、凉棚、露台、露天游泳池。

(5)建筑物内的操作平台(图 2-51)、上料平台、安装箱和罐体的平台。

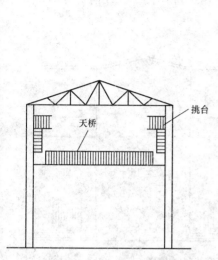

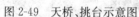

图 2-49　天桥、挑台示意图

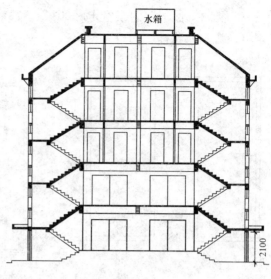

图 2-50　屋顶水箱示意图

（6）勒脚、附墙柱、垛、台阶(图 2-52)、墙面抹灰、装饰面、镶贴块料面层、装饰性幕墙、空调室外机搁板（箱）、飘窗、构件、配件、宽度在 2.10m 及以内的雨篷以及与建筑物内不相通的装饰性阳台、挑廊。

注：突出墙外的勒脚、附墙柱垛、台阶、墙面抹灰、装饰面、镶贴块料面层、装饰性幕墙、空调室外机搁板（箱）、飘窗、构件、配件、宽度在 2.10m 及以内

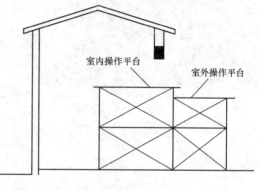

图 2-51　操作平台示意图

的雨篷以及与建筑物内不相连通的装饰性阳台、挑廊等均不属于建筑结构,不应计算建筑面积。

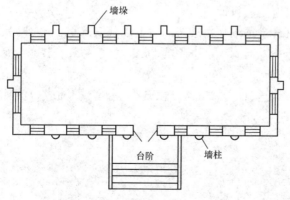

图 2-52　附墙柱、垛、台阶示意图

(7)无永久性顶盖的架空走廊(图 2-53)、室外楼梯和用于检修、消防等的室外钢爬梯(图 2-54)、爬梯。

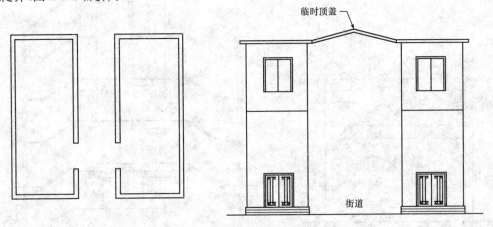

图 2-53　无永久性顶盖的架空走廊示意图

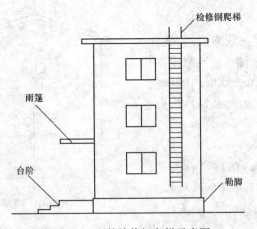

图 2-54　室外检修钢爬梯示意图

(8)自动扶梯、自动人行道。

注:自动扶梯(斜步道滚梯),除两端固定在楼层板或梁之外,扶梯本身属于设备,为此扶梯不宜计算建筑面积。水平步道(滚梯)属于安装在楼板上的设备,不应单独计算建筑面积。

(9)独立烟囱、烟道、地沟、油(水)罐、气柜、水塔、贮油(水)池、贮仓、栈桥、地下人防通道、地铁隧道。

第三章 地基与基础工程工程量清单编制

第一节 地基与基础工程概述

一、常见土石方工程

土石方工程是建设工程施工的主要工程之一,包括土石方的开挖、运输、填筑、平整与压实等主要施工过程,以及场地清理、测量放线、排水、降水、土壁支护等准备工作和辅助工作。土木工程中常见的土石方工程包括:

(1)场地平整。场地平整前必须确定场地设计标高,计算挖方和填方的工程量,确定挖方、填方的平衡调配,选择土方施工机械,拟定施工方案。

(2)基坑(槽)开挖。一般开挖深度在 5m 及其以内的称为浅基坑(槽);挖深超过 5m 的称为深基坑(槽)。应根据建筑物、构筑物的基础形式,坑(槽)底标高及边坡坡度要求开挖基坑(槽)。

(3)基坑(槽)回填。为了确保填方的强度和稳定性,必须正确选择填方土料与填筑方法。填土必须具有一定的密实度,以避免建筑物产生不均匀沉降。填方应分层进行,并尽量采用同类土填筑。

(4)地下工程大型土石方开挖。对人防工程、大型建筑物的地下室、深基础施工等进行的地下大型土石方开挖涉及降水、排水、边坡稳定与支护地面沉降与位移等问题。

(5)路基修筑。建设工程所在地的场内外道路,以及公路、铁路专用线,均需修筑路基,路基挖方称为路堑,填方称为路堤。路基施工涉及面广,影响因素多,是施工中的重点与难点。

二、地基加固处理

土木工程的地基问题,概括地说,可包括以下四个方面:

(1)强度和稳定性问题。当地基的承载能力不足以支承上部结构的自重及外荷载时,地基就会产生局部或整体剪切破坏。

(2)压缩及不均匀沉降问题。当地基在上部结构的自重及外荷载作用下产生过大的变形时,会影响结构物的正常使用,特别是超过结构物所能容许的不均匀沉降时,结构可能开裂破坏。沉降量较大时,不均匀沉降往往也较大。

(3)地基的渗漏量超过容许值时,会发生水量损失导致发生事故。

(4)地震、机器以及车辆的振动、波浪作用和爆破等动力荷载可能引起地基土、特别是饱和无黏性土的液化、失稳和震陷等危害。

当结构物的天然地基存在上述四类问题之一或其中几个时,必须采用相应的地基处理措施以保证结构物的安全与正常使用。地基处理的方法有很多,工程中人们通常采用的一类方法是采取措施使土中孔隙减少,土颗粒之间靠近,密度加大,土的承载力提高;另一类方法是在地基中掺加各种物料,通过物理化学作用把土颗粒胶结在一起,使地基承载力提高,刚度加大,变形减小。

三、桩基础施工

桩是置于岩土中的柱形构件,一般房屋基础中,桩基的主要作用是将承受的上部竖向荷载,通过较弱地层传至深部较坚硬的、压缩小的土层或岩层。

桩基础是由若干根桩和桩顶的承台组成的一种常用的深基础,具有承载能力大、抗震性能好、沉降量小等特点。采用桩基础施工可省去大量土方、排水、支撑、降水设施,而且施工简便,可以节约劳动力和压缩工期。

根据桩在土中受力情况的不同,可以分为端承桩和摩擦桩。端承桩是穿过软弱土层而达到硬土层或岩层的一种桩,上部结构荷载主要依靠桩端反力支撑;摩擦桩是完全设置在软弱土层一定深度的一种桩,上部结构荷载主要由桩侧的摩擦阻力承担,而桩端反力承担的荷载只占很小的部分。

桩基础由桩身及承台组成,桩身全部或部分埋入土中,顶部由承台联成一体,在承台上修建上部建筑物,如图 3-1 所示。

按施工方法的不同,桩身可以分为预制桩和灌注桩两大类。预制桩是在工厂或施工现场制成各种材料和形式的桩(如钢筋混凝土桩、钢桩、木桩等),然后用沉桩设备将桩打入、压入、旋入或振入土中;灌注桩是在施工现场的桩位上先成孔,然后在孔内灌注混凝土,也可加入钢筋后灌注混凝土。

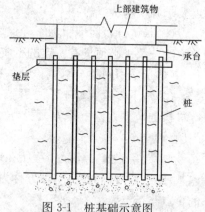

图 3-1　桩基础示意图

按成孔方法的不同,可以分为钻孔、挖孔、冲孔灌注桩、沉管灌注桩和爆扩桩等。

第二节　土石方工程

一、土方工程

(一)清单项目设置

《房屋建筑与装饰工程工程量清单计算规范》(GB 50854—2013)附录 A.1 土方工程共 7 个清单项目。各清单项目设置的具体内容见表 3-1。

表 3-1　　　　　　　　　　土方工程清单项目设置

项目编码	项目名称	项目特征	计量单位	工作内容
010101001	平整场地	1. 土壤类别 2. 弃土运距 3. 取土运距	m²	1. 土方挖填 2. 场地找平 3. 运输
010101002	挖一般土方	1. 土壤类别 2. 挖土深度 3. 弃土运距		1. 排地表水 2. 土方开挖 3. 围护(挡土板)及拆除 4. 基底钎探 5. 运输
010101003	挖沟槽土方			
010101004	挖基坑土方			
010101005	冻土开挖	1. 冻土厚度 2. 弃土运距	m³	1. 爆破 2. 开挖 3. 清理 4. 运输
010101006	挖淤泥、流砂	1. 挖掘深度 2. 弃淤泥、流砂距离		1. 开挖 2. 运输
010101007	管沟土方	1. 土壤类别 2. 管外径 3. 挖沟深度 4. 回填要求	1. m 2. m³	1. 排地表水 2. 土方开挖 3. 围护(挡土板)、支撑 4. 运输 5. 回填

注:1. 建筑物场地厚度≤±300mm 的挖、填、运、找平,应按表中平整场地项目编码列项。厚度>±300mm 的竖向布置挖土或山坡切土应按挖一般土方项目编码列项。

　　2. 挖土方如需截桩头时,应按桩基工程相关项目列项。

(二)清单项目特征描述

1. 平整场地

平整场地是指在开挖建筑物基坑(槽)之前,将天然地面改造成所要求的设计平面时,进行的土(石)方施工过程。

编制工程量清单时,平整场地应描述的项目特征包括:土壤类别、弃土运距、取土运距。

(1)土壤的分类应按表 3-2 确定,如土壤类别不能准确划分时,招标人可注明为综合,由投标人根据地勘报告决定报价。

表 3-2　　　　　　　　　　土壤分类表

土壤分类	土 壤 名 称	开 挖 方 法
一、二类土	粉土、砂土(粉砂、细砂、中砂、粗砂、砾砂)、粉质黏土、弱中盐渍土、软土(淤泥质土、泥炭、泥炭质土)、软塑红黏土、冲填土	用锹、少许用镐、条锄开挖。机械能全部直接铲挖满载者

土壤分类	土 壤 名 称	开 挖 方 法
三类土	黏土、碎石土(圆砾、角砾)混合土、可塑红黏土、硬塑红黏土、强盐渍土、素填土、压实填土	主要用镐、条锄、少许用锹开挖。机械需部分刨松方能铲挖满载者或可直接铲挖但不能满载者
四类土	碎石土(卵石、碎石、漂石、块石)、坚硬红黏土、超盐渍土、杂填土	全部用镐、条锄挖掘,少许用撬棍挖掘。机械须普遍刨松方能铲挖满载者

(2)弃土运距、取土运距。弃土运距是指从开挖的地方要运到倾倒地方的距离;取土运距是指需要填土的处所到取土场地之间的距离。平整场地若需要外运土方或取土回填时,在清单项目特征中应描述弃土运距或取土运距,其报价应包括在平整场地项目中;弃土运距、取土运距也可以不描述,但应注明由投标人根据施工现场实际情况自行考虑,决定报价。

2. 挖一般土方、沟槽、基坑

编制工程量清单时,挖一般土方、沟槽、基坑应描述的项目特征包括:土壤类别、挖土深度和弃土运距。

(1)土壤的分类应按表 3-2 确定,如土壤类别不能准确划分时,招标人可注明为综合,由投标人根据地勘报告决定报价。

(2)挖土深度是从基础垫层下表面算至设计地坪标高。

(3)桩间挖土不扣除桩的体积,并在项目特征中加以描述。

3. 冻土开挖

冻土是指零摄氏度以下,并含有冰的各种岩石和土壤。一般可分为短时冻土(数小时、数日以至半月)、季节冻土(半月至数月)以及多年冻土(数年至数万年以上)。冻土开挖就是将冻土和岩石进行松动、破碎、挖掘并运出的工程。

编制工程量清单时,冻土开挖应描述的项目特征包括:冻土厚度和弃土运距。

4. 挖淤泥、流砂

淤泥指在静水或缓慢的流水环境中沉积,并经生物化学作用形成的黏性土;流砂指当在地下水位以下挖土时,底面和侧面随地下水一起涌出的流动状态的土方。

编制工程量清单时,挖淤泥、流砂应描述的项目特征包括:挖掘深度与弃淤泥、流砂距离。

(1)挖掘深度指挖掘机能挖到的垂直面的最大深度。

(2)弃淤泥、流砂距离是指从开挖除淤泥运到倾倒地方的距离。

5. 管沟土方

管沟土方就是预埋管时,所需要开挖的地沟,然后回填后剩下的土方。管沟土方项目适用于管道(给排水、工业、电力、通信)、光(电)缆沟[包括:人(手)孔、接口坑]及连接井(检查井)等。

编制工程量清单时,挖管沟应描述的项目特征包括:土壤类别、管外径、挖沟深度、回填要求。管外径是包括壁厚度在内的管子的外缘直径。

(三)清单工程量计算

1. 平整场地

平整场地是指建筑场地厚度在±300mm 以内的就地挖、填、运、找平。挖、填土方厚度超过±300mm 以外时,按场地土方平衡竖向布置图另行计算。

平整场地工程量按设计图示尺寸以建筑物首层建筑面积计算,计量单位为"m²"。"首层建筑面积"应按建筑物外墙外边线计算。落地阳台计算全面积;悬挑阳台不计算面积。设地下室和半地下室的采光井等部位应计入平整场地。地上无建筑物的地下停车场按地下停车场外墙外边线计算,包括出入口、通风竖井和采光井均应计算平整场地的面积,其工程量可按以下公式计算:

$$S_{平整场地} = S_{底}$$

式中　$S_{平整场地}$——表示平整场地的工程量(m^2);

　　　$S_{底}$——建筑物底层建筑面积(m^2)。

【例 3-1】 某建筑物首层平面图如图 3-2 所示,土壤类别为一类土,求该工程的平整场地工程量。

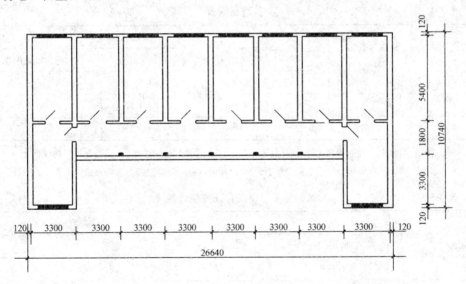

图 3-2　某建筑物首层平面图

【解】 平整场地工程量＝$26.64 \times 10.74 - (3.3 \times 6 - 0.24) \times 3.3 = 221.57 m^2$

2. 挖一般土方、沟槽、基坑

(1)计算挖土方工程量前应掌握下列资料:

1)挖土方平均厚度应按自然地面测量标高至设计地坪标高间的平均厚度确定。

基础土方开挖深度应按基础垫层底表面标高至交付施工场地标高确定。无交付施工场地标高时,应按自然地面标高确定。

2)土方体积应按挖掘前的天然密实体积计算。非天然密实土方应按表 3-3 计算。

表 3-3　　　　　　　　　　　　土方体积计算系数表

天然密实度体积	虚方体积	夯实后体积	松填体积
0.77	1.00	0.67	0.83
1.00	1.30	0.87	1.08
1.15	1.50	1.00	1.25
0.92	1.20	0.80	1.00

注:1. 虚方指未经碾压、堆积时间≤1 年的土壤。

2. 设计密实度超过规定的,填方体积按工程设计要求执行;无设计要求按各省、自治区、直辖市或行业建设行政主管部门规定的系数执行。

3)挖一般土方、沟槽、基坑因工作面和放坡增加的工程量(管沟工作面增加的工程量)是否并入各土方工程量中,应按各省、自治区、直辖市或行业建设主管部门的规定实施,如并入各土方工程量中,办理工程结算时,按经发包人认可的施工组织设计规定计算,编制工程量清单时,可按表 3-4 及表 3-5 规定计算。

表 3-4　　　　　　　　　　　　　　放坡系数表

土类别	放坡起点(m)	人工挖土	机械挖土		
			在坑内作业	在坑上作业	顺沟槽在坑上作业
一、二类土	1.20	1:0.5	1:0.33	1:0.75	1:0.5
三类土	1.50	1:0.33	1:0.25	1:0.67	1:0.33
四类土	2.00	1:0.25	1:0.10	1:0.33	1:0.25

注:1. 沟槽、基坑中土类别不同时,分别按其放坡起点、放坡系数,依不同土类别厚度加权平均计算。

2. 计算放坡时,在交接处的重复工程量不予扣除,原槽、坑作基础垫层时,放坡自垫层上表面开始计算。

表 3-5　　　　　　　　　　　基础施工所需工作面宽度计算表

基础材料	每边各增加工作面宽度(mm)
砖基础	200
浆砌毛石、条石基础	150
混凝土基础垫层支模板	300
混凝土基础支模板	300
基础垂直面做防水层	1000(防水层面)

(2)沟槽、基坑、一般土方的划分为:底宽≤7m 且底长>3 倍底宽为沟槽;底长≤3 倍底宽且底面积≤150m² 为基坑;超出上述范围则为一般土方。

（3）挖一般土方工程量按设计图示尺寸以体积计算，计量单位为"m³"。

（4）挖沟槽土方、挖基坑土方工程量按设计图示尺寸以基础垫层底面积乘以挖土深度计算，计量单位为"m³"。桩间挖土方工程量不扣除桩所占的体积。

1）基坑、基槽土方量计算。基坑土方量可按立体几何中的拟柱体（由两个平行的平面做底的一种多面体）体积公式计算，如图 3-3 所示。即

$$V = \frac{H}{6}(A_1 + 4A_0 + A_2)$$

式中　　H——基坑深度（m）；

A_1、A_2——基坑上、下的底面积（m²）；

A_0——基坑的中间位置截面面积（m²）。

2）基槽和路堤的土方量可以沿长度方向分段后，再用同样方法计算，如图 3-4 所示。

$$V_1 = \frac{L_1}{6}(A_1 + 4A_0 + A_2)$$

式中　　V_1——第一段的土方量（m³）；

L_1——第一段的长度（m）。

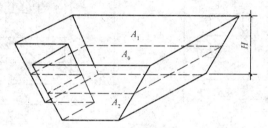

图 3-3　基坑土方量计算示意图

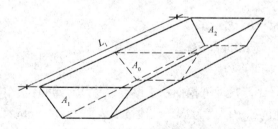

图 3-4　基槽土方量计算示意图

将各段土方量相加即得总土方量，即

$$V = V_1 + V_2 + V_3 + \cdots + V_n$$

式中　　$V_1, V_2, V_3, \cdots, V_n$——各分段的土方量（m³）。

【例 3-2】　某沟槽开挖如图 3-5 所示，不放坡，不设工作面，土壤类别为二类土，试计算其工程量。

【解】　外墙地槽工程量＝1.05×1.4×(21.6＋7.2)×2＝84.67m³

内墙地槽工程量＝0.9×1.4×(7.2－1.05)×3＝23.25m³

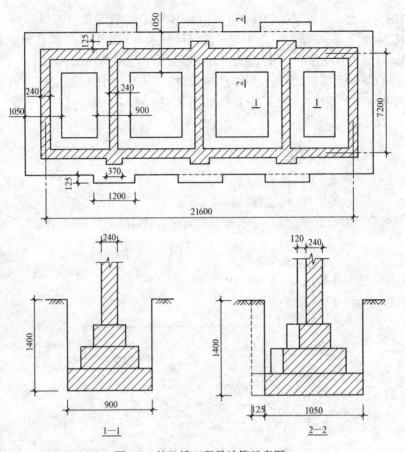

图 3-5　挖地槽工程量计算示意图

附垛地槽工程量＝0.125×1.4×1.2×6＝1.26m³

工程量合计：84.67＋23.25＋1.26＝109.18m³

3. 冻土开挖

冻土开挖按设计图示尺寸开挖面积乘厚度以体积计算,计量单位为"m³"。

【例 3-3】　某地区冻土厚度为 0.5m,地坑上表面为 2500mm×2500mm,放坡系数为 1：0.5。试计算如图 3-6 所示的地坑开挖冻土工程量。

【解】　冻土开挖工程量＝$\frac{1}{6}$×0.5×[2.5×2.5＋4×(2.5－0.25×0.5×2)²＋

(2.5－0.5×0.5×2)²]

＝2.54m³

4. 挖淤泥、流砂

挖淤泥、流砂工程量按设计图示位置、界限以体积计算,计量单位为"m³"。挖方出现流砂、淤泥时,如设计未明确,在编制工程量清单时,其工程数量可为暂估量,结算时应根据实际情况由发包人与承包人双方现场签证确认工程量。

【例 3-4】 如图 3-7 所示,某沟槽底宽 2m,槽深 3.5m,不放坡,有淤泥部分长为 15m,试计算挖淤泥工程量。

【解】 挖淤泥工程量=2×3.5×15=105m³

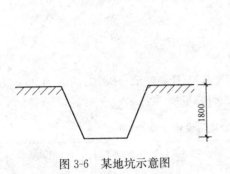

图 3-6 某地坑示意图

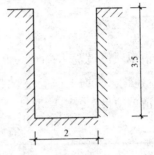

图 3-7 某沟槽示意图(单位:m)

5. 管沟土方

管沟土方工程量按设计图示以管道中心线长度计算,计量单位为"m";或按设计图示管底垫层面积乘以挖土深度计算,无管底垫层按管外径的水平投影面积乘以挖土深度计算,不扣除各类井的长度,井的土方并入,计量单位为"m³"。管沟工作面增加的工程量是否并入各土方工程量中,应按各省、自治区、直辖市或行业建设主管部门的规定,如并入各土方工程量中,办理工程结算时,按经发包人认可的施工组织设计规定计算,编制工程量清单时,可按表 3-6 规定计算。

表 3-6　　　　　　　　　　管沟施工每侧所需工作面宽度计算表

管沟材料 　　管道结构宽(mm)	≤500	≤1000	≤2500	≤2500
混凝土及钢筋混凝土管道	400	500	600	700
其他材质管道	300	400	500	600

注:1. 本表按《全国统一建筑工程预算工程量计算规则》(GJD$_{GZ}$—101—95)整理。

　　2. 管道结构宽:有管座的按基础外缘,无管座的按管道外径。

【例 3-5】 如图 3-8 所示,已知某混凝土管埋设工程,土壤类别为二类土,管中心半径为 550mm,管埋深 1800mm,管道总长为 8000mm,试计算挖管沟工程量。

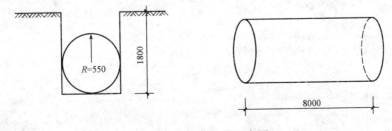

图 3-8 某混凝土管示意图

【解】 挖管沟土方工程量有两种计算方法：

(1)以米计量:管沟土方工程量＝8m

(2)以立方米计量:管沟土方工程量＝1.1×8×1.8＝15.84m³

二、石方工程

(一)清单项目设置

《房屋建筑与装饰工程工程量清单计算规范》(GB 50854—2013)附录 A.2 石方工程共 4 个清单项目。各清单项目设置的具体内容见表 3-7。

表 3-7　　　　　　　　　　石方工程清单项目设置

项目编码	项目名称	项目特征	计量单位	工作内容
010102001	挖一般石方	1. 岩石类别	m³	1. 排地表水
010102002	挖沟槽石方	2. 开凿深度		2. 凿石
010102003	挖基坑石方	3. 弃碴运距		3. 运输
010102004	挖管沟石方	1. 岩石类别 2. 管外径 3. 挖沟深度	1. m 2. m³	1. 排地表水 2. 凿石 3. 回填 4. 运输

注:1. 厚度＞±300mm 的竖向布置挖石或山坡凿石应按挖一般石方项目编码列项。

　　2. 管沟石方项目适用于管道(给排水、工业、电力、通信)、光(电)缆沟[包括:人(手)孔、接口坑]及连接井(检查井)等。

(二)清单项目特征描述

1. 挖一般石方、挖沟槽石方、挖基坑石方

编制工程量清单时,挖一般石方、挖沟槽石方、挖基坑石方应描述的项目特征包括:岩石类别、开凿深度、弃碴运距。

(1)岩石的分类应按表 3-8 确定。

表 3-8　　　　　　　　　　岩石分类表

岩石分类		代表性岩石	开挖方法
极软岩		1. 全风化的各种岩石 2. 各种半成岩	部分用手凿工具、部分用爆破法开挖
软质岩	软岩	1. 强风化的坚硬岩或较硬岩 2. 中等风化~强风化的较软岩 3. 未风化~微风化的页岩、泥岩、泥质砂岩等	用风镐和爆破法开挖
	较软岩	1. 中等风化~强风化的坚硬岩或较硬岩 2. 未风化~微风化的凝灰岩、千枚岩、泥灰岩、砂质泥岩等	用爆破法开挖

岩石分类		代表性岩石	开挖方法
硬质岩	较硬岩	1. 微风化的坚硬岩 2. 未风化～微风化的大理岩、板岩、石灰岩、白云岩、钙质砂岩等	用爆破法开挖
	坚硬岩	未风化～微风化的花岗岩、闪长岩、辉绿岩、玄武岩、安山岩、片麻岩、石英岩、石英砂岩、硅质砾岩、硅质石灰岩等	用爆破法开挖

（2）基础石方开挖深度应按基础垫层底表面标高至交付施工现场地标高确定，无交付施工场地标高时，应按自然地面标高确定。

（3）弃碴运距可以不描述，但应注明由投标人根据施工现场实际情况自行考虑，决定报价。

2. 挖管沟石方

编制工程量清单时，挖管沟石方应描述的项目特征包括：岩石类别、管外径、挖沟深度。其中，挖石应按自然地面测量标高至设计地坪标高的平均厚度确定。

(三)清单工程量计算

1. 石方体积计算系数表

石方体积应按挖掘前的天然密实体积计算。非天然密实石方应按表 3-9 计算。

表 3-9 　　　　　　　　　　　石方体积计算系数表

石方类别	天然密实度体积	虚方体积	松填体积	码方
石方	1.0	1.54	1.31	—
块石	1.0	1.75	1.43	1.67
砂夹石	1.0	1.07	0.94	—

2. 挖一般石方、沟槽、基坑石方

沟槽、基坑、一般石方的划分为：底宽≤7m 且底长>3 倍底宽为沟槽；底长≤3 倍底宽且底面积≤150m² 为基坑；超出上述范围则为一般石方。

（1）挖一般石方工程量按设计图示尺寸以体积计算，计量单位为"m³"。

（2）挖沟槽石方工程量按设计图示尺寸沟槽底面积乘以挖石深度以体积计算，计量单位为"m³"。

（3）挖基坑石方工程量按设计图示尺寸基坑底面积乘以挖石深度以体积计算，计量单位为"m³"。

【例 3-6】　某沟槽石方开挖，开挖深度为 1.5m，长度为 15m，已知基槽两端的断面面积为 4.25m²，1/2 基槽处的断面面积为 4.1m²，试计算石方开挖工程量。

【解】　石方开挖工程量 $=\dfrac{15}{6}\times(4.25\times2+4\times4.1)=62.25\text{m}^3$

3. 挖管沟石方

挖管沟石方工程量按设计图示以管道中心线长度计算，计量单位为"m"；或按设计图示截面面积乘以长度计算，计量单位为"m^3"。

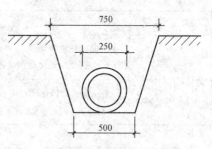

【例3-7】 某管沟基槽如图3-9所示，管沟基槽宽500mm，深1m，管道长度为12m，试计算其工程量。

【解】 挖管沟石方工程量有两种计算方法：

(1)以米计量：挖管沟石方工程量＝12m

(2)以立方米计量：挖管沟石方工程量＝$1/2 \times (0.50+0.75) \times 1.00 \times 12.00 = 7.50m^3$

图3-9　某管沟基槽示意图

三、土石方回填

(一)清单项目设置

《房屋建筑与装饰工程工程量清单计算规范》(GB 50854—2013)附录A.3回填共2个清单项目。各清单项目设置的具体内容见表3-10。

表3-10　　　　　　　　　　回填清单项目设置

项目编码	项目名称	项目特征	计量单位	工作内容
010103001	回填方	1. 密实度要求 2. 填方材料品种 3. 填方粒径要求 4. 填方来源、运距	m^3	1. 运输 2. 回填 3. 压实
010103002	余方弃置	1. 废弃料品种 2. 运距		余方点装料运输至弃置点

(二)清单项目特征描述

1. 回填方

回填方适用于场地回填、室内回填和基础回填，并包括指定范围内的运输以及借土回填的土方开挖。回填土分为基础回填土、房心回填土两部分。基础回填土是指坑槽内的回填土，回填至基础土方开挖时的标高(即交付施工场地自然标高)；房心回填土是指从开挖时的标高回填至室内垫层下表面，如图3-10所示。

编制工程量清单时，回填方应描述的项目特征包括：密实度要求，填方材料品种，填方粒径要求，填方来源、运距。

(1)填方密实度要求，在无特殊要求情况下，项目特征可描述为满足设计和规范的要求。

(2)填方材料品种可以不描述，但应注明由投标人根据设计要求验方后方可填入，

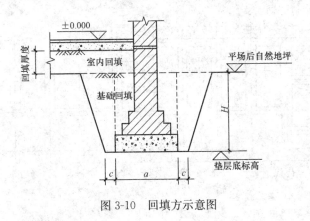

图 3-10　回填方示意图

并符合相关工程的质量规范要求。

(3)填方粒径要求,在无特殊要求情况下,项目特征可以不描述。

(4)如需买土回填应在项目特征填方来源中描述,并注明买方土方数量。

2. 余方弃置

余方弃置是指施工场地内,挖方量多于填方量,多余的需要外运弃置。

编制工程量清单时,余方弃置应描述的项目特征包括:废弃料品种以及运距。其中废弃料品种包括土方、淤泥、砂子、石方、桩头、树根、草和碎砖等。

(三)清单工程量计算

1. 回填方

回填方工程量按设计图示尺寸以体积计算,计量单位为"m³"。其中:场地回填方体积为回填面积乘以平均回填厚度;室内回填方体积为主墙间面积乘以回填厚度,不扣除间隔墙;基础回填方体积指的是按挖方清单项目工程量减去自然地坪以下埋设的基础体积(包括基础垫层及其他构筑物)。

【例 3-8】　某建筑物的基础如图 3-11 所示。试计算地槽回填土的工程量与室内地面回填土夯实工程量。

【解】　(1)计算顺序可按轴线编号,从左至右及由上而下进行,但基础宽度相同者应合并。

①、⑫轴:室外地面至槽底的深度×槽宽×长=(0.98−0.3)×0.92×9×2

$$=11.26m^3$$

②、⑪轴:(0.98−0.3)×0.92×(9−0.68)×2=10.41m³

③、④、⑤、⑧、⑨、⑩轴:(0.98−0.3)×0.92×(7−0.68)×6=23.72m³

⑥、⑦轴:(0.98−0.3)×0.92×(8.5−0.68)×2=9.78m³

Ⓐ、Ⓑ、Ⓒ、Ⓓ、Ⓔ、Ⓕ轴线:(0.84−0.3)×0.68×[39.6×2+(3.6−0.92)]=30.07m³

挖地槽工程量=11.26+10.41+23.72+9.78+30.07=85.24m³

(2)应先计算混凝土垫层及砖基础的体积(计算长度和计算地槽的长度相同),将挖地槽工程量减去此体积即得出基础回填土夯实的工程量。

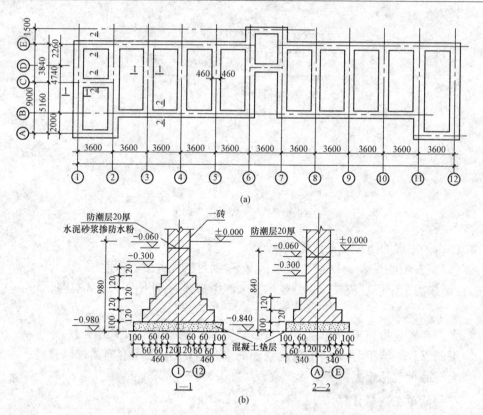

图 3-11 某建筑物基础示意图

(a)基础平面图;(b)1—1,2—2 剖面图

剖面 1—1:

混凝土垫层 $=[9 \times 2+(9-0.68) \times 2+(7-0.68) \times 6+(8.5-0.68) \times 2] \times$
    0.1×0.92

    $=8.11 \text{m}^3$

砖基础 $=[9 \times 2+(9-0.24) \times 2+(7.0-0.24) \times 6+(8.5-0.24) \times 2] \times (0.68-$
    $0.10+0.656 \text{ 大放脚折加高度}) \times 0.24$

    $=27.46 \text{m}^3$

剖面 2—2:

混凝土垫层 $=[39.6 \times 2+(3.6-0.92)] \times 0.1 \times 0.68=5.57 \text{m}^3$

砖基础 $=[39.6 \times 2+(3.6-0.24)] \times (0.54-0.1+0.197) \times 0.24=12.62 \text{m}^3$

$\sum$ 混凝土垫层总和 $=8.11+5.57=13.68 \text{m}^3$

$\sum$ 砖基础总和 $=27.46+12.62=40.08 \text{m}^3$

基槽回填土夯实工程量 $=85.24-13.68-40.08=31.48 \text{m}^3$

(3)逐间计算室内土体净面积,汇总后乘以填土厚度即得其工程量。

土体总净面积＝[(5.16−0.24)×1+(3.84−0.24)×1+(7−0.24)×8+(3.76−
　　　　　　　0.24)×1+4.74+(9−0.24)]×(3.6−0.24)+(32.4−0.24)×
　　　　　　　(2−0.24)(0.24 为走廊外侧挡土墙厚度)
　　　　　　＝324.12m²

室内地面回填土夯实工程量＝324.12×(0.3−0.085)(地面混凝土层厚度)＝69.69m³

2. 余方弃置

余方弃置工程量按挖方清单项目工程量减利用回填方体积(正数)计算,计量单位为"m³"。

【例 3-9】　计算如图 3-12 所示建筑物的余方弃置工程量(三类土,放坡系数为 0.33)。

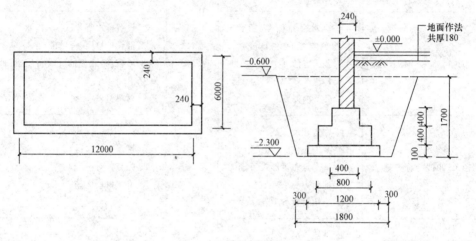

图 3-12　某地槽示意图

【解】　地槽挖土工程量＝1.2×1.7×(12+6)×2＝73.44m³

地槽回填土工程量＝73.44−[1.2×0.1+0.8×0.4+0.4×0.4+0.24×(1.7−
　　　　　　　0.1−0.4×2)]×(12+6)×2
　　　　　　＝44.93m³

室内地面回填土工程量＝(0.6−0.18)×(12−0.24)×(6−0.24)＝28.45m³

余方弃置工程量＝73.44−44.93−28.45＝0.06m³

第三节　地基处理与边坡支护工程

一、地基处理

(一)清单项目设置

《房屋建筑与装饰工程工程量清单计算规范》(GB 50854—2013)附录 B.1 地基处理共 17 个清单项目。各清单项目设置的具体内容见表 3-11。

表 3-11　　　　　　　　　　　　　地基处理清单项目设置

项目编码	项目名称	项目特征	计量单位	工作内容
010201001	换填垫层	1. 材料种类及配比 2. 压实系数 3. 掺加剂品种	m³	1. 分层铺填 2. 碾压、振密或夯实 3. 材料运输
010201002	铺设土工合成材料	1. 部位 2. 品种 3. 规格		1. 挖填锚固沟 2. 铺设 3. 固定 4. 运输
010201003	预压地基	1. 排水竖井种类、断面尺寸、排列方式、间距、深度 2. 预压方法 3. 预压荷载、时间 4. 砂垫层厚度	m²	1. 设置排水竖井、盲沟、滤水管 2. 铺设砂垫层、密封膜 3. 堆载、卸载或抽气设备安拆、抽真空 4. 材料运输
010201004	强夯地基	1. 夯击能量 2. 夯击遍数 3. 夯击点布置形式、间距 4. 地耐力要求 5. 夯填材料种类		1. 铺设夯填材料 2. 强夯 3. 夯填材料运输
010201005	振冲密实（不填料）	1. 地层情况 2. 振密深度 3. 孔距		1. 振冲加密 2. 泥浆运输
010201006	振冲桩（填料）	1. 地层情况 2. 空桩长度、桩长 3. 桩径 4. 填充材料种类	1. m 2. m³	1. 振冲成孔、填料、振实 2. 材料运输 3. 泥浆运输
010201007	砂石桩	1. 地层情况 2. 空桩长度、桩长 3. 桩径 4. 成孔方法 5. 材料种类、级配		1. 成孔 2. 填充、振实 3. 材料运输
010201008	水泥粉煤灰碎石桩	1. 地层情况 2. 空桩长度、桩长 3. 桩径 4. 成孔方法 5. 混合料强度等级	m	1. 成孔 2. 混合料制作、灌注、养护 3. 材料运输

项目编码	项目名称	项目特征	计量单位	工作内容
010201009	深层搅拌桩	1. 地层情况 2. 空桩长度、桩长 3. 桩截面尺寸 4. 水泥强度等级、掺量		1. 预搅下钻、水泥浆制作、喷浆搅拌提升成桩 2. 材料运输
010201010	粉喷桩	1. 地层情况 2. 空桩长度、桩长 3. 桩径 4. 粉体种类、掺量 5. 水泥强度等级、石灰粉要求		1. 预搅下钻、喷粉搅拌提升成桩 2. 材料运输
010201011	夯实水泥土桩	1. 地层情况 2. 空桩长度、桩长 3. 桩径 4. 成孔方法 5. 水泥强度等级 6. 混合料配比		1. 成孔、夯底 2. 水泥土拌和、填料、夯实 3. 材料运输
010201012	高压喷射注浆桩	1. 地层情况 2. 空桩长度、桩长 3. 桩截面 4. 注浆类型、方法 5. 水泥强度等级	m	1. 成孔 2. 水泥浆制作、高压喷射注浆 3. 材料运输
010201013	石灰桩	1. 地层情况 2. 空桩长度、桩长 3. 桩径 4. 成孔方法 5. 掺合料种类、配合比		1. 成孔 2. 混合料制作、运输、夯填
010201014	灰土（土）挤密桩	1. 地层情况 2. 空桩长度、桩长 3. 桩径 4. 成孔方法 5. 灰土级配		1. 成孔 2. 灰土拌和、运输、填充、夯实
010201015	柱锤冲扩桩	1. 地层情况 2. 空桩长度、桩长 3. 桩径 4. 成孔方法 5. 桩体材料种类、配合比		1. 安、拔套管 2. 冲孔、填料、夯实 3. 桩体材料制作、运输

续二

项目编码	项目名称	项目特征	计量单位	工作内容
010201016	注浆地基	1. 地层情况 2. 空钻深度、注浆深度 3. 注浆间距 4. 浆液种类及配比 5. 注浆方法 6. 水泥强度等级	1. m 2. m³	1. 成孔 2. 注浆导管制作、安装 3. 浆液制作、压浆 4. 材料运输
010201017	褥垫层	1. 厚度 2. 材料品种及比例	1. m² 2. m³	材料拌和、运输、铺设、压实

注:如采用泥浆护壁成孔,工作内容包括土方、废泥浆外运,如采用沉管灌注成孔,工作内容包括桩尖制作、安装。

(二)清单项目特征描述

1. 换填垫层

换填垫层是将基础底面下一定范围内的软弱土层挖去,然后分层填入质地坚硬、强度较高,性能较稳定,具有抗腐蚀性的砂、碎石、素土、灰土、粉煤灰及其他性能稳定和无侵蚀性的材料,并同时以人工或机械方法夯实(或振实)使之达到要求的密实度,成为良好的人工地基。

编制工程量清单时,换填垫层应描述的项目特征包括:材料种类及配比、压实系数、掺加剂品种。

(1)材料种类及配比。换填垫层按换填材料不同,有砂垫层、碎石垫层、灰土垫层和粉煤灰垫层等。

砂和砂石垫层适于处理 3.0m 以内的软弱、透水性强的地基土,不宜用于加固湿陷性黄土地基及渗透系数小的黏性土地基。素土、灰土垫层适用于加固深 1～3m 厚的软弱土、湿陷性黄土、杂填土等,还可用作结构的辅助防渗层。粉煤灰垫层可用作软弱土层换填地基的处理,以及用作大面积地坪的垫层等。

(2)压实系数。压实系数 λ_c 为土的控制干密度 ρ_d 与最大干密度 ρ_{max} 的比值。压实系数的选择可参考表 3-12 的数值。

表 3-12　　　　　　　　　　　压实系数选择

结构类型	填土部分	压实系数 λ_c
砌体承重结构和框架结构	在地基主要受力层范围内	≥0.97
	在地基主要受力层范围以下	≥0.95
框架结构	在地基主要受力层范围内	≥0.96
	在地基主要受力层范围以下	≥0.94

2. 铺设土工合成材料

土工合成材料是指以聚合物为原料的材料名词的总称,土工合成材料在地基处理中的作用主要是反滤、排水、隔离、加固、补强等,在土层中铺设强度较大的土工合成材料,还可提高地基承载力,减少地基变形。

编制工程量清单时,铺设土工合成材料应描述的项目特征包括:部位、品种、规格。

土工合成材料品种可分为土工织物、土工膜、特种土工合成材料和复合型土工合成材料。目前以土工织物和土工膜应用较多。

(1)土工织物可以采用聚酯纤维(涤纶)、聚丙纤维(腈纶)和聚丙烯纤维(丙纶)等高分子化合物(聚合物)经加工后合成,适用于砂土、黏性土和软土地基。

(2)土工膜是一种以高分子聚合物为基本原料的防水阻隔型材料。其适用于铁路、公路、运动馆、堤坝、水工建筑、隧洞、沿海滩涂、围垦、环保等工程。

3. 预压地基

预压地基指在原状土上加载,使土中水排出,以实现土的预先固结,减少建筑物地基后期沉降和提高地基承载力。

编制工程量清单时,预压地基应描述的项目特征包括:排水竖井种类、断面尺寸、排列方式、间距、深度,预压方法,预压荷载、时间,砂垫层厚度。

(1)应描述排水竖井种类、断面尺寸、排列方式、间距、深度。

1)排水竖井种类,如普通砂井、袋装砂井等。

2)断面尺寸。砂井直径主要取决于土的固结性和施工期限的要求。砂井分为普通砂井和袋装砂井。普通砂井直径可取 $300\sim500mm$,袋装砂井直径可取 $70\sim120mm$。

3)砂井排列方式。砂井的平面布置可采用等边三角形或正方形排列。砂井的有效排水圆柱体的直径 d_e 和砂井间距 l 的关系按下列规定取用:

等边三角形布置 $d_e=1.05l$

正方形布置 $d_e=1.13l$

4)间距。砂井或塑料排水带间距可根据地基土的固结特性和预压时间要求达到的固结度来确定,一般按砂井径比 $n(n=d_e/d_w,d_e$ 为砂井的有效排水圆柱体直径,d_w 为砂井直径)确定。普通砂井可取 $n=6\sim8$;袋装或塑料排水带可取 $n=15\sim22$。

5)深度。砂井的深度应根据建筑物对地基的稳定性和变形要求确定。对以地基抗滑稳定性控制的工程,砂井深度至少应超过最危险滑动面 2m。对以沉降控制的建筑物,如压缩土层厚度不大,砂井宜贯穿压缩土层;对深厚的压缩土层,砂井深度应根据在限定的预压时间内消除的变形量确定。

(2)应描述预压方法。常用的预压方法有堆载预压法、真空预压法与真空和降水预压法。

1)堆载预压法。堆载预压法就是对地基进行堆载,使土体中的水通过砂井或塑料排水带排出,土体孔隙比减小,使地基土固结的地基处理方法。根据排水系统的不同又可分为普通砂井堆载预压法、袋装砂井堆载预压法、塑料排水带堆载预压法。

2)真空预压法。真空预压法是在饱和软土地基中设置竖向排水通道(砂井或塑料排水带等)和砂垫层,在其上覆盖不透气塑料薄膜或橡胶布。通过埋设于砂垫层的渗水管道与真空泵连通进行抽气,使砂垫层和砂井中产生负压,从而使软土排水固结的方法。

(3)应描述预压荷载、时间。

1)预压荷载的大小应根据设计要求确定,通常可与建筑物的基础压力大小相同。对于沉降有严格限制的建筑,应采用超载预压法处理地基,超载数量应根据预定时间内要求消除的变形量通过计算确定,并宜使预压荷载下受压土层各点的有效竖向压力等于或大于建筑荷载所引起的相应点的附加压力。

2)预压时间应根据建筑物的要求和固结情况来确定,一般达到如下条件即可卸荷:

①地面总沉降量达到预压荷载下计算最终沉降量的80%以上。

②理论计算的地基总固结度达到80%以上。

③地基沉降速度已降到 0.5~1.0mm/天。

(4)应描述预压时所设置砂垫层厚度。

4. 强夯地基

强夯法是反复将夯锤提到高处使其自由落下,给地基以冲击和振动能量,将地基土夯实的地基处理方法,属于夯实地基。强大的夯击能给地基一个冲击力,并在地基中产生冲击波,在冲击力作用下,夯锤对上部土体进行冲击,土体结构破坏,形成夯坑,并对周围土进行动力挤压。

编制工程量清单时,强夯地基应描述的项目特征包括:夯击能量,夯击遍数,夯击点布置形式、间距,地耐力要求,夯填材料种类。

(1)夯击能量。锤重 M 与落距 h 的乘积称为夯击能量(E),一般取 600~500kJ。

(2)夯击遍数。一般为 2~5 遍,前 2~3 遍为"间夯",最后 1 遍以低能量(为前几遍能量的 1/5~1/4)进行"满夯"(即锤印彼此搭接),以加固前几遍夯点之间的黏土和被振松的表土层。每夯击点的夯击数,以使土体竖向压缩量最大而侧向移动最小或最后两击沉降量之差小于试夯确定的数值为准,一般软土控制瞬时沉降量为 5~8cm,废碴填石地基控制的最后两击下沉量之差为 2~4cm。每夯击点的夯击数一般为 3~10 击,开始 2 遍夯击数宜多些,随后各遍击数逐渐减小,最后 1 遍只夯 1~2 击。

(3)夯击点布置形式、间距。夯击点布置可根据基础的平面形状,采用等边三角形、等腰三角形或正方形;对于条形基础夯点可成行布置;对于独立柱基础,可按柱网设置单夯点或成组布置,在基础下面必须布置夯点。夯击点间距取夯锤直径的 2.5~3.5 倍,一般为 5~15m,一般第 1 遍夯点的间距宜大,以便夯击能向深部传递。

(4)夯填材料种类。夯填材料必须选择具有较高抗剪性能、级配良好的石渣等粗颗粒骨料。可采用级配良好的块石、碎石、矿渣、建筑垃圾等坚硬粗颗粒材料,粒径大于 300mm 的颗粒含量不宜超过全重的 30%,含泥量不得超过 10%。

5. 振冲密实(不填料)

振冲密实(不填料)适用于处理粘粒含量不大于 10%的中、粗砂地基。

编制工程量清单时,振冲密实(不填料)应描述的项目特征包括:地层情况、振密深度、孔距。

(1)地层情况。地层情况按表 3-2 和表 3-8 的规定,并根据岩土工程勘察报告按单位工程各地层所占比例(包括范围值)进行描述。对无法准确描述的地层情况,可注明由投标人根据岩土工程勘察报告自行决定报价。

(2)孔距。不加填料振冲加密孔距可为 2～3m。

6. 振冲桩(填料)

振冲桩(填料)主要用来提高地基承载力,减少地基沉降量,还可用来提高土坡的抗滑稳定性或提高土体的抗剪强度。

编制工程量清单时,振冲桩(填料)应描述的项目特征包括:地层情况,空桩长度、桩长,桩径,填充材料种类。

(1)桩长。当相对硬层埋深不大时,应按相对硬层埋深确定;当相对硬层埋深较大时,按建筑物地基变形允许值确定;在可液化地基中,桩长应按要求的抗震处理深度确定。桩长不宜小于 4m。

(2)桩径。振冲桩的平均直径可按每根桩所用填料量计算。振冲桩直径通常为0.8～1.2m。

(3)填充材料种类。填充材料种类有粗砂、中砂、砾砂、碎石、卵石、角砾、圆砾等。

7. 砂石桩

砂石桩适用于挤密松散的砂土、粉土、素填土和杂填土地基。

编制工程量清单时,砂石桩应描述的项目特征包括:地层情况,空桩长度,桩长,桩径,成孔方法,材料种类、级配。砂石桩直径可采用 300～800mm,对饱和黏性土地基宜选用较大的直径。宜采用颗粒级配良好的中砂、粗砂、砾砂、圆砂、角砾、卵石等,砂石的最大粒径不宜大于 50mm。采用细砂时应掺入碎石或卵石,掺量按设计规定或不少于总重的 30%。

8. 水泥粉煤灰碎石桩

水泥粉煤灰碎石桩是在碎石桩基础上加进一些石屑、粉煤灰和少量水泥,加水拌和制成的具有一定粘结强度的桩。桩的承载能力来自桩全长产生的摩阻力及桩端承载力,桩越长承载力愈高,桩土形成的复合地基承载力提高幅度可达 4 倍以上且变形量小,适用于多层和高层建筑地基。

编制工程量清单时,水泥粉煤灰碎石桩应描述的项目特征包括:地层情况,空桩长度、桩长,桩径,成孔方法,混合料强度等级。

(1)地层情况。水泥粉煤灰碎石桩适用于处理黏性土、粉土、砂土和已自重固结的素填土等地基。

(2)桩径。长螺旋钻中心压灌、干成孔和振动沉管成桩宜取 350～600mm;泥浆护壁钻孔灌注素混凝土成桩宜取 600～800mm;钢筋混凝土预制桩宜取 300～600mm。

9. 深层搅拌桩

深层搅拌法是利用水泥、石灰等材料作为固化剂的主剂,通过特制的深层搅拌机械,在地基深处就地将软土和固化剂(浆液或粉体)强制搅拌,利用固化剂和软土之间所产生的一系列物理—化学反应,使软土硬结成具有整体性的并具有一定承载力的复合地基。深层搅拌法适宜于加固各种成因的淤泥质土、黏土和粉质黏土等,用于增加软土地基的承载能力,减少沉降量,提高边坡的稳定性和各种坑槽工程施工时的挡水帷幕。

编制工程量清单时,深层搅拌桩应描述的项目特征包括:地层情况,空桩长度、桩长,桩截面尺寸,水泥强度等级、掺量。

10. 粉喷桩

编制工程量清单时,粉喷桩应描述的项目特征包括:地层情况,空桩长度、桩长,桩径,粉体种类、掺量,水泥强度等级、石灰粉要求。

11. 夯实水泥土桩

编制工程量清单时,夯实水泥土桩应描述的项目特征包括:地层情况,空桩长度、桩长,桩径,成孔方法,水泥强度等级,混合料配比。夯实水泥土桩适用于处理地下水位以上的粉土、素填土、杂填土、黏性土等地基,桩孔直径宜为 300~600mm。

12. 高压喷射注浆桩

高压喷射注浆桩是以高压旋转的喷嘴将水泥浆喷入土层与土体混合,形成连续搭接的水泥加固体。高压喷射注浆法适用于处理淤泥、淤泥质土、流塑、软塑或可塑黏性土、粉土、砂土、黄土、素填土和碎石土等地基。

编制工程量清单时,高压喷射注浆桩应描述的项目特征包括:地层情况,空桩长度、桩长,桩截面,注浆类型、方法,水泥强度等级。

高压喷射注浆法分为旋喷、定喷和摆喷三种类别。根据工程需要和土质要求,施工时可分别采用单管法、二重管法、三重管法和多重管法。高压喷射注浆法固结体形状可分为垂直墙状、水平板状、柱列状和群状。

(1)单管法。利用一根单管喷射高压水泥浆液作为喷射流。成桩直径较小,一般为 0.3~0.8m。

(2)二重管法。用同轴双通道二重注浆管复合喷射高压水泥浆和压缩空气两种介质,以浆液作为喷射流,但在其外围裹着一圈空气流成为复合喷射流。成桩直径为1.0m 左右。

(3)三重管法。使用分别输送水、气、浆三种介质的三重注浆管,在以高压泵等高压发生装置产生 20MPa 左右的高压水喷射流的周围,环绕一股 0.7MPa 左右的圆筒状气流,进行高压水喷射流和气流同轴喷射冲切土体,形成较大的空隙,再另由泥浆泵注入压力 2~5MPa 的浆液填充,当喷嘴作旋转和提升运动时,便在土中凝固为直径较大的圆柱状固结体。成桩直径较大,一般为 1.0~2.0m,但桩身强度较低(0.9~1.2MPa)。

(4)多重管法。首先在地面钻一个导孔,然后置入多重管,用逐渐向下运动的旋转超高压水(压力约为 40MPa)射流,切削破坏四周的土体,经高压水冲击下来的土和水,立即用真空泵从多重管抽出,如此反复的冲和抽,便在土层中形成一个较大额定空间,再根据工程要求选用浆液、砂浆、砾石等材料填充,最后在地层中形成一个大直径的柱状固结体,在砂性土中最大直径可达 4m。

13. 石灰桩

编制工程量清单时,石灰桩应描述的项目特征包括:地层情况,空桩长度、桩长,桩径,成孔方法,掺合料种类、配合比。

(1)石灰桩适用于处理饱和黏性土、淤泥、淤泥质土、素填土和杂填土等地基,不适用于地下水位下的砂类土。

(2)掺合料种类包括粉煤灰、火山灰、炉渣、黏性土等,生石灰与掺合料的配合比宜根据地质情况确定,生石灰与掺合料的体积比可选用 1∶1 或 1∶2,对于淤泥、淤泥质土等软土可适当增加生石灰用量。当生产石膏和水泥时,掺加量为生石灰用量的 3%～10%。

14. 灰土(土)挤密桩

编制工程量清单时,灰土(土)挤密桩应描述的项目特征包括:地层情况,空桩长度、桩长,桩径,成孔方法,灰土级配。

(1)灰土(土)挤密桩适用于处理地下水位以上的湿陷性黄土、素填土和杂填土等地基。

(2)桩孔直径宜为 300～450mm,并可根据所选用的成孔设备或成孔方法确定。

15. 柱锤冲扩桩

编制工程量清单时,柱锤冲扩桩应描述的项目特征包括:地层情况,空桩长度、桩长,桩径,成孔方法,桩体材料种类、配合比。

(1)柱锤冲扩桩适用于处理地下水位以上的杂填土、粉土、黏性土、素填土和黄土等地基。

(2)桩径可取 500～800mm。

(3)桩体材料可采用碎砖三合土、级配砂石、矿渣、灰土、水泥混合土等,其常用配合比参见表 3-13。

表 3-13　　　　碎砖三合土、级配砂石、灰土、水泥混合土常用配合比

桩体材料	碎砖三合土	级配砂石	灰土	水泥混合土
配合比	生石灰∶碎砖∶黏性土 1∶2∶4	石子∶砂 1∶0.6～0.9	石灰∶土 1∶3～4	水泥∶土 1∶7～9

16. 注浆地基

注浆地基是指用液压、气压或电化学原理通过注浆管把浆液均匀地注入地层中,浆液以填充、渗透和挤密等方式,将土颗粒间或岩石裂隙中的水分和空气赶走。经过一定方法处理后,浆液将原来松散的颗粒胶凝成一个整体,形成一个结构新,强度大,防水防渗性能高和化学稳定性好的结石体。

编制工程量清单时,注浆地基应描述的项目特征包括:地层情况,空钻深度、注浆

深度,注浆间距,浆液种类及配比,注浆方法,水泥强度等级。

常用浆液类型见表 3-14;水泥注浆材料及配合比见表 3-15。

表 3-14　　　　　　　　　　　　　常用浆液类型

浆　　　液	浆液类型	
粒状浆液(悬液)	不稳定粒状浆液	水泥浆 水泥砂浆
	稳定粒状浆液	黏土浆 水泥黏土浆
化学浆液(溶液)	无机浆液	硅酸盐
	有机浆液	环氧树脂类 甲基丙烯酸酯类 丙烯酰胺类 木质素类 其他

表 3-15　　　　　　　　　　　　水泥注浆材料及配合比

名　　称	说　　　　　　　　明
水　泥	42.5 级普通硅酸盐水泥
水	饮用淡水
配合比	净水泥浆,水灰比 0.6~2.0。若要求快凝可采用快凝水泥或掺入水泥用量 1%~2%的氯化钙;若要求缓凝可掺入水泥用量 0.1%~0.5%的木质素磺酸钙。 在裂隙或孔隙较大、可灌性好的地层,可在浆液中掺入适量细砂或粉煤灰,比例为 1:(0.5~3)。 对松散土层,可在水泥浆中掺加细粉质黏土配成水泥黏土浆,灰泥比为 1:(3~8)(水泥:土,体积分数)

17. 褥垫层

褥垫层是复合地基中解决地基不均匀的一种方法。如建筑物一边在岩石地基上,一边在黏土地基上时,采用在岩石地基上加褥垫层(级配砂石)来解决。

编制工程量清单时,褥垫层应描述的项目特征包括:厚度、材料品种及比例。褥垫层厚度可取 200~300mm,其材料可选用中砂、粗砂、级配砂石等,最大粒径不宜大于 20mm。

(三)清单工程量计算

1. 换填垫层

换填垫层工程量按设计图示尺寸以体积计算,计量单位为“m³”。

2. 铺设土工合成材料

铺设土工合成材料工程量按设计图示尺寸以面积计算,计量单位为“m²”。

【**例 3-10**】 某地基铺设土工合成材料宽 28m,长 12m,计算铺设土工合成材料工程量。

【**解**】 铺设土工合成材料工程量＝12×28＝336m²

3. 预压地基

预压地基工程量按设计图示处理范围以面积计算,计量单位为"m²"。

【**例 3-11**】 某工程采用预压地基,如图 3-13 所示,试计算其地基工程量。

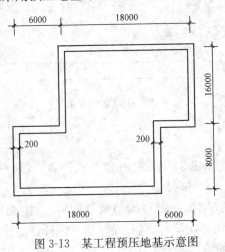

图 3-13 某工程预压地基示意图

【**解**】 预压地基工程量＝(6+18+0.2)×(6+18+0.2)−6×8−6×16
＝441.64m²

4. 强夯地基

强夯地基工程量按设计图示处理范围以面积计算,计量单位为"m²"。其适用于地下水位 0.8m 以上、稍湿的黏性土、砂土、饱和度≤60 的湿陷性黄土、杂填土以及分层填土地基的加固处理。

图 3-14 所示地基强夯工程量:

$$S=L×B$$

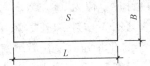

式中 S——地基强夯面积(m²);

L——地基强夯长度(m);

B——地基强夯宽度(m)。

图 3-14 地基强夯示意图

【**例 3-12**】 如图 3-15 所示,实线范围为地基强夯范围。设计要求如下:

(1)不同隔夯击,设计击数 8 击,夯击能量为 500t·m,一遍夯击,计算其工程量。

(2)不同隔夯击,设计击数为 10 击,分两遍夯击,每一遍 5 击,第二遍 5 击,第二遍要求低锤满拍,设计夯击能量为 400t·m,计算其工程量。

【**解**】 强夯地基工程量＝A×B＝40×18＝720m²

5. 振冲密实(不填料)

振冲密实(不填料)工程量按设计图示处理范围以面积计算,计量单位为"m²"。

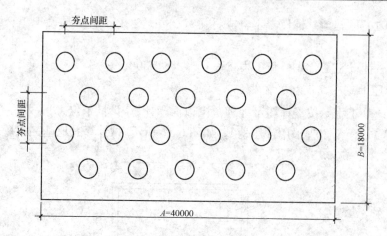

图 3-15 某地基强夯示意图

6. 振冲桩(填料)

振冲桩(填料)工程量按设计图示尺寸以桩长计算,计量单位为"m";或按设计桩截面乘以桩长以体积计算,计量单位为"m^3"。

【例 3-13】 某工程采用振冲桩加固地基,桩身示意图如图 3-16 所示,机械采用 40t 的振动打拔桩机,采用一次复打,共计 100 根。试计算振冲桩工程量。

【解】 振冲桩工程量有两种计算方法:

(1)以立方米计量:振冲桩工程量 $= 1/4 \times \pi \times 0.32^2 \times 8 \times 100$
$$= 64.31 m^3$$

(2)以米计量:振冲桩工程量 $= 8 \times 100 = 800 m$

7. 砂石桩

砂石桩工程量按设计图示尺寸以桩长(包括桩尖)计算,计量单位为"m";或按设计桩截面乘以桩长(包括桩尖)以体积计算,计量单位为"m^3"。

【例 3-14】 某工程采用砂石桩,二类土,挖方形孔,孔边长 0.4m,孔深 8m,挖孔后填筑砂石,计算砂石桩工程量。

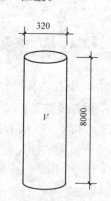

图 3-16 振冲桩示意图

【解】 砂石桩工程量有两种计算方法:

(1)以米计量:砂石桩工程量 $= 8 m$

(2)以立方米计量:砂石桩工程量 $= 0.4 \times 0.4 \times 8 = 1.28 m^3$

8. 水泥粉煤灰碎石桩

水泥粉煤灰碎石桩工程量按设计图示尺寸以桩长(包括桩尖)计算,计量单位为"m"。

9. 深层搅拌桩、粉喷桩

深层搅拌桩、粉喷桩工程量按设计图示尺寸以桩长计算,计量单位为"m"。

10. 夯实水泥土桩

夯实水泥土桩工程量按设计图示尺寸以桩长(包括桩尖)计算,计量单位为"m"。

11. 高压喷射注浆桩

高压喷射注浆桩工程量按设计图示尺寸以桩长计算,计量单位为"m"。

12. 石灰桩、灰土(土)挤密桩

石灰桩、灰土(土)挤密桩工程量按设计图示尺寸以桩长(包括桩尖)计算,计量单位为"m"。

13. 柱锤冲扩桩

柱锤冲扩桩工程量按设计图示尺寸以桩长计算,计量单位为"m"。

14. 注浆地基

注浆地基工程量按设计图示尺寸以钻孔深度计算,计量单位为"m";或按设计图示尺寸以加固体积计算,计量单位为"m³"。

15. 褥垫层

褥垫层工程量按设计图示尺寸以铺设面积计算,计量单位为"m²";或按设计图示尺寸以体积计算,计量单位为"m³"。

【例 3-15】 某工程基底为可塑黏土,不能满足设计承载力,采用水泥粉煤灰桩进行地基处理,桩顶采用 300mm 厚人工配料石作为褥垫层,如图 3-17 所示,计算褥垫层工程量。

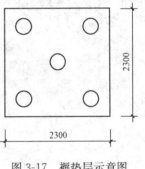

【解】 褥垫层工程量有两种计算方法:

(1)以平方米计量:褥垫层工程量=2.3×2.3
　　　　　　　　　　　　　　=5.29m²

(2)以立方米计量:褥垫层工程量=2.3×2.3×0.3
　　　　　　　　　　　　　　=1.59m³

图 3-17 褥垫层示意图

二、基坑与边坡支护

(一)清单项目设置

《房屋建筑与装饰工程工程量清单计算规范》(GB 50854—2013)附录 B.2 基坑与边坡支护共 11 个清单项目。各清单项目设置的具体内容见表 3-16。

表 3-16　　　　　　　　　　基坑与边坡支护清单项目设置

项目编码	项目名称	项目特征	计量单位	工作内容
010202001	地下连续墙	1. 地层情况 2. 导墙类型、截面 3. 墙体厚度 4. 成槽深度 5. 混凝土种类、强度等级 6. 接头形式	m³	1. 导墙挖填、制作、安装、拆除 2. 挖土成槽、固壁、清底置换 3. 混凝土制作、运输、灌注、养护 4. 接头处理 5. 土方、废泥浆外运 6. 打桩场地硬化及泥浆池、泥浆沟

续一

项目编码	项目名称	项目特征	计量单位	工作内容
010202002	咬合灌注桩	1. 地层情况 2. 桩长 3. 桩径 4. 混凝土种类、强度等级 5. 部位		1. 成孔、固壁 2. 混凝土制作、运输、灌注、养护 3. 套管压拔 4. 土方、废泥浆外运 5. 打桩场地硬化及泥浆池、泥浆沟
010202003	圆木桩	1. 地层情况 2. 桩长 3. 材质 4. 尾径 5. 桩倾斜度	1. m 2. 根	1. 工作平台搭拆 2. 桩机移位 3. 桩靴安装 4. 沉桩
010202004	预制钢筋混凝土板桩	1. 地层情况 2. 送桩深度、桩长 3. 桩截面 4. 沉桩方法 5. 连接方式 6. 混凝土强度等级		1. 工作平台搭拆 2. 桩机移位 3. 沉桩 4. 板桩连接
010202005	型钢桩	1. 地层情况或部位 2. 送桩深度、桩长 3. 规格型号 4. 桩倾斜度 5. 防护材料种类 6. 是否拔出	1. t 2. 根	1. 工作平台搭拆 2. 桩机移位 3. 打（拔）桩 4. 接桩 5. 刷防护材料
010202006	钢板桩	1. 地层情况 2. 桩长 3. 板桩厚度	1. t 2. m²	1. 工作平台搭拆 2. 桩机移位 3. 打拔钢板桩
010202007	锚杆（锚索）	1. 地层情况 2. 锚杆(索)类型、部位 3. 钻孔深度 4. 钻孔直径 5. 杆体材料品种、规格、数量 6. 预应力 7. 浆液种类、强度等级	1. m 2. 根	1. 钻孔、浆液制作、运输、压浆 2. 锚杆(锚索)制作、安装 3. 张拉锚固 4. 锚杆(锚索)施工平台搭设、拆除
010202008	土钉	1. 地层情况 2. 钻孔深度 3. 钻孔直径 4. 置入方法 5. 杆体材料品种、规格、数量 6. 浆液种类、强度等级		1. 钻孔、浆液制作、运输、压浆 2. 土钉制作、安装 3. 土钉施工平台搭设、拆除

续二

项目编码	项目名称	项目特征	计量单位	工作内容
010202009	喷射混凝土、水泥砂浆	1. 部位 2. 厚度 3. 材料种类 4. 混凝土(砂浆)类别、强度等级	m²	1. 修整边坡 2. 混凝土(砂浆)制作、运输、喷射、养护 3. 钻排水孔、安装排水管 4. 喷射施工平台搭设、拆除
010202010	钢筋混凝土支撑	1. 部位 2. 混凝土种类 3. 混凝土强度等级	m³	1. 模板(支架或支撑)制作、安装、拆除、堆放、运输及清理模内杂物、刷隔离剂等 2. 混凝土制作、运输、浇筑、振捣、养护
010202011	钢支撑	1. 部位 2. 钢材品种、规格 3. 探伤要求	t	1. 支撑、铁件制作(摊销、租赁) 2. 支撑、铁件安装 3. 探伤 4. 刷漆 5. 拆除 6. 运输

注:地下连续墙和喷射混凝土(砂浆)的钢筋网、咬合灌注桩的钢筋笼及钢筋混凝土支撑的钢筋制作、安装,按《房屋建筑与装饰工程工程量计算规范》(GB 50854—2013)附录 E 中相关项目列项。本分部未列的基坑与边坡支护的排桩按《房屋建筑与装饰工程工程量计算规范》(GB 50854—2013)附录 C 中相关项目列项。水泥土墙、坑内加固按《房屋建筑与装饰工程工程量计算规范》(GB 50854—2013)表 B.1 中相关项目列项。砖、石挡土墙、护坡按《房屋建筑与装饰工程工程量计算规范》(GB 50854—2013)附录 D 中相关项目列项。混凝土挡土墙按《房屋建筑与装饰工程工程量计算规范》(GB 50854—2013)附录 E 中相关项目列项。

(二)清单项目特征描述

1. 地下连续墙

地下连续墙是指在所定位置利用专用的挖槽机械和泥浆(又叫稳定液、触变泥浆等)护壁,开挖出一定长度(一般为 4～6m,叫单元槽段)的深槽后,插入钢筋笼,并在充满泥浆的深槽中用导管法浇筑混凝土(混凝土浇筑从槽底开始,逐渐向上,泥浆也就被它置换出来),最后把这些槽段用特制的接头相互连接起来形成一道连续的现浇地下墙。

编制工程量清单时,地下连续墙应描述的项目特征包括:地层情况,导墙类型、截面,墙体厚度,成槽深度,混凝土种类、强度等级,接头形式。

(1)地层情况按表 3-2 和表 3-8 的规定,并根据岩土工程勘察报告按单位工程各地层所占比例(包括范围值)进行描述。对无法准确描述的地层情况,可注明由投标人根据岩土工程勘察报告自行决定报价。

(2)导墙分为现浇钢筋混凝土结构、钢制或预制钢筋混凝土结构。

(3)混凝土种类指清水混凝土、彩色混凝土等,如在同一地区既使用预拌(商品)混凝土,又允许现场搅拌混凝土时,也应注明。

2. 基坑支护桩

当拟开挖深基坑临边净距离内有建筑物、构筑物、管、线、缆或其他荷载,无法放坡的情况,且坑底下有可靠结实的土层作为桩尖端嵌固点时,可使用基坑支护桩支护。基坑支护桩具有保证临边的建筑物、构筑物、管、线、缆的安全;在基坑开挖过程中及在基坑的使用期间,维持临空的土体稳定,以保证施工的安全。

基坑支护桩包括咬合灌注桩、圆木桩、预制钢筋混凝土板桩、型钢桩、钢板桩。在编制工程量清单中,基坑支护桩的项目特征应包括以下内容:

(1)咬合灌注桩。咬合灌注桩应描述地层情况,桩长,桩径,混凝土种类、强度等级、部位。

(2)圆木桩。圆木桩应描述地层情况,桩长,材质,尾径,桩倾斜度。

(3)预制钢筋混凝土板桩。预制钢筋混凝土板桩应描述地层情况,送桩深度、桩长,桩截面,沉桩方法,连接方式,混凝土强度等级。

(4)型钢桩。型钢桩应描述地层情况或部位,送桩深度、桩长,规格型号,桩倾斜度,防护材料种类,是否拔出。

(5)钢板桩。钢板桩应描述地层情况,桩长,板桩厚度。

3. 锚杆(锚索)

锚杆(锚索)支护是在边坡、岩土深基坑等地表工程及隧道、采场等地下硐室施工中采用的一种加固支护方式。用金属件、木件、聚合物件或其他材料制成杆柱,打入地表岩体或硐室周围岩体预先钻好的孔中,利用其头部、杆体的特殊构造和尾部托板(亦可不用),或依赖于粘结作用将围岩与稳定岩体结合在一起而产生悬吊效果、组合梁效果、补强效果,以达到支护的目的。

编制工程量清单时,锚杆(锚索)应描述的项目特征包括:地层情况,锚杆(索)类型、部位,钻孔深度,钻孔直径,杆体材料品种、规格、数量,预应力,浆液种类、强度等级。

(1)锚杆有三种基本类型,即圆柱体注浆锚杆、扩孔注浆锚杆、多头扩孔注浆锚杆,如图 3-18 所示。

(2)杆体材料常用的有钢筋、钢丝束和钢绞线。

(3)灌浆浆液为水泥砂浆或水泥浆。水泥通常采用质量良好的普通硅酸盐水泥,压力型锚杆宜采用高强度水泥。

4. 土钉

土钉是指在开挖边坡表面铺钢筋网喷射细石混凝土,并每隔一定距离埋设土钉,使其与边坡土体形成复合体,共同工作,从而有效提高边坡稳定的能力,增强土体破坏的岩性,变土体荷载为支护结构的一部分,对土体起到嵌固作用,对土坡进行加固,从而增加边坡支护锚固力,使基坑开挖后保持稳定。

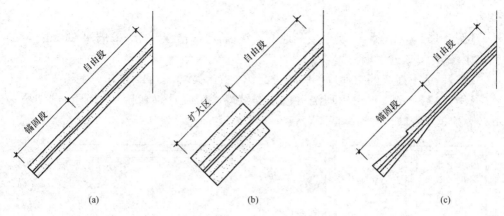

图 3-18　锚杆的基本类型
(a)圆柱体注浆锚杆;(b)扩孔注浆锚杆;(c)多头扩孔注浆锚杆

编制工程量清单时,土钉应描述的项目特征包括:地层情况,钻孔深度,钻孔直径,置入方法,杆体材料品种、规格、数量,浆液种类、强度等级。

(1)杆体材料常采用钢筋、钢管、型钢等。

(2)土钉置入方式常采用钻孔注浆型、直接打入型、打入注浆型。

(3)注浆材料一般采用水泥浆或水泥砂浆。

5. 喷射混凝土、水泥砂浆

喷射混凝土、水泥砂浆是借助喷射机械,利用压缩空气或其他动力,将按一定比例配制的拌合料,通过管道输送并以高速喷射到受喷面(岩石壁面、模板、旧建筑物)上凝结硬化而成的一种混凝土、水泥砂浆。

编制工程量清单时,喷射混凝土、水泥砂浆应描述的项目特征包括:部位,厚度,材料种类,混凝土(砂浆)类别、强度等级。

6. 基坑支撑

基坑支撑系统是增大围护结构刚度,改善围护结构受力条件,确保基坑安全和稳定性的构件。目前,支撑系统主要有钢支撑和钢筋混凝土支撑。支撑系统主要由围檩、支撑和立柱组成。根据基坑的平面形状、开挖面积及开挖深度等,内支撑可分为有围檩和无围檩两种。但是对于圆形围护结构的基坑,可采用内衬墙和围檩两种方式,而不设置内支撑。

(1)钢筋混凝土支撑。钢筋混凝土支撑应描述的项目特征包括:部位,混凝土种类,混凝土强度等级。

(2)钢支撑。钢支撑应描述的项目特征包括:部位,钢材品种、规格,探伤要求。

(三)清单工程量计算

1. 地下连续墙

地下连续墙工程量按设计图示墙中心线长乘以厚度乘以槽深以体积计算,计量单位为"m³"。

【例 3-16】　如图 3-19 所示为某地下连续墙,已知槽深 900mm,墙厚 240mm,C30 混凝土,试计算该连续墙工程量。

【解】　地下连续墙工程量=$(3.0×2×2+6.0×2)×0.24×0.9=5.18m^3$

【例 3-17】　某工程采用现浇混凝土连续墙,其平面图如图 3-20 所示,已知槽深 8m,槽宽 900m,试计算连续墙工程量。

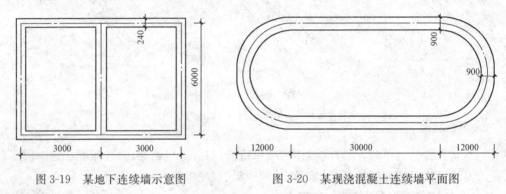

图 3-19　某地下连续墙示意图　　　　图 3-20　某现浇混凝土连续墙平面图

【解】　连续墙工程量=$30×8×0.9×2+3.14×(12-0.9/2)×2×0.9×8$
　　　　　　　$=954.24m^3$

2. 咬合灌注桩

咬合灌注桩工程量按设计图示尺寸以桩长计算,计量单位为"m";或按设计图示数量计算,计量单位为"根"。

3. 圆木桩、预制钢筋混凝土板桩

圆木桩、预制钢筋混凝土板桩工程量按设计图示尺寸以桩长(包括桩尖)计算,计量单位为"m";或按设计图示数量计算,计量单位为"根"。

【例 3-18】　某预制钢筋混凝土板桩桩长 6m,200 根,计算预制钢筋混凝土板桩工程量。

【解】　预制钢筋混凝土板桩工程量有两种计算方法:

(1)以米计量:预制钢筋混凝土板桩工程量=6×200=1200m

(2)以根计量:预制钢筋混凝土板桩工程量=200 根

4. 型钢桩

型钢桩工程量按设计图示尺寸以质量计算,计量单位为"t";或按设计图示数量计算,计量单位为"根"。

5. 钢板桩

钢板桩工程量按设计图示尺寸以质量计算,计量单位为"t";或设计图示墙中心线长乘以桩长以面积计算,计量单位为"m²"。

6. 锚杆(锚索)

锚杆(锚索)工程量按设计图示尺寸以钻孔深度计算,计量单位为"m";或按设计图示数量计算,计量单位为"根"。

【例 3-19】　如图 3-21 所示,某工程基坑立壁采用多锚支护,锚孔直径 80mm,深度 2.5m,杆筋送入钻孔后,灌注 M30 水泥砂浆,混凝土面板采用 C25 喷射混凝土,试计算锚杆支护工程量。

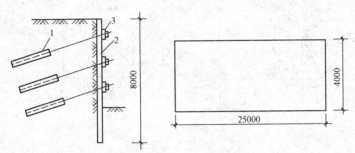

图 3-21　某工程基坑立壁示意图

1—土层锚杆;2—挡土灌注桩或地下连续墙;3—钢横梁(撑)

【解】　锚杆支护工程量有两种计算方法:

(1)以米计量:锚杆支护工程量=2.5m

(2)以根计量:锚杆支护工程量=3 根

7. 土钉

土钉工程量按设计图示尺寸以钻孔深度计算,计量单位为"m";或按设计图示数量计算,计量单位为"根"。

8. 喷射混凝土、水泥砂浆

喷射混凝土、水泥砂浆工程量按设计图示尺寸以面积计算,计量单位为"m²"。

【例 3-20】　计算【例 3-19】的喷射混凝土、水泥砂浆工程量。

【解】　喷射混凝土、水泥砂浆工程量=25×4=100m²

9. 钢筋混凝土支撑

钢筋混凝土支撑工程量按设计图示尺寸以体积计算,计量单位为"m³"。

10. 钢支撑

钢支撑工程量按设计图示尺寸以质量计算,不扣除孔眼质量,焊条、铆钉、螺栓等不另增加质量。计量单位为"t"。

【例 3-21】　如图 3-22 所示,计算钢支撑工程量。

【解】　钢支撑工程量:

角钢(L140×14):3.85×2×2×29.5=454.30kg

钢板(δ=10):0.85×0.4×78.5=26.69kg

钢板(δ=10):0.18×0.1×3×2×78.5=8.478kg

钢板(δ=12):(0.17+0.415)×0.52×2×94.2=0.585×0.52×2×94.2=57.31kg

工程量合计:(454.3+26.69+8.478+57.31)=546.78kg=0.547t

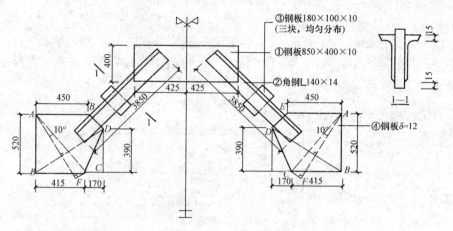

图 3-22　钢支撑示意图

第四节　桩基工程

一、打桩

(一)清单项目设置

《房屋建筑与装饰工程工程量清单计算规范》(GB 50854—2013)附录 C.1 打桩共 4 个清单项目。各清单项目设置的具体内容见表 3-17。

表 3-17　　　　　　　　　　　　打桩清单项目设置

项目编码	项目名称	项目特征	计量单位	工作内容
010301001	预制钢筋混凝土方桩	1. 地层情况 2. 送桩深度、桩长 3. 桩截面 4. 桩倾斜度 5. 沉桩方法 6. 接桩方式 7. 混凝土强度等级	1. m 2. m³ 3. 根	1. 工作平台搭拆 2. 桩机竖拆、移位 3. 沉桩 4. 接桩 5. 送桩
010301002	预制钢筋混凝土管桩	1. 地层情况 2. 送桩深度、桩长 3. 桩外径、壁厚 4. 桩倾斜度 5. 沉桩方法 6. 桩尖类型 7. 混凝土强度等级 8. 填充材料种类 9. 防护材料种类		1. 工作平台搭拆 2. 桩机竖拆、移位 3. 沉桩 4. 接桩 5. 送桩 6. 桩尖制作安装 7. 填充材料、刷防护材料

续表

项目编码	项目名称	项目特征	计量单位	工作内容
010301003	钢管桩	1. 地层情况 2. 送桩深度、桩长 3. 材质 4. 管径、壁厚 5. 桩倾斜度 6. 沉桩方法 7. 填充材料种类 8. 防护材料种类	1. t 2. 根	1. 工作平台搭拆 2. 桩机竖拆、移位 3. 沉桩 4. 接桩 5. 送桩 6. 切割钢管、精割盖帽 7. 管内取土 8. 填充材料、刷防护材料
010301004	截(凿)桩头	1. 桩类型 2. 桩头截面、高度 3. 混凝土强度等级 4. 有无钢筋	1. m³ 2. 根	1. 截(切割)桩头 2. 凿平 3. 废料外运

注:1. 项目特征中的桩截面、混凝土强度等级、桩类型等可直接用标准图代号或设计桩型进行描述。

　　2. 预制钢筋混凝土方桩、预制钢筋混凝土管桩项目以成品桩编制,应包括成品桩购置费,如果用现场预制,应包括现场预制桩的所有费用。

　　3. 截(凿)桩头项目适用于《房屋建筑与装饰工程工程量计算规范》(GB 50854—2013)附录 B、附录 C 所列桩的桩头截(凿)。

　　4. 预制钢筋混凝土管桩桩顶与承台的连接构造按《房屋建筑与装饰工程工程量计算规范》(GB 50854—2013)附录 E 相关项目列项。

(二)清单项目特征描述

1. 预制钢筋混凝土方桩

预制钢筋混凝土方桩是指采用振动或离心成型外周截面为正方形的用作桩基的预制钢筋混凝土构件。预制钢筋混凝土方桩分为预制钢筋混凝土实心方桩和预制钢筋混凝土空心方桩两大类(图 3-23 和图 3-24):预制钢筋混凝土实心方桩的产品规格为:200mm×200mm,250mm×250mm,300mm×300mm,350mm×350mm,400mm×400mm,450mm×450mm,500mm×500mm 等规格;预制钢筋混凝土空心方桩的产品规格为:300mm×300mm(ϕ150mm),350mm×350mm(ϕ170mm),400mm×400mm(ϕ200mm),450mm×450mm(ϕ220mm)等规格。预制钢筋混凝土方桩项目以成品桩编制,应包括成品桩购置费,如果用现场预制,应包括现场预制桩的所有费用。

编制工程量清单时,预制钢筋混凝土方桩应描述的项目特征包括:地层情况,送桩深度、桩长,桩截面,桩倾斜度,沉桩方法,接桩方式,混凝土强度等级。

(1)地层情况按表 3-2 和表 3-8 的规定,并根据岩土工程勘察报告按单位工程各地层所占比例(包括范围值)进行描述。对无法准确描述的地层情况,可注明由投标人根据岩土工程勘察报告自行决定报价。

(2)桩截面、混凝土强度等级可直接用标准图代号或设计桩型进行描述。

(3)沉桩的方法有锤击法、振动法和静力压桩法等。

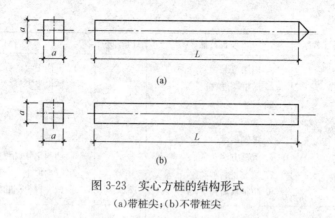

图 3-23　实心方桩的结构形式
(a)带桩尖；(b)不带桩尖

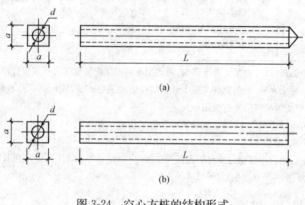

图 3-24　空心方桩的结构形式
(a)带桩尖；(b)不带桩尖

（4）打试验桩和打斜桩应按相应项目单独列项，并应在项目特征描述中注明试验桩或斜桩（斜率）。

2. 预制钢筋混凝土管桩

预制钢筋混凝土管桩是指采用振动或离心成型外周截面为圆形的预制钢筋混凝土构件。预制钢筋混凝土管桩项目以成品桩编制，应包括成品桩购置费，如果用现场预制，应包括现场预制桩的所有费用。

编制工程量清单时，预制钢筋混凝土管桩应描述的项目特征包括：地层情况，送桩深度、桩长，桩外径、壁厚，桩倾斜度，沉桩方法，桩尖类型，混凝土强度等级，填充材料种类，防护材料种类。

3. 钢管桩

钢管桩能承受强大的冲击力，有较高的承载能力，桩长可任意调节，质量轻，刚性好，装卸运输方便等特点，适用于码头、水中结构的高桩承台、桥梁基础、超高层公共与住宅建筑桩基、特重型工业厂房等基础工程。

编制工程量清单时，钢管桩应描述的项目特征包括：地层情况，送桩深度、桩长，材质,管径、壁厚,桩倾斜度,沉桩方法,填充材料种类,防护材料种类。常用钢管桩规格见表 3-18。

表 3-18　　　　　　　　　　　　常用钢管桩规格

钢管桩尺寸			质　量		面　积		
外径(mm)	厚度(mm)	内径(mm)	(kg/m)	(m/t)	断面面积(cm²)	外包面积(m²)	外表面积(m²)
406.4	9	388.4	88.2	11.34	112.4	0.130	1.28
	12	382.4	117	8.55	148.7		
609.6	9	591.6	133	7.52	169.8	0.292	1.92
	12	585.6	177	5.65	225.3		
	14	581.6	206	4.85	262.0		
	16	577.6	234	4.27	298.4		
914.4	12	890.4	311	3.75	3402	0.567	2.87
	14	886.4	351	3.22	396.0		
	16	882.4	420	2.85	451.6		
	19	876.4	297	2.38	534.5		

4. 截(凿)桩头

截(凿)桩头是指桩身混凝土浇筑过程中,由于在振捣过程中随着混凝土内部的气泡或孔隙的上升至桩顶部分,桩顶一定范围内为浮浆,或是水下混凝土浇筑时的泥浆、灰浆混合物,为了保证桩身混凝土强度,需将上部的虚桩凿除。

编制工程量清单时,截(凿)桩头应描述的项目特征包括:桩类型,桩头截面、高度,混凝土强度等级,有无钢筋。桩类型可直接用标准图代号或设计桩型进行描述。

(三)清单工程量计算

1. 预制钢筋混凝土方桩、管桩

预制钢筋混凝土方桩、管桩工程量按设计图示尺寸以桩长(包括桩尖)计算,计量单位为"m";或按设计图示截面面积乘以桩长(包括桩尖)以实体积计算,计量单位为"m³";或按设计图示数量计算,计量单位为"根"。

【例 3-22】　某工程需用如图 3-25 所示预制钢筋混凝土方桩 20 根,如图 3-26 所示预制混凝土管桩 15 根,已知混凝土强度等级为 C40,土壤类别为四类土,计算该工程钢筋混凝土方桩及管桩工程量。

【解】　(1)预制混凝土方桩工程量有三种计算方法:

1)以米计量:钢筋混凝土预制桩工程量 $=11.6\times20=232$ m

2)以立方米计量:钢筋混凝土预制桩工程量 $=0.45\times0.45\times11.6\times20=46.98$ m³

3)以根计量:钢筋混凝土预制桩工程量 $=20$ 根

(2)预制混凝土管桩工程量有三种计算方法:

1)以米计量:钢筋混凝土预制桩工程量 $=18.8\times15=282$ m

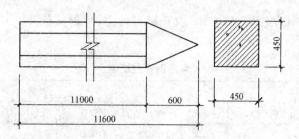

图 3-25　预制混凝土方桩示意图

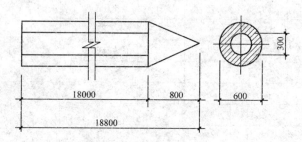

图 3-26　预制混凝土管桩示意图

2)以立方米计量:钢筋混凝上预制桩工程量=$3.14 \times (0.3^2 - 0.15^2) \times 18.8 \times 15$

$$= 59.77 m^3$$

3)以根计量:钢筋混凝土预制桩工程量=15 根

2. 钢管桩

钢管桩工程量按设计图示尺寸以质量计算,计量单位为"t";或按设计图示数量计算,计量单位为"根"。

【例 3-23】　某超高层住宅建筑工程采用钢管桩基础,共计 195 根,已知钢管桩外径为 406.4mm,壁厚 12mm,单根钢柱长 15m。试计算该钢管桩工程量。

【解】　钢管桩工程量有两种计算方法:

(1)以吨计量:钢管桩工程量=$88.2 \times 15 \times 195 = 257985 kg = 257.99 t$

(2)以根计量:钢管桩工程量=195 根

3. 截(凿)桩头

截(凿)桩头工程量按设计桩截面乘以桩头长度以体积计算,计量单位为"m³";或按设计图示数量计算,计量单位为"根"。

二、灌注桩

(一)清单项目设置

《房屋建筑与装饰工程工程量清单计算规范》(GB 50854—2013)附录 C.2 灌注桩共 7 个清单项目。各清单项目设置的具体内容见表 3-19。

表 3-19　　　　　　　　　　　　　　　**灌注桩清单项目设置**

项目编码	项目名称	项目特征	计量单位	工作内容
010302001	泥浆护壁成孔灌注桩	1. 地层情况 2. 空桩长度、桩长 3. 桩径 4. 成孔方法 5. 护筒类型、长度 6. 混凝土种类、强度等级		1. 护筒埋设 2. 成孔、固壁 3. 混凝土制作、运输、灌注、养护 4. 土方、废泥浆外运 5. 打桩场地硬化及泥浆池、泥浆沟
010302002	沉管灌注桩	1. 地层情况 2. 空桩长度、桩长 3. 复打长度 4. 桩径 5. 沉管方法 6. 桩尖类型 7. 混凝土种类、强度等级	1. m 2. m³ 3. 根	1. 打(沉)拔钢管 2. 桩尖制作、安装 3. 混凝土制作、运输、灌注、养护
010302003	干作业成孔灌注桩	1. 地层情况 2. 空桩长度、桩长 3. 桩径 4. 扩孔直径、高度 5. 成孔方法 6. 混凝土种类、强度等级		1. 成孔、扩孔 2. 混凝土制作、运输、灌注、振捣、养护
010302004	挖孔桩土(石)方	1. 地层情况 2. 挖孔深度 3. 弃土(石)运距	m³	1. 排地表水 2. 挖土、凿石 3. 基底钎探 4. 运输
010302005	人工挖孔灌注桩	1. 桩芯长度 2. 桩芯直径、扩底直径、扩底高度 3. 护壁厚度、高度 4. 护壁混凝土种类、强度等级 5. 桩芯混凝土种类、强度等级	1. m³ 2. 根	1. 护壁制作 2. 混凝土制作、运输、灌注、振捣、养护
010302006	钻孔压浆桩	1. 地层情况 2. 空钻长度、桩长 3. 钻孔直径 4. 水泥强度等级	1. m 2. 根	钻孔、下注浆管、投放骨料、浆液制作、运输、压浆
010302007	灌注桩后压浆	1. 注浆导管材料、规格 2. 注浆导管长度 3. 单孔注浆量 4. 水泥强度等级	孔	1. 注浆导管制作、安装 2. 浆液制作、运输、压浆

注:1. 项目特征中的桩截面(桩径)、混凝土强度等级、桩类型等可直接用标准图代号或设计桩型进行描述。
　　2. 混凝土灌注桩的钢筋笼制作、安装,按《房屋建筑与装饰工程工程量计算规范》(GB 50854—2013)附录E
中相关项目编码列项。

(二)清单项目特征描述

1. 泥浆护壁成孔灌注桩

泥浆护壁成孔灌注桩是指在泥浆护壁条件下成孔,采用水下灌注混凝土的桩。泥浆护壁成孔灌注桩的施工工艺流程如图 3-27 所示。

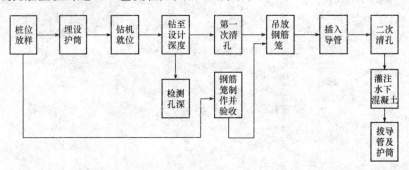

图 3-27　泥浆护壁成孔灌注桩施工工艺流程图

编制工程量清单时,泥浆护壁成孔灌注桩应描述的项目特征包括:地层情况,空桩长度、桩长,桩径,成孔方法,护筒类型、长度,混凝土种类、强度等级。

(1)地层情况按表 3-2 和表 3-8 的规定,并根据岩土工程勘察报告,按单位工程各地层所占比例(包括范围值)进行描述。对无法准确描述的地层情况,可注明由投标人根据岩土工程勘察报告自行决定报价。

(2)桩长应包括桩尖,空桩长度=孔深-桩长,孔深为自然地面至设计桩底的深度。

(3)桩径、混凝土强度等级可直接用标准图代号或设计桩型进行描述。

(4)泥浆护壁成孔灌注桩成孔方法包括冲击钻成孔、冲抓锥成孔、回旋钻成孔、潜水钻成孔、泥浆护壁的旋挖成孔等。

(5)混凝土种类是指清水混凝土、彩色混凝土、水下混凝土等,如在同一地区既使用预拌(商品)混凝土,又允许现场搅拌混凝土时,也应注明。

2. 沉管灌注桩

沉管灌注桩又称套管成孔灌注桩,是国内广泛采用的一种灌注桩。沉管灌注桩的施工工艺流程为放线定位→钻机就位→锤击(振动)沉管→灌注混凝土→边拔管、边锤击(振动)、边灌注混凝土→下放钢筋笼→成桩。

编制工程量清单时,沉管灌注桩应描述的项目特征包括:地层情况,空桩长度、桩长,复打长度,桩径,沉管方法,桩尖类型,混凝土种类、强度等级。沉管灌注桩的沉管方法包括锤击沉管法、振动沉管法、振动冲击沉管法、内夯沉管法等。

3. 干作业成孔灌注桩

干作业成孔灌注桩是指不用泥浆护壁和套管护壁的情况下,用钻机成孔后,下钢筋笼,灌注混凝土的桩,适用于地下水位以上的土层使用。

编制工程量清单时,干作业成孔灌注桩应描述的项目特征包括:地层情况,空桩长度、桩长、桩径、扩孔直径、高度、成孔方法、混凝土种类、强度等级。干作业成孔灌注桩成孔方法包括螺旋钻成孔、螺旋钻成孔扩底、干作业的旋挖成孔等。

4. 挖孔桩土(石)方

挖孔桩是以硬土层作持力层、以端承力为主的一种基础形式,其直径可达 1～3.5m,桩深为 60～80m,每根桩的承载力高达 6000～10000kN。大直径挖孔灌注桩,可以采用人工或机械成孔,如果桩底部再进行扩大,则称"大直径扩底灌注桩"。

编制工程量清单时,挖孔桩土(石)方应描述的项目特征包括:地层情况,挖孔深度,弃土(石)运距。

5. 人工挖孔灌注桩

人工挖孔灌注桩(简称人工挖孔桩)是指桩孔采用人工挖掘方法进行成孔,然后安放钢筋笼,浇筑混凝土而成的桩。人工挖孔桩结构上的特点包括单桩的承载能力高,受力性能好,既能承受垂直荷载,又能承受水平荷载;施工上的特点包括设备简单;无噪声、无振动、不污染环境,对施工现场周围原有建筑物的危害影响小;施工速度快,可按施工进度要求决定同时开挖桩孔的数量,必要时可各桩同时施工;土层情况明确,可直接观察到地质变化的情况;桩底沉渣能清理干净;施工质量可靠,造价较低。尤其当高层建筑选用大直径的灌注桩,而其施工现场又在狭窄的市区时,采用人工挖孔比机械挖孔具有更大的适应性。但其缺点是人工耗量大,开挖效率低,安全操作条件差等。

编制工程量清单时,人工挖孔灌注桩应描述的项目特征包括:桩芯长度,桩芯直径、扩底直径、扩底高度、护壁厚度、高度,护壁混凝土种类、强度等级,桩芯混凝土种类、强度等级。

人工挖孔桩混凝土护壁的厚度不应小于100mm,混凝土强度等级不应低于桩身混凝土强度等级。

6. 钻孔压浆桩

钻孔压浆桩是用螺旋钻杆钻到预定的深度后,通过钻杆芯管底部的喷嘴,自孔底由下而上向孔内高压喷射以水泥浆为主剂的浆液,使液面升至地下水位或无塌孔危险的位置以上。提起钻杆后,在孔内安放钢筋笼并在孔口通过漏斗投放骨料。最后,自孔底向上多次高压补浆即成。

钻孔压浆桩的施工特点是连续一次成孔,多次自下而上高压注浆成桩,它既具有无噪声、无振动、无排污的优点,又能在流砂、卵石、地下水、易塌孔等复杂地质条件下顺利成桩,而且由于其扩散渗透的水泥浆而大大提高了桩体的质量,其承载力为一般灌注桩的 1.5～2 倍,在国内很多工程中已经得到成功应用。

编制工程量清单时,钻孔压浆桩应描述的项目特征包括:地层情况,空钻长度、桩长,钻孔直径,水泥强度等级。

螺旋成孔机成孔直径一般为 300～600mm,钻孔深度 8～12m。

7. 灌注桩后压浆

灌注桩后压浆技术是压浆技术与灌注桩的有机结合,其主要有桩端后压浆和桩周后压浆两种。所谓后压浆,就是在桩身混凝土达到预定强度后,用压浆泵将水泥浆通过预置于桩身中的压浆管压入桩周或桩端土层中,利用浆液对桩端土层及周土进行压密固结、渗透、填实,使之形成高强新土层及局部扩颈,提高桩端桩侧阻力,以提高桩的承载力、减少桩顶沉降量。

编制工程量清单时,灌注桩后压浆应描述的项目特征包括:注浆导管材料、规格、注浆导管长度,单孔注浆量,水泥强度等级。

后注浆导管应采用钢管,单桩注浆量应根据桩径、桩长、桩端桩侧图层性质、单桩承载力增幅及是否复式注浆等因素确定,可按下式估算:

$$G_c = \alpha_p d + \alpha_s nd$$

式中　α_p、α_s——分别为桩端、桩侧注浆量经验系数,$\alpha_p = 1.5 \sim 1.8$,$\alpha_s = 0.5 \sim 0.7$;对于卵、砾石、中粗砂取较高值;

　　　　n——桩侧注浆断面数;

　　　　d——基桩设计直径(m);

　　　　G_c——注浆量,以水泥质量计(kg)。

(三)清单工程量计算

1. 泥浆护壁成孔灌注桩

泥浆护壁成孔灌注桩工程量按设计图示尺寸以桩长(包括桩尖)计算,计量单位为"m";或按不同截面在桩上范围内以体积计算,计量单位为"m³";或按设计图示数量计算,计量单位为"根"。

【例3-24】　某工程采用泥浆护壁成孔灌注桩施工,桩径为1200mm,桩长为30m,共计212根,采用6mm厚钢板护筒,试计算该泥浆护壁成孔灌注桩工程量。

【解】　泥浆护壁成孔灌注桩工程量有三种计算方法:

(1)以米计量:泥浆护壁成孔灌注桩工程量=30×212=6360m

(2)以立方米计量:泥浆护壁成孔灌注桩工程量=$1.2^2 \times \pi \times 1/4 \times 30 \times 212 = 7189.34$m³

(3)以根计量:泥浆护壁成孔灌注桩工程量=212根

2. 沉管灌注桩

沉管灌注桩工程量按设计图示尺寸以桩长(包括桩尖)计算,计量单位为"m";或按不同截面在桩上范围内以体积计算,计量单位为"m³";或按设计图示数量计算,计量单位为"根"。

【例3-25】　某工程处理湿陷性黄土地基,采用沉管灌注桩,桩径为400mm,桩长10m,820根,试计算其工程量。

【解】　沉管灌注桩工程量有三种计算方法:

(1)以米计量:沉管灌注桩工程量=10×820=8200m

(2)以立方米计量:沉管灌注桩工程量=$0.4^2 \times \pi \times 1/4 \times 10 \times 820 = 1029.92$m³

(3)以根计量:沉管灌注桩工程量=820根

3. 干作业成孔灌注桩

干作业成孔灌注桩工程量按设计图示尺寸以桩长(包括桩尖)计算,计量单位为

"m";或按不同截面在桩上范围内以体积计算,计量单位为"m³";或按设计图示数量计算,计量单位为"根"。

【例 3-26】　某工程采用干作业成孔灌注桩,已知土质为二类土,设计桩长18000mm,桩径为 450mm,80 根桩,计算其工程量。

【解】　干作业成孔灌注桩工程量有三种计算方法:

(1)以米计量:干作业成孔灌注桩工程量＝18m

(2)以立方米计量:干作业成孔灌注桩工程量＝$3.14 \times \left(\dfrac{0.45}{2}\right)^2 \times 18 \times 80 = 228.91\text{m}^3$

(3)以根计量:干作业成孔灌注桩工程量＝80 根

4. 挖孔桩土(石)方

挖孔桩土(石)方工程量按设计图示尺寸(含护壁)截面面积乘以挖孔深度以立方米计算,计量单位为"m³"。

【例 3-27】　某工程挖孔桩如图 3-28 所示,$D=1000$mm,$\dfrac{1}{4}$ 砖护壁,$L=28$m,共 10 根,试计算挖孔桩土石方工程量。

【解】　挖孔桩土石方工程量＝$3.14 \times 0.56^2 \times 28 \times 10 = 275.72\text{m}^3$

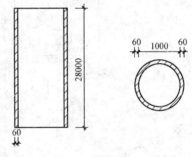

图 3-28　挖孔桩示意图

5. 人工挖孔灌注桩

人工挖孔灌注桩工程量按桩芯混凝土体积计算,计量单位为"m³";或按设计图示数量计算,计量单位为"根"。

【例 3-28】　某工程为人工挖孔灌注混凝土桩,混凝土强度等级 C20,数量为 60 根,设计桩长 8m,桩径 1.2m,已知土壤类别为四类土,计算该工程混凝土灌注桩工程量。

【解】　人工挖孔灌注桩工程量有两种计算方法:

(1)以立方米计量:人工挖孔灌注桩工程量＝$3.14 \times 0.6^2 \times 8 \times 60 = 542.59\text{m}^3$

(2)以根计量:人工挖孔灌注桩工程量＝60 根

6. 钻孔压浆桩

钻孔压浆桩工程量按设计图示尺寸以桩长计算,计量单位为"m";或按设计图示数量计算,计量单位为"根"。

【例 3-29】　某工程钻孔压浆灌注桩,桩长 35m,共 230 根,注浆孔数共 87 个,计算钻孔压浆桩工程量。

【解】　钻孔压浆桩工程量有两种计算方法:

(1)以米计量:钻孔压浆桩工程量＝35m

(2)以根计量:钻孔压浆桩工程量＝230 根

7. 灌注桩后压浆

灌注桩后注浆工程量按设计图示以注浆孔数计算,计量单位为"孔"。

【例 3-30】 求【例 3-29】中灌注桩后压浆工程量。

【解】 灌注桩后压浆工程量＝87 孔

第五节　土石方工程工程量清单编制示例

【例 3-31】 某工程±0.00 以下基础工程施工图如图 3-29 所示,室内外标高差为 450mm。基础垫层为非原槽浇注,垫层支模,混凝土强度等级为 C10,地圈梁混凝土强度等级为 C20。编制该土石方工程的分部分项工程量清单。

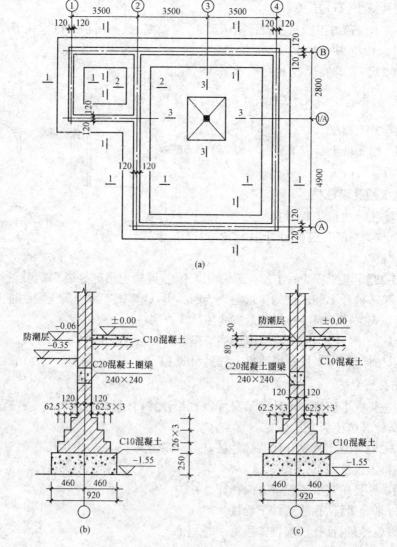

图 3-29　某工程基础平面图(一)

(a)柱断面、基础剖面示意图;(b)1—1 剖面图;(c)2—2 剖面图

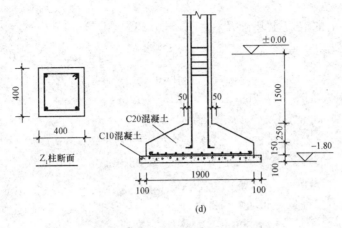

图 3-29 某工程基础平面图(二)

(d)3—3 剖面图

1. 清单工程量计算

【解】 (1)平整场地工程量＝$(3.5 \times 3 + 0.24) \times (2.8 + 0.24) + 4.9 \times (3.5 + 3.5 + 0.24)$

$$= 68.13 \text{m}^2$$

(2)挖沟槽土方工程量$= (L_外 + L_内) \times$底面积

$$= [(3.5 \times 3 + 4.9 + 2.8) \times 2 + (2.8 - 0.92 - 0.3 \times 2)] \times$$

$$(0.92 + 2 \times 0.3) \times (1.55 - 0.35)$$

$$= 68.73 \text{m}^3$$

(3)挖基坑土方工程量$= \frac{1}{3} \times h \times (S_上 + S_下 + \sqrt{S_上 \cdot S_下})$

$$= \frac{1}{3} \times (1.8 - 0.35) \times \{(1.9 + 0.1 + 0.1 + 0.3 \times 2)^2 + [1.9 + 0.1 + 0.1 + 0.3 \times 2 + 2 \times 0.33 \times (1.8 - 0.35)]^2 +$$

$$\sqrt{(1.9 + 0.1 + 0.1 + 0.3 \times 2)^2 [1.9 + 0.1 + 0.1 + 0.3 \times 2 + 2 \times 0.33 \times (1.8 - 0.35)]^2}\}$$

$$= \frac{1}{3} \times 1.45 \times (2.7^2 + 3.657^2 + \sqrt{2.7^2 \times 3.657^2})$$

$$= 14.76 \text{m}^3$$

(4)土方回填工程量＝基坑回填＋室内回填

1)垫层$= (36.4 + 2.8 - 0.92) \times 0.92 \times 0.25 + (1.9 + 0.1 + 0.1) \times (1.9 + 0.1 + 0.1) \times 0.1$

$$= 9.24 \text{m}^3$$

2)埋在土下砖基础(含圈梁)$= (36.4 + 2.8 - 0.24) \times (0.95 \times 0.24 + 0.0625 \times 3 \times 0.126 \times 4)$

$$= 12.56 \text{m}^3$$

3)埋在土下的混凝土基础及柱 $=\frac{1}{3}\times 0.25\times(0.5^2+1.9^2+\sqrt{0.5^2\times 1.9^2})+$

$$0.95\times 0.4\times 0.4+1.9\times 1.9\times 0.15$$

$$=1.09m^3$$

基坑回填 $=68.73+14.76-9.24-12.56-1.09$

$$=60.60m^3$$

室内回填 $=[(3.5-0.24)\times(2.8-0.24)+(3.5+3.5-0.24)\times(4.9+2.8-$

$$0.24)-0.4\times 0.4]\times(0.35-0.08-0.05)$$

$$=12.90m^3$$

即土方回填工程量 $=60.60+12.90$

$$=73.50m^3$$

(5)余方弃置工程量 $=$ 挖方量$-$回填量

$$=68.73+14.76-73.50$$

$$=9.99m^3$$

工程量计算结果见表 3-20。

表 3-20   **工程量计算表**

序号	项目编码	项目名称	工程量	计量单位
1	010101001001	平整场地	68.13	m²
2	010101003001	挖沟槽土方	68.73	m³
3	010101004001	挖基坑土方	14.76	m³
4	010103001001	回填方	73.50	m³
5	010103002001	余方弃置	9.99	m³

2. 分部分项工程和单价措施项目清单编制

分部分项工程和单价措施项目清单与计价表见表 3-21。

表 3-21   **分部分项工程和单价措施项目清单与计价表**

序号	项目编码	项目名称	项目特征描述	计量单位	工程量	金额(元) 综合单价	合价
1	010101001001	平整场地	1. 土壤类别:二类土 2. 弃土运距:5m 3. 取土运距:5m	m²	68.13		
2	010101003001	挖沟槽土方	1. 土壤类别:二类土 2. 挖土深度:1.30m 3. 弃土运距:40m	m³	68.73		

续表

序号	项目编码	项目名称	项目特征描述	计量单位	工程量	金额(元)	
						综合单价	合价
3	010101004001	挖基坑土方	1. 土壤类别:二类土 2. 挖土深度:1.30m 3. 弃土运距:40m	m³	14.76		
4	010103001001	回填方	1. 密实度要求:满足规范及设计 2. 粒径要求:满足规范及设计 3. 运输距离:40m	m³	73.50		
5	010103002001	余方弃置	弃土运距:5km	m³	9.99		

第四章 主体结构工程工程量清单编制

第一节 结构工程概述

一、砌筑工程相关知识

砌筑工程是一个综合施工过程,包括砂浆制备、材料运输、搭设脚手架及砌块砌筑等施工过程。

(一)基础

1. 砌筑墙基

当墙基承受荷载较大、砌筑高度达到一定范围时,在其底部做成阶梯形状,俗称"大放脚",分为等高式和间隔式两种,具体如图 4-1 所示。

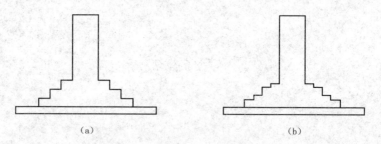

(a)   (b)

图 4-1 基础大放脚示意图

(a)等高式大放脚;(b)间隔式大放脚

等高式为二皮一收三层大放脚,间隔式为二皮一收与一皮一收间隔四层做法。二皮砖高度为 126mm,如为标准砖基础,每层大放脚收进尺寸为 62.5mm。

2. 混凝土基础

混凝土基础按外形可分为带形基础、独立基础、杯形基础、筏形基础(又称满堂基础)、箱式基础。在基础下设有桩基础时,又统称为"桩承台"。

带形基础和满堂基础又分为有梁式和无梁式两种,具体如图 4-2 和图 4-3 所示。

(二)砌体厚度的规定

(1)标准砖以 240mm×115mm×53mm 为准,其砌体厚度按表 4-1 计算。

(2)使用非标准砖时,其砌体厚度应按砖实际规格和设计厚度计算。

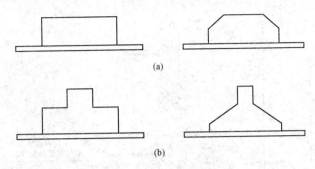

图 4-2 带形基础示意图

(a)无梁式;(b)有梁式

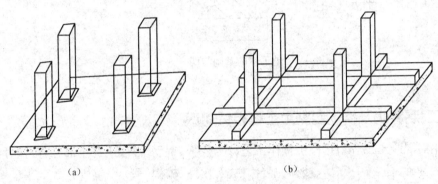

图 4-3 满堂基础示意图

(a)无梁式;(b)有梁式

表 4-1   标准砖砌体计算厚度表

砖数(厚度)	1/4	1/2	3/4	1	1.5	2	2.5	3
计算厚度(mm)	53	115	180	240	365	490	615	740

(三)基础与墙(柱)身的划分

(1)基础与墙(柱)身(图 4-4)使用同一种材料时,以设计室内地面为界;有地下室者,以地下室室内设计地面为界(图 4-5),以下为基础,以上为墙(柱)身。

(2)基础与墙(柱)身使用不同材料时,设计室内地面高度≤±300mm 时,以不同材料为分界线;高度>±300mm 时,以设计室内地面为分界线。

(3)砖围墙以设计室外地坪为界,以下为基础,以上为墙身。

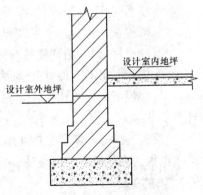

图 4-4 基础与墙身划分示意图

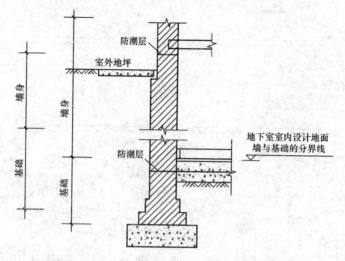

图 4-5　地下室的基础与墙身划分示意图

二、混凝土及钢筋混凝土工程相关知识

钢筋混凝土工程根据施工操作工艺分为模板、钢筋、混凝土三个部分,按构件部位可分为基础、柱、梁、板、墙、楼梯、阳台、栏板、雨篷、檐沟等。

1. 模板工程

模板是指按混凝土构件设计图示尺寸,做成一定形状的外壳模具所需用的板材、材料等。目前,较常用的模板有组合钢模板、复合木模板、木模板等。

(1)组合钢模板是由钢模板、嵌补用木模板,加上钢(木)支撑系统,配以卡具组合而成,它是目前用得比较普遍的一种模板。平面和转角部分的模板用钢模板,缺角、补缝等用木模板嵌补,支撑系统可以用钢支撑,也可以用现场支立的木支撑。

(2)复合木模板是由木质胶合板或纤维板等复合材料,配以钢(木)支撑系统,按施工图纸要求制成的模板。

(3)木模板是用杉、松木材,按设计图示尺寸,经现场加工而成的模板。

(4)基础模板平面或斜面不需要支立横板,只有立面需鼓出模板。

(5)混凝土柱模板,独立柱按截面周边形式进行支立。

(6)梁模板一般有三面,即底面和两侧面。

(7)楼梯模板同楼板相似,不同的是楼梯模板要倾斜支设。楼梯模板分为底板及楼梯踏步两部分。

(8)模板的拆除一般是先拆非承重模板,后拆承重模板;先拆侧模,后拆底模板,框架结构模板的拆除顺序一般是柱、楼板、梁侧模、梁底模。

2. 钢筋工程

钢筋的种类很多,混凝土结构中的钢筋主要分为两类:普通钢筋和预应力钢丝、钢筋、钢绞线。

普通钢筋按力学性能分为 HPB235 级钢筋、HRB335 级钢筋、HRB400 级钢筋和 HRB500 级钢筋。其中 HPB235 级钢筋多做成光圆钢筋,而 HRB335、HRB400 和 HRB500 级钢筋多是带肋钢筋。

3. 混凝土工程

(1)混凝土工程是钢筋混凝土工程中的重要组成部分,施工过程有混凝土的制备、运输、浇捣和养护等。

(2)构造柱。构造柱是指不承重,只与圈梁连成一体,起加固房屋整体性作用的连接构件,它是先砌墙后浇筑混凝土的柱,在砌砖时一般每隔五皮砖两边各留一马牙槎,槎口宽度为 60mm。构造柱结构,如图 4-6 所示。

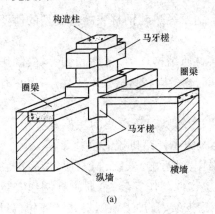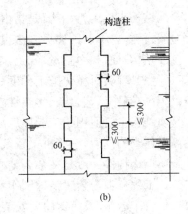

(a)   (b)

图 4-6　构造柱结构示意图
(a)构造柱与砖墙嵌接部分体积(马牙槎)示意图;(b)构造柱立面示意图

(3)基础梁。基础梁是代替墙体基础,起承托砖砌墙身作用,并将荷载传递到独立基础上的横梁,如图 4-7 所示。它多用于工业厂房或框架结构中,常与柱基、柱帽、桩承台等相连接。

(4)单梁和连续梁。单梁是指负责一个跨度内的承重,并只有两个支点的矩形梁;连续梁是指承受多个跨度的承重,并有两个以上支点的矩形梁。

(5)过梁或围梁。过梁是指门窗洞口或空洞上的承重梁,它主要承受洞口上的荷载,并将其传递到两端的墙上;圈梁是指将房屋

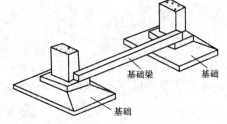

图 4-7　基础梁示意图

的内外墙体形成一个整体圈箍,起加固墙体整体作用的梁。

(6)有梁板、无梁板和平板。有梁板是指板和梁浇筑在一起的板;无梁板是指由立柱作支撑的钢筋混凝土楼板;平板是指直接搁在砖墙或砌体上的钢筋混凝土板。

(7)薄壳板和拱形板。薄壳板是一种弧形板,它的两个方向都为曲拱形;拱形板多

采用圆弧式。

(8)天沟板和挑檐板。天沟板是指承接屋面雨水,并导入落水管排除的构件;挑檐板是指一端压入墙内,另一端挑出墙外的平板。

(9)后浇带。后浇带是指为防止现浇钢筋结构由于温度、收缩不均匀可能产生的有害裂缝,按照设计或施工规范要求,在板、墙、梁相应位置留设施工缝,将结构暂时划分为若干部分,经过构件内部收缩,在若干时间后再浇捣该施工缝混凝土,将结构连成整体。设置后浇带的位置、距离通过设计计算确定,后浇带部位填充的混凝土强度等级须比原结构提高一级。

三、金属结构工程的特点与适用范围

金属结构也称为钢结构,是指由各种型钢、钢管等热轧钢材或冷弯成型的薄壁型钢等金属材料,以不同的连接方法组成的结构。

金属结构具有相对重量轻、抗拉伸强度高、材质结构均匀、塑性和韧性好、制作简便、工厂化程度高、机械化施工程度高、安装简单、减少周转材料投入等优点;但它有相对单价较高、制作工艺复杂、耐热性差等缺点。

金属结构主要适用于工业厂房的承重骨架、大跨度建筑空间的屋架及骨架,一些民用高层住宅的框架,一些桥梁建筑及起重、运输大型建筑机械的钢骨架等。

金属结构构件一般是在金属结构加工厂制作,经运输、安装、再刷漆,最后构成工程实体。工程分项为金属结构制作及安装(金属构件制作安装、金属栏杆制作安装),金属构件汽车运输,成品钢门窗安装,自加工门窗安装、自加工钢门安装,铁窗栅安装,金属压型板。

第二节　砌筑工程

一、砖砌体

(一)清单项目设置

《房屋建筑与装饰工程工程量清单计算规范》(GB 50854—2013)附录 D.1 砖砌体共 14 个清单项目。各清单项目设置的具体内容见表 4-2。

表 4-2　　　　　　　　　　　　砖砌体清单项目设置

项目编码	项目名称	项目特征	计量单位	工作内容
010401001	砖基础	1. 砖品种、规格、强度等级 2. 基础类型 3. 砂浆强度等级 4. 防潮层材料种类	m³	1. 砂浆制作、运输 2. 砌砖 3. 防潮层铺设 4. 材料运输

续一

项目编码	项目名称	项目特征	计量单位	工作内容
010401002	砖砌挖孔桩护壁	1. 砖品种、规格、强度等级 2. 砂浆强度等级		1. 砂浆制作、运输 2. 砌砖 3. 材料运输
010401003	实心砖墙	1. 砖品种、规格、强度等级 2. 墙体类型 3. 砂浆强度等级、配合比		1. 砂浆制作、运输 2. 砌砖 3. 刮缝 4. 砖压顶砌筑 5. 材料运输
010401004	多孔砖墙			
010401005	空心砖墙			
010401006	空斗墙	1. 砖品种、规格、强度等级 2. 墙体类型 3. 砂浆强度等级、配合比	m³	1. 砂浆制作、运输 2. 砌砖 3. 装填充料 4. 刮缝 5. 材料运输
010401007	空花墙			
010401008	填充墙	1. 砖品种、规格、强度等级 2. 墙体类型 3. 填充材料种类及厚度 4. 砂浆强度等级、配合比		
010401009	实心砖柱	1. 砖品种、规格、强度等级 2. 柱类型 3. 砂浆强度等级、配合比		1. 砂浆制作、运输 2. 砌砖 3. 刮缝 4. 材料运输
010401010	多孔砖柱			
010401011	砖检查井	1. 井截面、深度 2. 砖品种、规格、强度等级 3. 垫层材料种类、厚度 4. 底板厚度 5. 井盖安装 6. 混凝土强度等级 7. 砂浆强度等级 8. 防潮层材料种类	座	1. 砂浆制作、运输 2. 铺设垫层 3. 底板混凝土制作、运输、浇筑、振捣、养护 4. 砌砖 5. 刮缝 6. 井池底、壁抹灰 7. 抹防潮层 8. 材料运输
010401012	零星砌砖	1. 零星砌砖名称、部位 2. 砖品种、规格、强度等级 3. 砂浆强度等级、配合比	1. m³ 2. m² 3. m 4. 个	1. 砂浆制作、运输 2. 砌砖 3. 刮缝 4. 材料运输
010401013	砖散水、地坪	1. 砖品种、规格、强度等级 2. 垫层材料种类、厚度 3. 散水、地坪厚度 4. 面层种类、厚度 5. 砂浆强度等级	m²	1. 土方挖、运、填 2. 地基找平、夯实 3. 铺设垫层 4. 砌砖散水、地坪 5. 抹砂浆面层

续二

项目编码	项目名称	项目特征	计量单位	工作内容
010401014	砖地沟、明沟	1. 砖品种、规格、强度等级 2. 沟截面尺寸 3. 垫层材料种类、厚度 4. 混凝土强度等级 5. 砂浆强度等级	m	1. 土方挖、运、填 2. 铺设垫层 3. 底板混凝土制作、运输、浇筑、振捣、养护 4. 砌砖 5. 刮缝、抹灰 6. 材料运输

注:1. 框架外表面的镶贴砖部分,按零星项目编码列项。

2. 砖砌体内钢筋加固,应按《房屋建筑与装饰工程工程量计算规范》(GB 50854—2013)附录 E 中相关项目编码列项。

3. 砖砌体勾缝按《房屋建筑与装饰工程工程量计算规范》(GB 50854—2013)附录 M 中相关项目编码列项。

4. 检查井内的爬梯按《房屋建筑与装饰工程工程量计算规范》(GB 50854—2013)附录 E 中相关项目编码列项;井内的混凝土构件按《房屋建筑与装饰工程工程量计算规范》(GB 50854—2013)附录 E 中混凝土及钢筋混凝土预制构件编码列项。

(二)清单项目特征描述

1. 砖基础

用黏土砖砌筑的基础称为砖基础。"砖基础"项目适用于各种类型砖基础:柱基础、墙基础、管道基础等。

由于砖的强度、耐久性、抗冻性和整体性均较差,因而只适合于地基土好、地下水位较低、五层以下的砖木结构或砖混结构中。砖基础一般采用台阶式,逐级向下放大,形成大放脚。为了满足基础刚性角的限制,其台阶的宽高比应不大于 1:1.5。一般采用每两皮砖挑出 1/4 砖或两皮砖挑出 1/4 砖与一皮砖挑出 1/4 砖相间的砌筑方法。前一种偏安全,但做出的基础较深;后一种较经济,且做出的基础较浅,但施工稍烦琐。砌筑前基槽底面要铺 50mm 厚砂垫层。

编制工程量清单时,砖基础应描述的项目特征包括:砖品种、规格、强度等级,基础类型,砂浆强度等级,防潮层材料种类。

(1)砖砌体品种有烧结普通砖、黏土砖、非烧结硅酸盐砖、粉煤灰砖等。

(2)砖基础类型有带形基础和独立基础等。

(3)防潮层材料有防水砂浆、细石混凝土、油毡等。

2. 砖砌挖孔桩护壁

砖砌挖孔桩护壁是一种新型技术,特别是人工挖孔桩护壁,它由若干节圆筒形护壁上下连接而成,每节圆筒形护壁由若干块弧形子护壁块依次连接组成,其优点在于施工速度快,待挖开一段后,运至井下进行拼装也很简单,质量易于保证。

编制工程量清单时,砖砌挖孔桩护壁应描述的项目特征包括:砖品种、规格、强度等级,砂浆强度等级。

3. 实心砖墙

实心砖墙指以砂浆为胶结材料将砖粘结在一起形成的墙体构筑物。实心砖墙可分为外墙、内墙、围墙、双面混水墙、双面清水墙、单面清水墙、直形墙、弧形墙等。

编制工程量清单时,实心砖墙应描述的项目特征包括:砖品种、规格、强度等级,墙体类型,砂浆强度等级、配合比。

4. 多孔砖墙

多孔砖墙是用烧结多孔砖与砂浆砌成。其中,代号 M 的多孔砖的砌筑形式只有全顺,每皮均为顺砖,其抓孔平行于墙面,上下皮竖缝相互错开 1/2 砖长,如图 4-8 所示。代号 P 的多孔砖有一顺一丁及梅花丁两种砌筑形式,一顺一丁是一皮顺砖与一皮顶砖相隔砌成,上下皮竖缝相互错开 1/4 砖长;梅花丁是每皮中顺砖与顶砖相隔,顶砖坐中于顺砖,上下皮竖缝相互错开 1/4 砖长,如图 4-9 所示。

图 4-8　代号 M 多孔砖砌筑形式

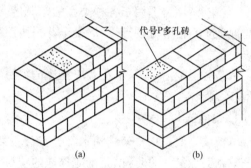

(a)　　　　　　(b)

图 4-9　代号 P 多孔砖砌筑形式

(a)一顺一丁;(b)梅花丁

编制工程量清单时,多孔砖墙应描述的项目特征包括:砖品种、规格、强度等级,墙体类型,砂浆强度等级、配合比。

5. 空心砖墙

砌筑空心砖墙时一般侧立砌筑空心砖,孔洞呈水平方向,特殊要求时,孔洞也可呈垂直方向。空心砖墙的厚度等于空心砖的厚度。采用全顺侧砌,错缝砌筑,上下皮竖缝相互错开 1/2 砖长。空心砖墙砌筑形式如图 4-10 所示。

编制工程量清单时,空心砖墙应描述的项目特征包括:砖品种、规格、强度等级,墙体类型,砂浆强度等级、配合比。

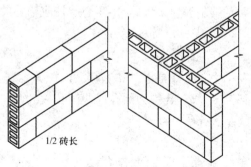

1/2 砖长

图 4-10　空心砖墙砌筑形式

6. 空斗墙

空斗墙一般用标砖砌筑,使墙体内形成许多空腔的墙体,民居中常采用,墙厚一般为 240mm,采取无眠空斗、一眠一斗、一眠三斗等几种砌筑方法。"空斗墙"项目适用于各种砌法的空斗墙。

空斗墙的窗间墙、窗台下、楼板下、梁头下等的实砌部分,按零星砌砖项目编码列项。

编制工程量清单时,空斗墙应描述的项目特征包括:砖品种、规格、强度等级,墙体类型,砂浆强度等级、配合比。

7. 空花墙

空花墙是指某些不粉刷的清水墙上方砌成有规则图案的墙,一般利用间隔式一顺一丁或二顺一丁,空花墙多用于围墙等。

空花墙每隔 2~3m 要立砖柱,以保证空花墙的稳定性。空花墙的空花部分均在墙上方 1/3~1/2 处。空花墙既可省砖(相同体积的空花墙用砖量一般少于空斗墙),又美观大方,适用于较高的围墙。

"空花墙"项目适用于各种类型的空花墙,使用混凝土花格砌筑的空花墙,实砌墙体与混凝土花格应分别计算,混凝土花格按混凝土及钢筋混凝土中预制构件相关项目编码列项。

编制工程量清单时,空花墙应描述的项目特征包括:砖品种、规格、强度等级,墙体类型,砂浆强度等级、配合比。

8. 填充墙

填充墙一般是指框架结构中,先浇筑柱、梁、板,后砌墙体的墙。

编制工程量清单时,填充墙应描述的项目特征包括:砖品种、规格、强度等级,墙体类型,填充材料种类及厚度,砂浆强度等级、配合比。

9. 实心砖柱

实心砖柱由烧结普通砖与砂浆砌成,适用于各种类型的矩形柱、异形柱、圆柱、包柱等。

编制工程量清单时,实心砖柱应描述的项目特征包括:砖品种、规格、强度等级,柱类型,砂浆强度等级、配合比。

10. 多孔砖柱

多孔砖柱是指以黏土、页岩、粉煤灰为主要原料,经成型、焙烧而成,孔洞率不小于15%~30%,孔型为圆孔或非圆孔,孔的尺寸小而数量多,具有长方形或圆形孔的承重烧结多孔砖。

编制工程量清单时,多孔砖柱应描述的项目特征包括:砖品种、规格、强度等级,柱类型,砂浆强度等级、配合比。

11. 砖检查井

砖检查井又称窨井,是指为地下基础设施(如供电、给水、排水、通信、有线电视、煤气管道、路灯线路等)的检查、维修、安装方便而设置的各类检查井、阀门井、碰头井、排气井、观察井、消防井和用于清掏、清淤、维修的各类作业井,可分为砖砌矩形检查井和砖砌圆形检查井两大类。

编制工程量清单时,砖检查井应描述的项目特征包括:井截面、深度,砖品种、规格、强度等级,垫层材料种类、厚度,底板厚度,井盖安装,混凝土强度等级,砂浆强度等级,防潮层材料种类。

12. 零星砌砖

零星砌体指体积较小的砌筑。一般包括砖砌小便池槽、明沟、暗沟、地板墩、垃圾箱、台阶挡墙、花台、花池等。

编制工程量清单时,零星砌砖应描述的项目特征包括:零星砌砖名称、部位,砖品种、规格、强度等级,砂浆强度等级、配合比。

13. 砖散水、地坪

散水指房屋周围保护墙与地基、分散雨水使之远离墙脚的保护层,一般宽度在800mm左右。

地坪是指建筑物底层与土壤接触的结构构件,它承受着地坪上的荷载,并均匀传给地基。地坪是由面层、垫层和基层所构成,根据需要,可增设附加层(图4-11)。

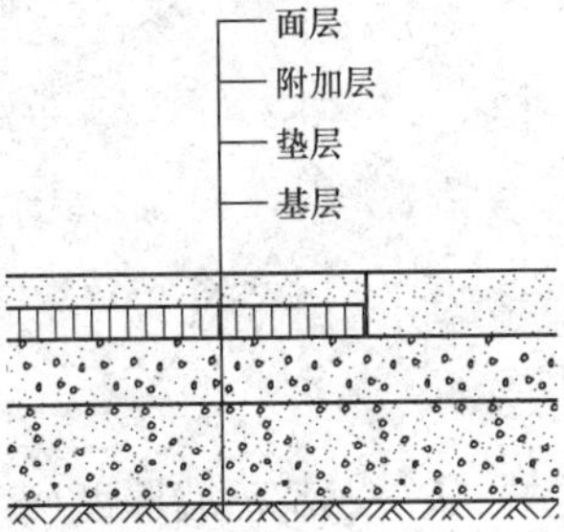

编制工程量清单时,砖散水、地坪应描述的项目特征包括:砖品种、规格、强度等级,垫层材料种类、厚度,散水、地坪厚度,面层种类、厚度,砂浆强度等级。

图4-11　地坪构造示意图

14. 砖地沟、明沟

砖明沟(暗沟)是指位于散水外的用于排除屋面水落管排出的水的明沟(暗沟);砖地沟是指场地的排水沟。

编制工程量清单时,砖地沟、明沟应描述的项目特征包括:砖品种、规格、强度等级,沟截面尺寸,垫层材料种类、厚度,混凝土强度等级,砂浆强度等级。

(三)清单工程量计算

1. 砖基础

砖基础工程量按设计图示尺寸以体积计算,计量单位为"m³"。包括附墙垛基础宽出部分体积,扣除地梁(圈梁)、构造柱所占体积,不扣除基础大放脚T形接头处的重叠部分及嵌入基础内的钢筋、铁件、管道、基础砂浆防潮层和单个面积≤0.3m²的孔洞所占体积,靠墙暖气沟的挑檐不增加。基础长度:外墙按外墙中心线,内墙按内墙净长线计算。

砖基础工程量按以下公式计算:

$$V_{砖基} = A_{砖基} \times L_{砖基} - \sum V_{嵌混} - \sum V_{0.3基}$$

式中　$V_{砖基}$——基础体积(m³);

　　　　$L_{砖基}$——基础长度,外墙基按中心线长,内墙基按内墙净长线长度(m);

　　　　$\sum V_{嵌混}$——嵌入基础的混凝土构件体积(m³);

$\sum V_{0.3基}$——单个面积大于 $0.3m^2$ 洞孔所占砖基砖体积(m^3);

$A_{砖基}$——基础断面积(m^2),等于基础墙的断面面积与大放脚增加面积之和(m^3)。

砖基础大放脚高度的不同,有等高式和不等高式两种形式,如图 4-12 所示。考虑大放脚增加面积,断面面积 A 可按以下公式计算:

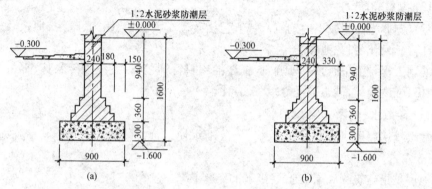

图 4-12 砖基础大样示意图

(a)等高式砖基础大样图;(b)不等高式砖基础大样图

$$A_{砖基}=b\times H+\Delta S$$

或

$$A_{砖基}=b\times(H+\Delta h)$$

式中　b——基础墙厚度(m);

　　　H——基础高度(m);

　　　ΔS——大放脚增加面积(m^2);

　　　Δh——大放脚增加面积的折加高度(m)。

砖柱基础工程量按施工图图示尺寸以立方米计算。其计算公式为:

$$砖柱基础工程量=砖柱断面\times(柱基高+折加高度)$$

【例 4-1】 如图 4-13 所示为某砖基础,已知墙厚均为 240mm,试计算其工程量。

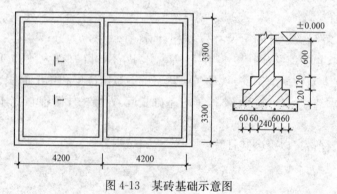

图 4-13 某砖基础示意图

【解】 外墙基础长度 $L_{外}$=(4.2×2+3.3×2)×2=30m

内墙长度 $L_{内}$=(8.4−0.24)+(3.3−0.24)×2=14.28m

外墙基础工程量＝[0.6×0.24＋(0.24＋0.12)×0.12＋(0.24＋0.24)×0.12]×14.28
＝3.50m³

2. 砖砌挖孔桩护壁

砖砌挖孔桩护壁工程量按设计图示尺寸以立方米计算,计量单位为"m³"。

3. 实心砖墙、多孔砖墙、空心砖墙

实心砖墙、多孔砖墙、空心砖墙工程量按设计图示尺寸以体积计算,计量单位为"m³"。扣除门窗、洞口、嵌入墙内的钢筋混凝土柱、梁、圈梁、挑梁、过梁及凹进墙内的壁龛、管槽、暖气槽、消火栓箱所占体积。不扣除梁头、板头、檩头、垫木、木楞头、沿椽木、木砖、门窗走头、砖墙内加固钢筋、木筋、铁件、钢管及单个面积≤0.3m² 的孔洞所占体积。凸出墙面的腰线、挑檐(图 4-14)、压顶、窗台线、虎头砖、门窗套的体积亦不增加。凸出墙面的砖垛并入墙体体积内计算。其中:①墙长度:外墙按中心线,内墙按净长计算;②墙高度计算见表 4-3;③框架间墙:不分内外墙按墙体净尺寸以体积计算;④围墙:高度算至压顶上表面(如有混凝土压顶时算至压顶下表面),围墙柱并入围墙体积内。

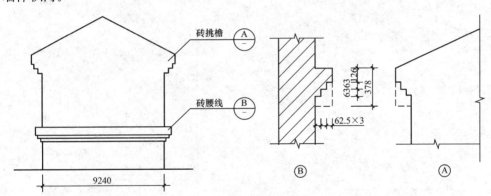

图 4-14 砖挑檐、腰线示意图

表 4-3 墙高度计算

序号	项目	计算方法
1	外墙	(1)斜(坡)屋面无檐口天棚者算至屋面板底(图 4-15); (2)有屋架且室内外均有天棚者(图 4-16)算至屋架下弦底另加 200mm; (3)无天棚者(图 4-17)算至屋架下弦底另加 300mm,出檐宽度超过 600mm 时按实砌高度计算; (4)与钢筋混凝土楼板隔层者算至板顶; (5)平屋顶算至钢筋混凝土板底
2	内墙	(1)位于屋架下弦者,算至屋架下弦底; (2)无屋架者算至天棚底另加 100mm; (3)有钢筋混凝土楼板隔层者算至楼板顶; (4)有框架梁时算至梁底

续表

序号	项目	计算方法
3	女儿墙	从屋面板上表面算至女儿墙顶面(如有混凝土压顶时算至压顶下表面),如图4-18所示
4	内、外山墙	按其平均高度计算

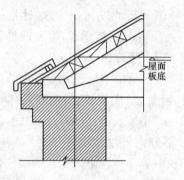

图 4-15　斜(坡)屋面无檐口天棚者
墙身高度

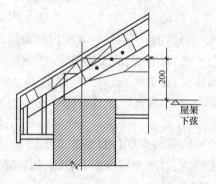

图 4-16　有屋架,且室内外均地天棚者
墙身高度

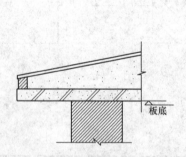

图 4-17　无天棚者墙身高度

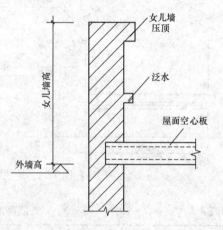

图 4-18　女儿墙示意图

【例 4-2】　计算如图 4-19 所示某工程墙体工程量。

【解】　外墙中心线长:$L_外 = (3.3 \times 3 + 6.1) \times 2 = 32$m

内墙净长度:$L_内 = (6.1 - 0.185 \times 2) \times 2 = 11.46$m

外墙面积:$S_外墙 = 32 \times 10.2 - $门窗面积

$\quad\quad\quad = 32 \times 10.2 - 1.5 \times 1.8 \times 17(\text{C}-1) - 1.2 \times 2.0 \times 3(\text{M}-1)$

$\quad\quad\quad = 273.3$m^2

内墙面积:$S_内墙 = 11.46 \times 9.3 - $门窗面积

$\quad\quad\quad = 11.46 \times 9.3 - 0.9 \times 2 \times 6$

$\quad\quad\quad = 95.78$m^2

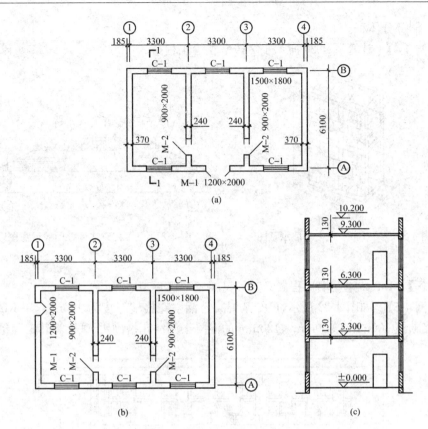

图 4-19　某工程示意图

(a)一层平面图；(b)二、三层平面图；(c)1—1 剖面图

外墙体积：$V_{外}$＝273.3×0.37－门窗过梁体积

　　　　　＝273.3×0.37－(1.5＋0.25×2)×0.37×0.12×17－(1.2＋0.25×

　　　　　2)×0.37×0.12×3(过梁厚度按 120mm 计算)

　　　　　＝99.38m^3

内墙体积：$V_{内}$＝95.78×0.24－门窗过梁体积

　　　　　＝95.78×0.24－(0.9＋0.25×2)×0.12×0.24×6

　　　　　＝22.75m^3

4. 空斗墙

空斗墙工程量按设计图示尺寸以空斗墙外形体积计算，计量单位为"m^3"。墙角、内外墙交接处、门窗洞口立边、窗台砖、屋檐处的实砌部分体积并入空斗墙体积内。

【例 4-3】　某三斗一眠空斗墙如图 4-20 所示，试计算其工程量。

【解】　空斗墙工程量＝0.24×20.00×1.80＝8.64m^3

5. 空花墙

空花墙工程量按设计图示尺寸以空花部分外形体积计算，计量单位为"m^3"。不扣除空洞部分体积。

【例 4-4】 计算图 4-21 所示 1/2 砖空花墙工程量。

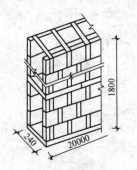

图 4-20 某三斗一眠空斗墙示意图

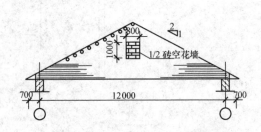

图 4-21 1/2 砖空花墙外山墙示意图

【解】 1/2 砖空花墙工程量＝0.8×1.0×0.115＝0.09m³

【例 4-5】 如图 4-22 所示,已知某混凝土漏空花格墙厚度为 120mm,用 M2.5 水泥砂浆砌筑 300mm×300mm×120mm 的混凝土漏空花格砌块,试计算其工程量。

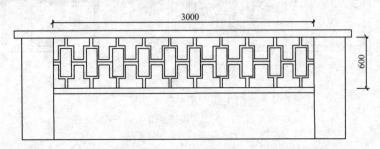

图 4-22 某空花墙示意图

【解】 空花墙的工程量＝0.6×3.0×0.12＝0.216m³

6. 填充墙

填充墙工程量按设计图示尺寸以填充墙外形体积计算,计量单位为“m³”。

7. 实心砖柱、多孔砖柱

实心砖柱、多孔砖柱工程量按设计图示尺寸以体积计算,计量单位为“m³”。扣除混凝土及钢筋混凝土梁垫、梁头、板头所占体积。

【例 4-6】 试计算如图 4-23 所示砖柱工程量。

【解】 砖柱工程量＝0.3×0.3×2.8＝0.252m³

8. 砖检查井

砖检查井工程量按设计图示数量计算,计量单位为“座”。

【例 4-7】 某宿舍楼铺设室外排水管道 80m(净长度),陶土管径 ϕ250,水泥砂浆接口,管底铺黄砂垫层,砖砌圆形检查井(S231,ϕ700),无地下水,井深 1.5m,共 10 座,

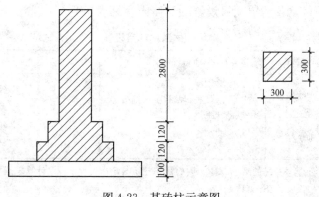

图 4-23 某砖柱示意图

计算砖检查井工程量。

【解】 S231，ϕ700 砖检查井工程量＝10 座

9. 零星砌砖

零星砌砖工程量按设计图示尺寸截面面积乘以长度计算，计量单位为"m³"；或按设计图示尺寸水平投影面积计算，计量单位为"m²"；或按设计图示尺寸长度计算，计量单位为"m"；或按设计图示数量计算，计量单位为"个"。

附墙烟囱、通风道、垃圾道应按设计图示尺寸以体积（扣除孔洞所占体积）计算并入所依附的墙体体积内。当设计规定孔洞内需抹灰时，应按《房屋建筑与装饰工程工程量计算规范》(GB 50854—2013)附录 M 中零星抹灰项目编码列项。

台阶、台阶挡墙、梯带、锅台、炉灶、蹲台、池槽、池槽腿、砖胎模、花台、花池、楼梯栏板、阳台栏板、地垄墙、≤0.3m² 的孔洞填塞等，应按零星砌砖项目编码列项。砖砌锅台与炉灶可按外形尺寸以个计算，砖砌台阶可按水平投影面积以平方米计算，小便槽、地垄墙可按长度计算，其他工程以立方米计算。

10. 砖散水、地坪

砖散水、地坪工程量按设计图示尺寸以面积计算，计量单位为"m²"。

【例 4-8】 某实铺砖地坪已知该地坪长 8m，宽 6m，厚度为 60mm，试计算其工程量。

【解】 地坪工程量＝8×6＝48m²

11. 砖地沟、明沟

砖地沟、明沟工程量按设计图示以中心线长度计算，计量单位为"m"。

【例 4-9】 某建筑物长 25m，宽 3.8m，欲在其四周挖明沟，试计算明沟工程量。

【解】 明沟工程量＝(25＋3.8)×2＝57.6m

二、砌块砌体

(一)清单项目设置

《房屋建筑与装饰工程工程量清单计算规范》(GB 50854—2013)附录 D.2 砌块砌

体共 2 个清单项目。各清单项目设置的具体内容见表 4-4。

表 4-4 砌块砌体清单项目设置

项目编码	项目名称	项目特征	计量单位	工作内容
010402001	砌块墙	1. 砌块品种、规格、强度等级 2. 墙体类型 3. 砂浆强度等级	m³	1. 砂浆制作、运输 2. 砌砖、砌块 3. 勾缝 4. 材料运输
010402002	砌块柱			

注：1. 砌体内加筋、墙体拉结的制作、安装，应按《房屋建筑与装饰工程工程量计算规范》(GB 50854—2013)
附录 E 中相关项目编码列项。

2. 砌块排列应上、下错缝搭砌，如果搭错缝长度满足不了规定的压搭要求，应采取压砌钢筋网片的措施，
具体构造要求按设计规定。若设计无规定时，应注明由投标人根据工程实际情况自行考虑；钢筋网片
按《房屋建筑与装饰工程工程量计算规范》(GB 50854—2013)附录 F 中相应编码列项。

3. 砌体垂直灰缝宽＞30mm 时，采用 C20 细石混凝土灌实。灌注的混凝土应按《房屋建筑与装饰工
程量计算规范》(GB 50854—2013)附录 E 相关项目编码列项。

(二)清单项目特征描述

1. 砌块墙

砌块是指一种新型的墙体材料，一般利用地方资源或工业废渣。砌块墙适用于各
种规格的砌块砌筑的各种类型墙体。

编制工程量清单时，砌块墙应描述的项目特征包括：砌块品种、规格、强度等级，墙
体类型，砂浆强度等级。砌块品种有中小型混凝土砌块、硅酸盐砌块、粉煤灰砌块等。

2. 砌块柱

砌块柱是一种由工业废渣等材料组成的新型墙体材料，其稳定与强度差，一般与
钢筋一起使用。砌块柱适用于各种类型柱(矩形柱、方柱、异形柱、圆柱、包柱等)。

编制工程量清单时，砌块柱应描述的项目特征包括：砌块品种、规格、强度等级，墙
体类型，砂浆强度等级。

(三)清单工程量计算

1. 砌块墙

砌块墙工程量按设计图示尺寸以体积计算，计量单位为"m³"。扣除门窗、洞口、
嵌入墙内的钢筋混凝土柱、梁、圈梁、挑梁、过梁及凹进墙内的壁龛、管槽、暖气槽、消火
栓箱所占体积。不扣除梁头、板头、檩头、垫木、木楞头、沿椽木、木砖、门窗走头、砌块
墙内加固钢筋、木筋、铁件、钢管及单个面积≤0.3m² 的孔洞所占体积。凸出墙面的腰
线、挑檐、压顶、窗台线、虎头砖、门窗套的体积亦不增加。凸出墙面的砖垛并入墙体体
积内计算。其中：①墙长度：外墙按中心线，内墙按净长计算；②墙高度计算见表 4-3；
③框架间墙：不分内外墙按墙体净尺寸以体积计算；④围墙：高度算至压顶上表面(如
有混凝土压顶时算至压顶下表面)，围墙柱并入围墙体积内。

【例 4-10】 某单层建筑物，框架结构，尺寸如图 4-24 所示，墙身用 M5.0 混合砂

浆砌筑加气混凝土砌块,厚度为240mm;女儿墙砌筑煤矸石空心砖,混凝土压顶断面
240mm×60mm,墙厚均为240mm;隔墙为120mm厚实心砖墙。框架柱断面240mm×
240mm 到女儿墙顶,框架梁断面240mm×500mm,门窗洞口上均采用现浇钢筋混凝
土过梁,断面 240mm×180mm。M1,1560mm×2700mm;M2,1000mm×2700mm;
C1,1800mm×1800mm;C2,1560mm×1800mm,试计算墙体工程量。

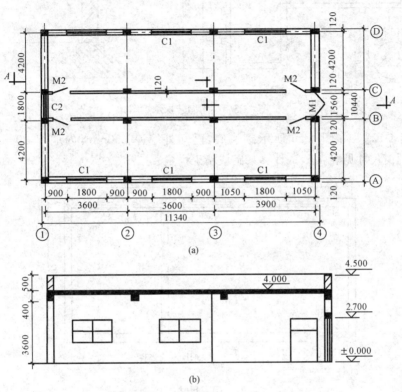

图 4-24 某单层建筑物框架结构示意图
(a)平面图;(b)A—A 剖面图

【解】 砌块墙工程量=(砌块墙中心线长度×高度-门窗洞口面积)×墙厚-
构件体积
砌块墙工程量=$[(11.34-0.24+10.44-0.24-0.24×4)×2×3.6-1.56×2.7-$
$1.8×1.8×6-1.56×1.8]×0.24-(1.56×2+2.3×6)×$
$0.24×0.18$
$=28.06m^3$

【例 4-11】 如图 4-25 所示为某附墙砖垛,已知墙体采用加气混凝土空心砌块砌
体,墙厚 250mm,试计算其墙体工程量。

【解】 墙垛工程量=$0.37×0.25×5.1×14=6.60m^3$
砖体工程量=$0.25×5.1×(25+16.2-0.25×2)×2=103.79m^3$
砖垛和砖墙工程量=$6.60+103.79=110.39m^3$

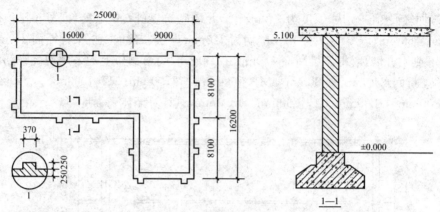

图 4-25　某附墙砖垛示意图

【例 4-12】　如图 4-26 所示砌块墙,已知外墙厚 250mm,内墙厚 200mm,墙高 3.6m,门窗尺寸见表 4-5,试计算某砌块墙工程量。

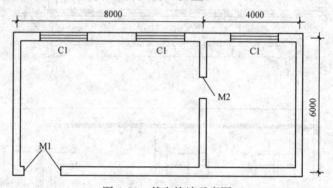

图 4-26　某砌块墙示意图

表 4-5　　　　　　　　　　　　　门窗尺寸

门窗编号	尺寸(mm×mm)	过梁	尺寸(mm×mm)
M1	1200×2400	MCL-1	1700×120×250
M2	1000×2400	MCL-2	1500×120×250
C1	1800×2100	CCL-1	2300×120×250

【解】　外墙长度 $L_{外}$=(6.0+8.0+4.0)×2=36m

内墙长度 $L_{内}$=6.0-0.24=5.76m

外墙工程量=(36×3.6-1.8×2.1×3-1.2×2.4-1.7×0.12-2.3×0.12×3)×0.25
　　　　　=28.59m^3

内墙工程量=(5.76×3.6-1.0×2.4-1.5×0.12)×0.2=3.63m^3

砌块墙工程量=28.59+3.63=32.22m^3

2. 砌块柱

砌块柱工程量按设计图示尺寸以体积计算,计量单位为"m^3"。扣除混凝土及钢筋混凝土梁垫、梁头、板头所占体积。

【例4-13】　如图4-27所示砌块柱共20个,试计算其工程量。

【解】　砌块柱工程量＝(0.36×0.36－0.12×0.12)×3.6×20＝8.29m³

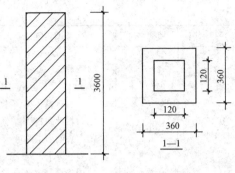

图4-27　某砌块柱示意图

三、石砌体

(一)清单项目设置

《房屋建筑与装饰工程工程量清单计算规范》(GB 50854—2013)附录D.3石砌体共10个清单项目。各清单项目设置的具体内容见表4-6。

表4-6　　　　　　　　　　　石砌体清单项目设置

项目编码	项目名称	项目特征	计量单位	工作内容
010403001	石基础	1. 石料种类、规格 2. 基础类型 3. 砂浆强度等级	m³	1. 砂浆制作、运输 2. 吊装 3. 砌石 4. 防潮层铺设 5. 材料运输
010403002	石勒脚			1. 砂浆制作、运输 2. 吊装 3. 砌石 4. 石表面加工 5. 勾缝 6. 材料运输
010403003	石墙			
010403004	石挡土墙	1. 石料种类、规格 2. 石表面加工要求 3. 勾缝要求 4. 砂浆强度等级、配合比		1. 砂浆制作、运输 2. 吊装 3. 砌石 4. 变形缝、泄水孔、压顶抹灰 5. 滤水层 6. 勾缝 7. 材料运输
010403005	石柱			1. 砂浆制作、运输 2. 吊装 3. 砌石 4. 石表面加工 5. 勾缝 6. 材料运输
010403006	石栏杆		m	
010403007	石护坡		m³	
010403008	石台阶	1. 垫层材料种类、厚度 2. 石料种类、规格 3. 护坡厚度、高度 4. 石表面加工要求 5. 勾缝要求 6. 砂浆强度等级、配合比		1. 铺设垫层 2. 石料加工 3. 砂浆制作、运输 4. 砌石 5. 石表面加工 6. 勾缝 7. 材料运输
010403009	石坡道		m²	

项目编码	项目名称	项目特征	计量单位	工作内容
010403010	石地沟、石明沟	1. 沟截面尺寸 2. 土壤类别、运距 3. 垫层材料种类、厚度 4. 石料种类、规格 5. 石表面加工要求 6. 勾缝要求 7. 砂浆强度等级、配合比	m	1. 土方挖、运 2. 砂浆制作、运输 3. 铺设垫层 4. 砌石 5. 石表面加工 6. 勾缝 7. 回填 8. 材料运输

注:如施工图设计标注做法见标准图集时,应在项目特征描述中注明标注图集的编码、页号及节点大样。

(二)清单项目特征描述

1. 石基础

石基础是由石块与水泥混合砂浆或水泥砂浆砌筑而成的。"石基础"项目适用于各种规格(粗料石、细料石等)、各种材质(砂石、青石等)和各种类型(柱基、墙基、直形、弧形等)基础。

编制工程量清单时,石基础应描述的项目特征包括:石料种类、规格,基础类型,砂浆强度等级。

(1)石料规格是指粗料石、细料石等。

(2)石料种类是指砂石、青石等。

(3)基础类型是指柱基、墙基、直形、弧形等。

2. 石勒脚

石勒脚是指在砌石基础或石挡墙时,层与层之间所用的石料,即收口处的石材。"石勒脚"项目适用于各种规格(粗料石、细料石等)、各种材质(砂石、青石、大理石、花岗石等)和各种类型(直形、弧形等)勒脚、墙体。

编制工程量清单时,石勒脚应描述的项目特征包括:石料种类、规格,石表面加工要求,勾缝要求,砂浆强度等级、配合比。

3. 石墙

石墙是指用石料与水泥混合砂浆或水泥砂浆砌成的构筑物。"石墙"项目适用于各种规格(粗料石、细料石等)、各种材质(砂石、青石、大理石、花岗石等)和各种类型(直形、弧形等)勒脚和墙体。

编制工程量清单时,石墙应描述的项目特征包括:石料种类、规格,石表面加工要求,勾缝要求,砂浆强度等级、配合比。

4. 石挡土墙

石挡土墙是指为防止山坡岩土坍塌而修筑的承受土侧压力的墙式构造物。"石挡土墙"项目适用于各种规格(粗料石、细料石、块石、毛石、卵石等)、各种材质(砂石、青石、石灰石等)和各种类型(直形、弧形、台阶形等)挡土墙。

编制工程量清单时,石挡土墙应描述的项目特征包括:石料种类、规格,石表面加工要求,勾缝要求,砂浆强度等级、配合比。

5. 石柱

石柱是用半细料石或细料石与砂浆砌筑而成的石柱,料石柱有整石柱和组砌柱两种。"石柱"项目适用于各种规格、各种石质、各种类型的石柱。

编制工程量清单时,石柱应描述的项目特征包括:石料种类、规格,石表面加工要求,勾缝要求,砂浆强度等级、配合比。

6. 石栏杆

栏杆是指桥梁或建筑物的楼、台、廊、梯等边沿处的围护构件,由立杆、扶手组成,有的还加设横挡或花饰部件。石栏杆指用石料制作而成的栏杆,其具有坚固和美观的作用。"石栏杆"项目适用于无雕饰的一般石栏杆。

编制工程量清单时,石栏杆应描述的项目特征包括:石料种类、规格,石表面加工要求,勾缝要求,砂浆强度等级、配合比。

7. 石护坡

石护坡是指为了防止边坡受冲刷、在坡面上所做的各种铺砌和栽植的统称,如图 4-28 所示。"石护坡"项目适用于各种石质和各种石料(粗料石、细料石、片石、块石、毛石、卵石等)。

编制工程量清单时,石护坡应描述的项目特征包括:垫层材料种类、厚度,石料种类、规格,护坡厚度、高度,石表面加工要求,勾缝要求,砂浆强度等级、配合比。

8. 石台阶

石台阶是指用砖、石、混凝土等筑成的一级一级供人上下的建筑物,如图 4-29 所示。石梯带是指在石梯(台阶)的两侧(或一侧),与石梯斜度完全一致的石梯封头的条石。石梯膀是指在石梯(台阶)的两侧面,形成的两直角三角形部分。

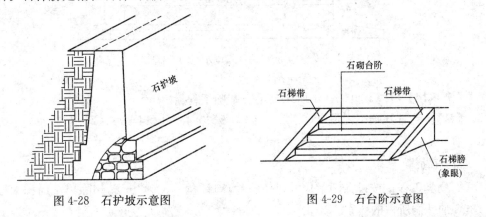

图 4-28　石护坡示意图　　　　图 4-29　石台阶示意图

"石台阶"项目包括石梯带(垂带),不包括石梯膀,石梯膀应按石挡土墙项目编码列项。

编制工程量清单时,石台阶应描述的项目特征包括:垫层材料种类、厚度,石料种类、规格,护坡厚度、高度,石表面加工要求,勾缝要求,砂浆强度等级、配合比。

9. 石坡道

石坡道是用石料铺设而成的具有一定坡度的路段。由于石料的粗糙度较好,故可以在山区急弯、陡坡路段上采用,能提高抗滑能力。

石坡道项目特征描述同石护坡、石台阶。

10. 石地沟、石明沟

石地沟是指场地排水使用的排水沟;石明沟是指散水以外的排水沟。

编制工程量清单时,石地沟、明沟应描述的项目特征包括:沟截面尺寸,土壤类别、运距,垫层材料种类、厚度,石料种类、规格,石表面加工要求,勾缝要求,砂浆强度等级、配合比。

(三)清单工程量计算

石基础、石勒脚、石墙的划分:基础与勒脚应以设计室外地坪为界。勒脚与墙身应以设计室内地面为界。石围墙内外地坪标高不同时,应以较低地坪标高为界,以下为基础;内外标高之差为挡土墙时,挡土墙以上为墙身。

1. 石基础

石基础工程量按设计图示尺寸以体积计算,计量单位为"m^3"。包括附墙垛基础宽出部分体积,不扣除基础砂浆防潮层及单个面积≤$0.3m^2$的孔洞所占体积,靠墙暖气沟的挑檐不增加体积。基础长度:外墙按中心线,内墙按净长计算,如图 4-30 所示。

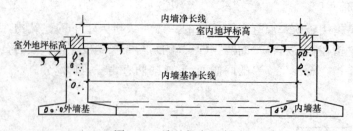

图 4-30　墙基长度示意图

【例 4-14】　计算如图 4-31 所示某毛石基础工程量。

【解】　毛石基础工程量 $= (0.7 \times 0.4 + 0.5 \times 0.4) \times [(14 + 7) \times 2 + 7 - 0.24]$
$$= 23.40m^3$$

2. 石勒脚

石勒脚工程量按设计图示尺寸以体积计算,计量单位为"m^3",扣除单个面积大于 $0.3m^2$ 的孔洞所占的体积。

【例 4-15】　计算如图 4-32 所示某石勒脚工程量。

【解】　石勒脚工程量 $= (15 + 3.8) \times 0.6 \times 0.24 = 2.71m^3$

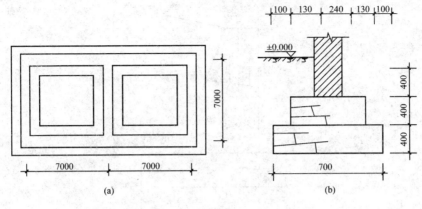

图 4-31　某毛石基础示意图
(a)基础平面图；(b)毛石基础剖面图

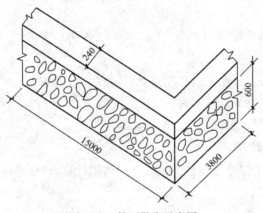

图 4-32　某石勒脚示意图

3. 石墙

石墙工程量按设计图示尺寸以体积计算，计量单位为"m³"。扣除门窗、洞口、嵌入墙内的钢筋混凝土柱、梁、圈梁、挑梁、过梁及凹进墙内的壁龛、管槽、暖气槽、消火栓箱所占体积。不扣除梁头、板头、檩头、垫木、木楞头、沿椽木、木砖、门窗走头、石墙内加固钢筋、木筋、铁件、钢管及单个面积≤0.3m² 的孔洞所占体积。凸出墙面的腰线、挑檐、压顶、窗台线、虎头砖、门窗套的体积亦不增加。凸出墙面的砖垛并入墙体体积内计算，其中：①墙长度：外墙按中心线，内墙按净长计算；②墙高度计算见表 4-3；③围墙：高度算至压顶上表面(如有混凝土压顶时算至压顶下表面)，围墙柱并入围墙体积内。

4. 石挡土墙、石柱

石挡土墙、石柱工程量按设计图示尺寸以体积计算，计量单位为"m³"。

【例 4-16】　如图 4-33 所示，某挡土墙工程用 M2.5 混合砂浆砌筑毛石，原浆勾缝，长度 200m，计算石挡土墙工程量。

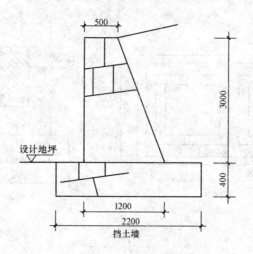

图 4-33　某石挡土墙示意图

【解】　石挡土墙工程量＝(0.5＋1.2)×3÷2×200＝510m³

5. 石栏杆

石栏杆工程量按设计图示以长度计算，计量单位为"m"。

【例 4-17】　某阳台采用石栏杆，如图 4-34 所示，试计算其工程量。

【解】　石栏杆工程量＝2.1＋0.9×2＝3.9m

6. 石护坡、石台阶

石护坡、石台阶工程量按设计图示尺寸以体积计算，计量单位为"m³"。

7. 石坡道

石坡道工程量按设计图示以水平投影面积计算，计量单位为"m²"。

【例 4-18】　计算如图 4-35 所示某普通行车石坡道工程量，已知坡度为 1∶7。

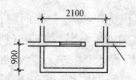

图 4-34　某石栏杆示意图
(a)正立面图；(b)侧立面图

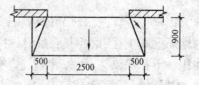

图 4-35　某普通行车石坡道示意图

【解】　石坡道工程量＝(2.5＋0.5×2)×0.9＝3.15m²

8. 石地沟、明沟

石地沟、明沟工程量按设计图示以中心线长度计算，计量单位为"m"。

【例 4-19】　欲在如图 4-36 所示某建筑的四周砌石地沟，试计算石地沟工程量。

【解】　石地沟工程量＝(13.5＋4.1)×2＝35.2m

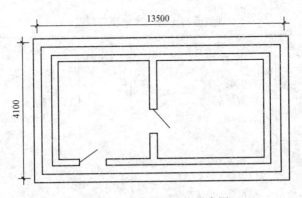

图 4-36　某建筑石地沟示意图

四、垫层

(一)清单项目设置

《房屋建筑与装饰工程工程量清单计算规范》(GB 50854—2013)附录 D.4 垫层共 1 个清单项目,清单项目设置的具体内容见表 4-7。

表 4-7　　　　　　　　　　　　　　　　垫层清单项目设置

项目编码	项目名称	项目特征	计量单位	工作内容
010404001	垫层	垫层材料种类、配合比、厚度	m³	1. 垫层材料的拌制 2. 垫层铺设 3. 材料运输

注:除混凝土垫层应按《房屋建筑与装饰工程工程量计算规范》(GB 50854—2013)附录 E 中相关项目编码列项外,没有包括垫层要求的清单项目应按本表垫层项目编码列项。

(二)清单项目特征描述

砌筑工程的垫层包括除混凝土垫层相关项目外的其他没有包括垫层要求的清单项目。编制工程量清单时,垫层应描述的项目特征包括:垫层材料种类、配合比、厚度。

(三)清单工程量计算

垫层工程量按设计图示尺寸以立方米计算,计量单位为"m³"。

第三节　混凝土及钢筋混凝土工程

一、现浇混凝土基础

(一)清单项目设置

《房屋建筑与装饰工程工程量清单计算规范》(GB 50854—2013)附录 E.1 现浇混凝土基础共 6 个清单项目。各清单项目设置的具体内容见表 4-8。

表 4-8　　　　　　　　　　　现浇混凝土基础清单项目设置

项目编码	项目名称	项目特征	计量单位	工作内容
010501001	垫层	1. 混凝土种类 2. 混凝土强度等级	m³	1. 模板及支撑制作、安装、拆除、堆放、运输及清理模内杂物、刷隔离剂 2. 混凝土制作、运输、浇筑、振捣、养护
010501002	带形基础			
010501003	独立基础			
010501004	满堂基础			
010501005	桩承台基础			
010501006	设备基础	1. 混凝土种类 2. 混凝土强度等级 3. 灌浆材料及其强度等级		

注:1. 有肋带形基础、无肋带形基础应按本表中相关项目列项,并注明肋高。

2. 箱式满堂基础中柱、梁、墙、板按表 4-9、表 4-11～表 4-13 现浇混凝土柱、梁、墙、板相关项目分别编码列项;箱式满堂基础底板按本表中满堂基础项目列项。

3. 框架式设备基础中柱、梁、墙、板分别按表 4-9、表 4-11～表 4-13 现浇混凝土柱、梁、墙、板相关项目编码列项;基础部分按本表中相关项目编码列项。

(二)清单项目特征描述

1. 垫层

垫层位于基础下面,其作用是将基础承受的荷载比较均匀地传给地基。

编制工程量清单时,垫层应描述的项目特征包括:混凝土种类,混凝土强度等级。

2. 带形基础

带形基础又称条形基础,当建筑物上部结构采用墙承重时,基础沿墙身设置,多做成长条形,故此类基础叫条形基础。

编制工程量清单时,带形基础应描述的项目特征包括:混凝土种类,混凝土强度等级。如为毛石混凝土基础的项目特征应描述毛石所占比例。

3. 独立基础

当建筑物上部结构为梁、柱构成的框架、排架或其他类似结构时,下部常采用方形或矩形的独立基础,也称柱式基础,其优点是减少土方工程量,节约基础材料。

编制工程量清单时,独立基础应描述的项目特征包括:混凝土种类,混凝土强度等级。

4. 满堂基础

满堂基础又称为片筏基础,当建筑物上部荷载大,而地基又软弱,这时采用简单的条形基础或独立基础已不能适应地基变形的需要,通常,将墙下或柱下基础连成一片,使建筑物的荷载承受在一块整板上成片筏基础,有平板式与梁板式两种。

编制工程量清单时,满堂基础应描述的项目特征包括:混凝土种类,混凝土强度等级。

5. 桩承台基础

桩承台基础是指在建造荷载比较大的工业与民用建筑时,当地基的软弱土层比较厚,采用浅基础不能满足地基变形的要求,做其他人工地基没有条件或不经济时,常采用桩基础。承台是在桩柱顶现浇的钢筋混凝土梁或板,上部支承墙的为承台梁,上部支承柱的为承台板。

编制工程量清单时,桩承台基础应描述的项目特征包括:混凝土种类,混凝土强度等级。

6. 设备基础

设备基础是一些设备仪器为保持其平衡、稳定,便于工作而做的基础。设备基础一般为块体,由矩形、方形、圆形实心混凝土或钢筋混凝土块体为主体组成。

编制工程量清单时,设备基础应描述的项目特征包括:混凝土种类,混凝土强度等级,灌浆材料及其强度等级,如为毛石混凝土基础,应注明毛石所占比例。

(三)清单工程量计算

现浇混凝土基础包括垫层、带形基础、独立基础、满堂基础、桩承台基础及设备基础。现浇混凝土基础工程量按设计图示尺寸以体积计算,计量单位为"m³",不扣除伸入承台基础的桩头所占体积。不扣除构件内钢筋、螺栓、预埋铁件、张拉孔道所占体积,但应扣除劲性骨架的型钢所占体积。

【例 4-20】 某现浇钢筋混凝土独立基础如图 4-37 所示,共 3 个。混凝土垫层强度等级为 C15,混凝土基础强度等级为 C20。试计算现浇钢筋混凝土独立基础和混凝土垫层工程量。

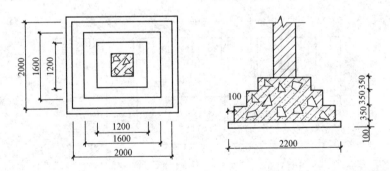

图 4-37 某现浇钢筋混凝土独立基础示意图

【解】 现浇混凝土独立基础工程量 $=(2\times2+1.6\times1.6+1.2\times1.2)\times0.35\times3$

$$=8.4\text{m}^3$$

独立基础垫层工程量 $=2.2\times2.2\times0.10\times3=1.45\text{m}^3$

【例 4-21】 计算图 4-38 某现浇独立桩承台基础工程量。

【解】 桩承台基础工程量 $=1.2\times1.2\times0.15+0.9\times0.9\times0.15+0.6\times0.6\times0.1$

$$=0.37\text{m}^3$$

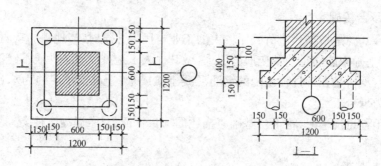

图 4-38　现浇独立桩承台示意图

【例 4-22】　计算如图 4-39 所示现浇无筋混凝土设备基础工程量。

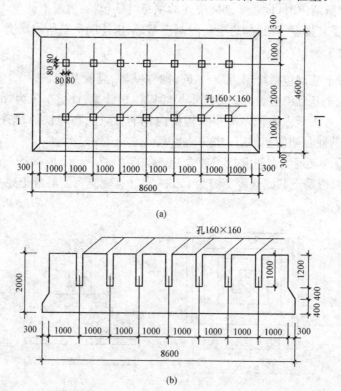

(a)

(b)

图 4-39　现浇无筋混凝土设备基础示意图

(a)设备基础平面图；(b)1—1 剖面图

【解】　设备基础工程量 $= 8.6 \times 4.6 \times 0.4 + \dfrac{1}{3} \times [8.0 \times 4.0 + 8.6 \times 4.6 +$

$$\sqrt{(8.0 \times 4.0) \times (8.6 \times 4.6)}] \times 0.4 + 8.0 \times 4.0 \times$$

$$1.2 - 0.16^2 \times 1.0 \times 14$$

$$= 68.15 \text{m}^3$$

二、现浇混凝土柱

(一)清单项目设置

《房屋建筑与装饰工程工程量清单计算规范》(GB 50854—2013)附录 E.2 现浇混凝土柱共 3 个清单项目。各清单项目设置的具体内容见表 4-9。

表 4-9　　　　　　　　　　　　现浇混凝土柱清单项目设置

项目编码	项目名称	项目特征	计量单位	工作内容
010502001	矩形柱	1. 混凝土种类 2. 混凝土强度等级	m³	1. 模板及支架(撑)制作、安装、拆除、堆放、运输及清理模内杂物、刷隔离剂等 2. 混凝土制作、运输、浇筑、振捣、养护
010502002	构造柱			
010502003	异形柱	1. 柱形状 2. 混凝土种类 3. 混凝土强度等级		

(二)清单项目特征描述

1. 矩形柱

矩形柱是浇筑而成的钢筋混凝土柱,其截面(横向)为正方形和长方形的柱子叫矩形柱。

编制工程量清单时,矩形柱应描述的项目特征包括:混凝土种类,混凝土强度等级。混凝土种类指清水混凝土、彩色混凝土等,如在同一地区既使用预拌(商品)混凝土,又允许现场搅拌混凝土时,也应注明(不同)。

2. 构造柱

为提高多层建筑砌体结构的抗震性能,规范要求应在房屋的砌体内适宜部位设置钢筋混凝土柱并与圈梁连接,共同加强建筑物的稳定性,这种钢筋混凝土柱通常就被称为构造柱。构造柱,主要不是承担竖向荷载的,而是承担抗击剪力、抗震等横向荷载的。

编制工程量清单时,构造柱应描述的项目特征包括:混凝土种类,混凝土强度等级。

3. 异形柱

异形柱是浇筑而成的钢筋混凝土柱,在建筑物转角、房间四角处设置截面为一字形、L 形、T 形等柱子叫异形柱。

异形柱应描述柱形状、混凝土种类、混凝土强度等级。

(三)清单工程量计算

现浇混凝土柱包括矩形柱、构造柱和异形柱。现浇混凝土柱工程量按设计图示尺寸以体积计算,计量单位为"m³"。不扣除构件内钢筋、螺栓、预埋铁件、张拉孔道所占体积,但应扣除劲性骨架的型钢所占体积。柱高的计算见表 4-10。

表 4-10　　　　　　　　　　　　　　柱高的计算

序号	项目	计算要求
1	有梁板的柱高	应自柱基上表面(或楼板上表面)至上一层楼板上表面之间的高度计算,如图 4-40 所示
2	无梁板的柱高	应自柱基上表面(或楼板上表面)至柱帽下表面之间的高度计算,如图 4-41 所示
3	框架柱的柱高	应自柱基上表面至柱顶高度计算,如图 4-42 所示
4	构造柱的柱高	按全高计算,嵌接墙体部分(马牙槎)并入柱身体积,如图 4-43 所示
5	依附柱上的牛腿和升板的柱帽	并入柱身体积计算,如图 4-44 所示

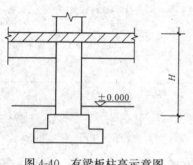

图 4-40　有梁板柱高示意图

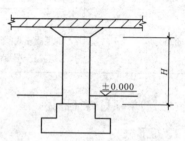

图 4-41　无梁板柱高示意图

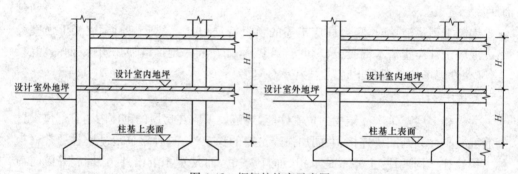

图 4-42　框架柱柱高示意图

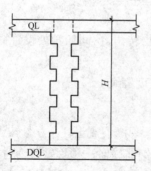

图 4-43　构造柱柱高示意图

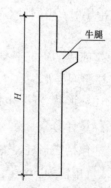

图 4-44　带牛腿的现浇混凝土柱高示意图

【**例 4-23**】　试计算如图 4-45 所示某现浇混凝土矩形柱的混凝土工程量。

【**解**】　混凝土柱工程量＝0.5×0.5×3.2＝0.8m³

【**例 4-24**】　试计算如图 4-46 所示某工字型异形柱的混凝土工程量。

【**解**】　异形柱工程量＝(0.6×1.3−0.2×0.5×2)×3.5＝2.03m³

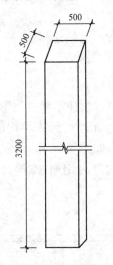

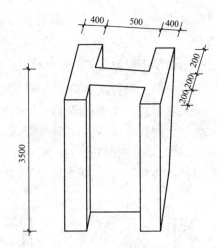

图 4-45　某现浇混凝土矩形柱示意图　　　　图 4-46　某工字型异形柱示意图

三、现浇混凝土梁

(一)清单项目设置

《房屋建筑与装饰工程工程量清单计算规范》(GB 50854—2013)附录 E.3 现浇混凝土梁共 6 个清单项目。各清单项目设置的具体内容见表 4-11。

表 4-11　　　　　　　　　　现浇混凝土梁清单项目设置

项目编码	项目名称	项目特征	计量单位	工作内容
010503001	基础梁	1. 混凝土种类 2. 混凝土强度等级	m³	1. 模板及支架(撑)制作、安装、拆除、堆放、运输及清理模内杂物、刷隔离剂等 2. 混凝土制作、运输、浇筑、振捣、养护
010503002	矩形梁			
010503003	异形梁			
010503004	圈梁			
010503005	过梁			
010503006	弧形、拱形梁			

(二)清单项目特征描述

(1)基础梁。钢筋混凝土基础梁,也称地基梁,是支撑在基础上或桩承台上的梁,适用于各种形式的基础梁,主要用做工业厂房的基础。

(2)矩形梁。矩形梁是指矩形截面形式的梁。

（3）异形梁。异形梁是指断面形状为异形的梁。

（4）圈梁。钢筋混凝土圈梁指为提高房屋的整体刚度在内外墙上设置连续封闭的钢筋混凝土梁。

（5）过梁。过梁指跨越一定空间以承受屋盖或楼板、墙传来的荷载的钢筋混凝土构件。

编制工程量清单时，现浇混凝土梁应描述的项目特征包括：混凝土种类，混凝土强度等级。

（三）清单工程量计算

现浇混凝土梁包括基础梁、矩形梁、异形梁、圈梁、过梁、弧形梁及拱形梁。现浇混凝土梁工程量按设计图示尺寸以体积计算，计量单位为"m³"。伸入墙内的梁头、梁垫并入梁体积内。梁长：梁与柱连接时，梁长算至柱侧面，如图4-47所示；主梁与次梁连接时，次梁长算至主梁侧面，如图4-48所示。不扣除构件内钢筋、螺栓、预埋铁件、张拉孔道所占体积，但应扣除劲性骨架的型钢所占体积。

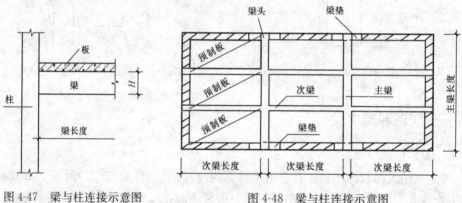

图 4-47　梁与柱连接示意图　　　　　图 4-48　梁与柱连接示意图

【例 4-25】　某工程结构平面图如图 4-49 所示，采用 C25 现浇混凝土浇捣，模板用组合钢模，层高为 5m（＋6.00～＋11.00），柱截面为 500mm×500mm，KL1 截面为 200mm×600mm，KL2 截面为 200mm×700mm，L 截面为 200mm×600mm，板厚 100mm，试计算其工程量。

【解】　C25 钢筋混凝土柱（层高 5m）：

工程量＝5×0.5×0.5×4＝5m³

C25 钢筋混凝土梁 KL1（梁高 0.6m 以内，层高 5m）：

工程量＝(6＋0.24－0.5×2)×0.2×0.6×2＝1.258m³

C25 钢筋混凝土梁 KL2（梁高 0.6m 以内，层高 5m）：

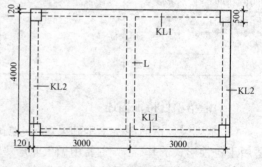

图 4-49　某工程结构平面图

工程量＝(4＋0.24－0.5×2)×0.20×0.7×2＝0.907m³

C25 钢筋混凝土梁 L(梁高 0.6m 以内,层高 5m):

工程量＝(4＋0.24－0.2×2)×0.20×0.6＝0.461m³

【例 4-26】　某工程混凝土圈梁平面布置如图 4-50 所示,截面均为 240mm×240mm,试计算该工程混凝土圈梁工程量。

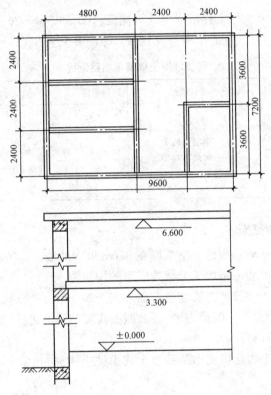

图 4-50　某工程混凝土圈梁平面布置示意图

【解】　混凝土圈梁工程量＝[9.6×2＋7.2×2＋(4.8－0.24)×2＋(7.2－0.24)＋(3.6－0.24)＋(2.4－0.24)]×0.24²×3＝9.54m³

【例 4-27】　如图 4-51 所示,试计算现浇钢筋混凝土弧形梁工程量。

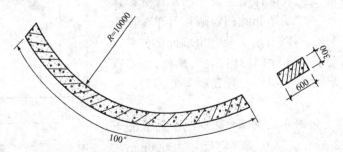

图 4-51　某现浇钢筋混凝土弧形梁示意图

【解】 钢筋混凝土弧形梁工程量＝$2 \times 3.14 \times 10.15 \times \dfrac{100°}{360°} \times 0.3 \times 0.6 = 3.19 \text{m}^3$

四、现浇混凝土墙

(一)清单项目设置

《房屋建筑与装饰工程工程量清单计算规范》(GB 50854--2013)附录 E.4 现浇混凝土墙共 4 个清单项目。各清单项目设置的具体内容见表 4-12。

表 4-12　　　　　　　　　　　现浇混凝土墙清单项目设置

项目编码	项目名称	项目特征	计量单位	工作内容
010504001	直形墙	1. 混凝土种类 2. 混凝土强度等级	m³	1. 模板及支架(撑)制作、安装、拆除、堆放、运输及清理模内杂物、刷隔离剂等 2. 混凝土制作、运输、浇筑、振捣、养护
010504002	弧形墙			
010504003	短肢剪力墙			
010504004	挡土墙			

(二)清单项目特征描述

(1)直形墙。直形墙是指地下室墙厚在 35cm 以内的墙。

(2)弧形墙。弧形墙是指墙身形状为弧形的构筑物。

(3)短肢剪力墙。短肢剪力墙是指截面不大于 300mm、各肢截面高度与厚度之比的最大值大于 4 但不大于 8 的剪力墙;各肢截面高度与厚度之比的最大值不大于 4 的剪力墙应按柱项目编码列项。

(4)挡土墙。挡土墙是指支承路基填土或山坡土体、防止填土或土体变形失稳的构造物。

编制工程量清单时,现浇混凝土墙应描述的项目特征包括:混凝土种类,混凝土强度等级。

(三)清单工程量计算

现浇混凝土墙包括直形墙、弧形墙、短肢剪力墙、挡土墙。现浇混凝土墙工程量按设计图示尺寸以体积计算,计量单位为"m³",扣除门窗洞口及单个面积 $>0.3 \text{m}^2$ 的孔洞所占体积,墙垛及突出墙面部分并入墙体体积内计算。不扣除构件内钢筋、螺栓、预埋铁件、张拉孔道所占体积,但应扣除劲性骨架的型钢所占体积。

【例 4-28】 如图 4-52 所示,某现浇钢筋混凝土直形墙墙高 32.5m,墙厚 0.3m,门尺寸为 900mm× 2100mm。计算现浇钢筋混凝土直形墙工程量。

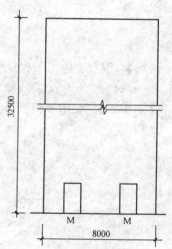

图 4-52　某现浇钢筋混凝土直形墙示意图

【解】　混凝土直形墙工程量＝32.5×8.0×0.3－0.9×2.1×2×0.3＝76.87m³

五、现浇混凝土板

(一)清单项目设置

《房屋建筑与装饰工程工程量清单计算规范》(GB 50854—2013)附录 E.5 现浇混凝土板共 10 个清单项目。各清单项目设置的具体内容见表 4-13。

表 4-13　　　　　　　　　　现浇混凝土板清单项目设置

项目编码	项目名称	项目特征	计量单位	工作内容
010505001	有梁板			
010505002	无梁板			
010505003	平板			
010505004	拱板			1. 模板及支架(撑)制作、安装、拆除、堆放、运输及清理模内杂物、刷隔离剂等
010505005	薄壳板	1. 混凝土种类 2. 混凝土强度等级	m³	
010505006	栏板			2. 混凝土制作、运输、浇筑、振捣、养护
010505007	天沟(檐沟)、挑檐板			
010505008	雨篷、悬挑板、阳台板			
010505009	空心板			
010505010	其他板			

(二)清单项目特征描述

(1)有梁板。有梁板是指梁(包括主梁、次梁)与板整浇构成一体,并至少有三边是以承重梁支撑的板。

(2)无梁板。无梁板是指不带梁而直接用柱头支撑的板。

(3)拱板。拱板在土建工程中常见于屋面,也可应用于建筑物外形成拱形的板。

(4)薄壳板。薄壳板外形是指几何图形面,厚度较薄的现浇板,如筒形面板、圆球形面板、双曲拱面板、椭圆抛物面板、圆抛物面板等。

(5)栏板。栏板是指梯段或阳台上所设的安全措施,一般设在梯段的一侧或梯段中间。

编制工程量清单时,现浇混凝土板应描述的项目特征包括:混凝土种类,混凝土强度等级。

(三)清单工程量计算

现浇混凝土板包括有梁板、无梁板、平板、拱板、薄壳板、栏板、天沟(檐沟)、挑檐板、雨篷、悬挑板、阳台板、空心板及其他板。现浇混凝土板工程量计算时不扣除构件内钢筋、螺栓、预埋铁件、张拉孔道所占体积,但应扣除劲性骨架的型钢所占体积。

1. 有梁板、无梁板、平板、拱板、薄壳板、栏板

有梁板、无梁板、平板、拱板、薄壳板、栏板工程量按设计图示尺寸以体积计算,计量单位为"m³"。不扣除单个面积≤0.3m² 的柱、垛以及孔洞所占体积。其中:压形钢板混凝土楼板扣除构件内压形钢板所占体积;有梁板(包括主、次梁与板)按梁、板体积之和计算,如图 4-53 所示,无梁板按板和柱帽体积之和计算,如图 4-54 所示;各类板伸入墙内的板头并入板体积内计算;薄壳板的肋、基梁并入薄壳体积内计算。

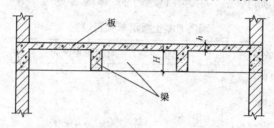

图 4-53　有梁板(包括主、次梁与板)示意图

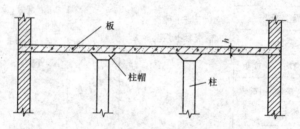

图 4-54　无梁板(包括柱帽)示意图

【例 4-29】　某现浇钢筋混凝土有梁板,如图 4-55 所示,计算其工程量。

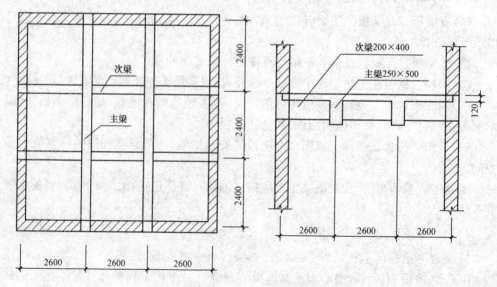

图 4-55　某现浇钢筋混凝土有梁板示意图

【解】　现浇板工程量＝2.6×3×2.4×3×0.12＝6.74m³

板下梁工程量＝0.25×(0.5－0.12)×2.4×3×2＋0.2×(0.4－0.12)×(2.6×3－0.25×2)×2＋0.25×0.50×0.12×4＋0.20×0.40×0.12×4＝2.28m³

有梁板工程量＝6.74＋2.28＝9.02m³

【例4-30】　某工程现浇钢筋混凝土无梁板尺寸,如图4-56所示,计算该工程现浇钢筋混凝土无梁板混凝土工程量。

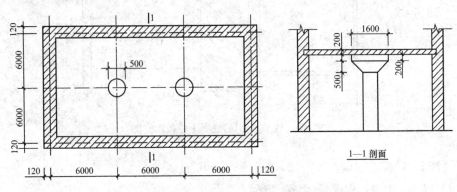

图4-56　某工程现浇钢筋混凝土无梁板示意图

【解】　现浇钢筋混凝土无梁板混凝土工程量＝图示长度×图示宽度×板厚＋柱帽体积

现浇钢筋混凝土无梁板混凝土工程量＝18×12×0.2＋3.14×0.8×0.8×0.2×2＋(0.25×0.25＋0.8×0.8＋0.25×0.8)×3.14×0.5÷3×2＝44.95m³

【例4-31】　某工程结构平面图如图4-57所示,采用现浇混凝土平板,板厚90mm,梁宽300mm,试计算平板工程量。

【解】　平板工程量＝[(9.2＋0.3)×(4.2＋0.3)＋4.8×(2.4＋4.8＋0.3)]×0.09＝7.09m³

【例4-32】　试计算如图4-58所示某现浇钢筋混凝土拱板工程量(板厚120mm)。

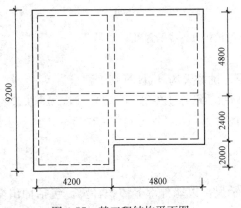

图4-57　某工程结构平面图

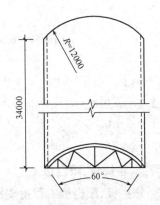

图4-58　某现浇钢筋混凝土拱板示意图

【解】　拱板工程量＝$3.14 \times [12^2 - (12-0.2)^2] \times \frac{1}{6} \times 34 = 3.14 \times 4.76 \times \frac{1}{6} \times 34$

　　　　　＝84.70m^3

【例4-33】　如图4-59所示,计算现浇钢筋混凝土栏板工程量(板厚100mm)。

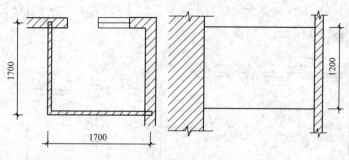

图4-59　某现浇钢筋混凝土栏板示意图

【解】　栏板工程量＝$1.7 \times 2 \times 0.1 \times 1.2 = 0.41 \text{m}^3$

2. 天沟(檐沟)、挑檐板、雨篷、阳台

现浇挑檐板、天沟板、雨篷、阳台与板(包括屋面板、楼板)连接时,以外墙外边线为分界线;与圈梁(包括其他梁)连接时,以梁外边线为分界线。外边线以外为挑檐、天沟、雨篷或阳台,如图4-60所示。天沟(檐沟)、挑檐板工程量按设计图示尺寸以体积计算,计量单位为"m³"。

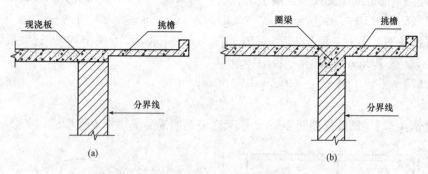

图4-60　现浇混凝土挑檐板分界线示意图

【例4-34】　如图4-61所示某现浇混凝土挑檐天沟,试计算其工程量。

【解】　工程量＝$(0.77+0.1) \times 0.1 \times [(33.0+0.12 \times 2+0.87)+(27.0+0.12 \times 2+0.87)] \times 2 + 0.35 \times 0.1 \times [(33.0+0.12 \times 2+0.87-0.1)+(27.0+0.12 \times 2+0.87-0.1)] \times 2 = 15.17 \text{m}^3$

3. 雨篷、悬挑板、阳台板

雨篷、悬挑板、阳台板工程量按设计图示尺寸以墙外部分体积计算。包括伸出墙外的牛腿和雨篷反挑檐的体积,计量单位为"m³"。

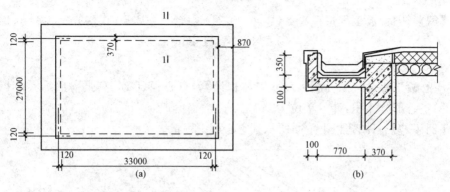

图 4-61　某现浇混凝土挑檐天沟示意图

(a)平面图；(b)1—1 剖面图

【例 4-35】　如图 4-62 所示某梁板式雨篷，试计算其工程量。

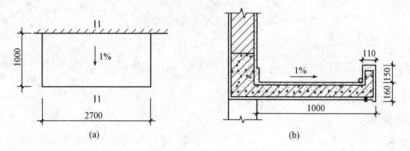

图 4-62　某梁板式雨篷示意图

(a)平面图；(b)1—1 剖面图

【解】　雨篷工程量＝2.7×1.0×0.16＋(2.7＋1.0＋1.0)×0.15×0.11

　　　　　＝0.51m³

【例 4-36】　计算如图 4-63 所示某现浇混凝土阳台板工程量。

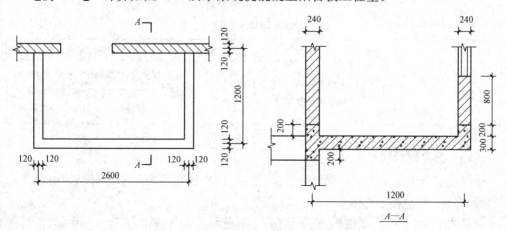

图 4-63　某现浇混凝土阳台板示意图

【解】　阳台板工程量＝1.2×(2.6+0.24)×0.3+[(2.6+0.24)+(1.2−0.24)×

　　　　　　2]×0.2×0.24＝1.25m³

4. 空心板

空心板工程量按设计图示尺寸以体积计算,空心板(GBF 高强薄壁蜂巢芯板等)应扣除空心部分体积,计量单位为"m³"。

【例 4-37】　计算如图 4-64 所示某空心板工程量。

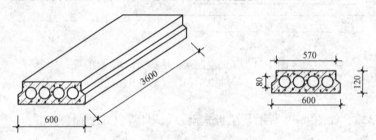

图 4-64　某空心板示意图

【解】　空心板工程量＝$\left[\dfrac{1}{2}×(0.57+0.6)×0.12−\dfrac{3.14}{4}×0.08^2×4\right]×3.6$

　　　　　　　＝0.18m³

5. 其他板

其他板工程量按设计图示尺寸以体积计算,计量单位为"m³"。

六、现浇混凝土楼梯

(一)清单项目设置

《房屋建筑与装饰工程工程量清单计算规范》(GB 50854—2013)附录 E.6 现浇混凝土楼梯共 2 个清单项目。各清单项目设置的具体内容见表 4-14。

表 4-14　　　　　　　　　　现浇混凝土楼梯清单项目设置

项目编码	项目名称	项目特征	计量单位	工作内容
010506001	直形楼梯	1. 混凝土种类 2. 混凝土强度等级	1. m² 2. m³	1. 模板及支架(撑)制作、安装、拆除、堆放、运输及清理模内杂物、刷隔离剂等 2. 混凝土制作、运输、浇筑、振捣、养护
010506002	弧形楼梯			

(二)清单项目特征描述

现浇混凝土楼梯是指将楼梯踏步板、楼梯斜梁、休息平台板和平台梁等浇筑在一起的(捣制)现浇钢筋混凝土楼梯。

整体楼梯(包括直线楼梯、弧形楼梯)水平投影面积包括休息平台、平台梁、斜梁和楼梯的连接梁。当整体楼梯与现浇楼板无梯梁连接时,以楼梯的最后一个踏步边缘加

300mm 为界。

编制工程量清单时,现浇混凝土楼梯应描述的项目特征包括:混凝土种类,混凝土强度等级。

(三)清单工程量计算

现浇混凝土楼梯工程量按设计图示尺寸以水平投影面积计算,不扣除宽度≤500mm 的楼梯井,伸入墙内部分不计算,计量单位为"m²";或按设计图示尺寸以体积计算(图 4-65),计量单位为"m³"。

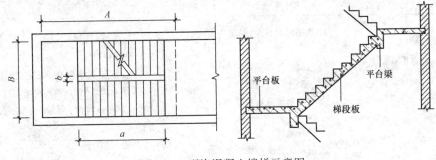

图 4-65　现浇混凝土楼梯示意图

现浇混凝土楼梯工程量计算时不扣除构件内钢筋、螺栓、预埋铁件、张拉孔道所占体积,但应扣除劲性骨架的型钢所占体积。

【**例 4-38**】　某工程现浇钢筋混凝土楼梯平面图如图 4-66 所示,包括休息平台和平台梁,试计算该楼梯工程量(建筑物 4 层,共 3 层楼梯)。

【**解**】　楼梯工程量=(1.23+0.50+1.23)×(1.23+3.00+0.20)×3=39.34m²

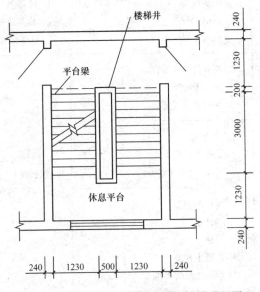

图 4-66　某工程现浇钢筋混凝土楼梯平面图

七、现浇混凝土其他构件

(一)清单项目设置

《房屋建筑与装饰工程工程量清单计算规范》(GB 50854—2013)附录 E.7 现浇混凝土其他构件共 7 个清单项目。各清单项目设置的具体内容见表 4-15。

表 4-15　　　　　　　　　　现浇混凝土其他构件清单项目设置

项目编码	项目名称	项目特征	计量单位	工作内容
010507001	散水、坡道	1. 垫层材料种类、厚度 2. 面层厚度 3. 混凝土种类 4. 混凝土强度等级 5. 变形缝填塞材料种类	m²	1. 地基夯实 2. 铺设垫层 3. 模板及支撑制作、安装、拆除、堆放、运输及清理模内杂物、刷隔离剂等 4. 混凝土制作、运输、浇筑、振捣、养护 5. 变形缝填塞
010507002	室外地坪	1. 地坪厚度 2. 混凝土强度等级		
010507003	电缆沟、地沟	1. 土壤类别 2. 沟截面净空尺寸 3. 垫层材料种类、厚度 4. 混凝土种类 5. 混凝土强度等级 6. 防护材料种类	m	1. 挖填、运土石方 2. 铺设垫层 3. 模板及支撑制作、安装、拆除、堆放、运输及清理模内杂物、刷隔离剂等 4. 混凝土制作、运输、浇筑、振捣、养护 5. 刷防护材料
010507004	台阶	1. 踏步高、宽 2. 混凝土种类 3. 混凝土强度等级	1. m² 2. m³	1. 模板及支撑制作、安装、拆除、堆放、运输及清理模内杂物、刷隔离剂等 2. 混凝土制作、运输、浇筑、振捣、养护
010507005	扶手、压顶	1. 断面尺寸 2. 混凝土种类 3. 混凝土强度等级	1. m 2. m³	1. 模板及支架(撑)制作、安装、拆除、堆放、运输及清理模内杂物、刷隔离剂等 2. 混凝土制作、运输、浇筑、振捣、养护
010507006	化粪池、检查井	1. 部位 2. 混凝土强度等级 3. 防水、抗渗要求	1. m³ 2. 座	
010507007	其他构件	1. 构件的类型 2. 构件规格 3. 部位 4. 混凝土种类 5. 混凝土强度等级	m³	

注:现浇混凝土小型池槽、垫块、门框等,应按本表中其他构件项目编码列项。

(二)清单项目特征描述

1. 散水、坡道

(1)散水。为保护墙基不受雨水的侵蚀,常在外墙四周将地面做成向外倾斜的坡面,以便将屋面雨水排至远处,这一坡面称为散水。

(2)坡道。坡道指在车辆经常出入或不适于做台阶的部位,可采用坡道来进行室内外或楼层平面高程变化部位的联系。

编制工程量清单时,散水、坡道应描述的项目特征包括:垫层材料种类、厚度,面层厚度,混凝土种类,混凝土强度等级,变形缝填塞材料种类。

2. 室外地坪

地坪是底层房间与土层相接触的部分,它承受底层房间的荷载,要求具有一定的强度和刚度,并具有防潮、防水、保暖、耐磨的性能。地坪包括室内地坪和室外地坪,其中室外设计地坪标高是设计师根据原始地形地貌标高和建筑的功能需要所制定的建筑物交付使用后的室外标高,一般用实心三角形加数字表示。

编制工程量清单时,室外地坪应描述的项目特征包括:地坪厚度,混凝土强度等级。

3. 电缆沟、地沟

电缆沟、地沟是用来放电缆或用来排水的沟。

编制工程量清单时,电缆沟、地沟应描述的项目特征包括:土壤类别,沟截面净空尺寸,垫层材料种类、厚度,混凝土种类,混凝土强度等级,防护材料种类。

4. 台阶

台阶一般是指用砖、石、混凝土等筑成一级一级供人上下的建筑物,多在大门前或坡道上。架空式混凝土台阶应按现浇楼梯计算。

编制工程量清单时,台阶应描述的项目特征包括:踏步高、宽,混凝土种类,混凝土强度等级。常用适宜踏步尺寸见表 4-16。

表 4-16　　　　　　　　　　　　常用适宜踏步尺寸　　　　　　　　　　　　　　mm

名称	住宅	学校、办公楼	剧院、食堂	医院(病人用)	幼儿园
踏步高	156~175	140~160	120~150	150	120~150
踏步宽	250~300	280~3340	300~350	300	260~300

5. 扶手、压顶

(1)扶手是指用来保持身体平衡或支撑身体的横木或把手。

(2)压顶是指露天的墙顶上用砖、瓦或混凝土等筑成的覆盖层,它有防止雨水升入墙身和保护墙身的作用。

编制工程量清单时,扶手、压顶应描述的项目特征包括:断面尺寸,混凝土种类,混凝土强度等级。常见扶手断面形式如图 4-67 所示。

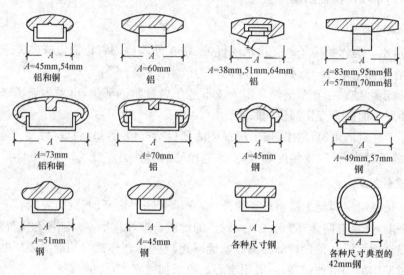

图 4-67　常见扶手断面形式

6. 化粪池、检查井

(1)化粪池。化粪池是处理粪便并加以过滤沉淀的设备。

(2)检查井。检查井是用在建筑小区(居住区、公共建筑区、厂区等)范围内埋地塑料排水管道外径不大于 800mm、埋设深度不大于 6m,一般设在排水管道交汇处、转弯处、管径或坡度改变处、跌水处等,为了便于定期检查、清洁和疏通或下井操作检查用的塑料一体注塑而成或者砖砌成的井状构筑物。

编制工程量清单时,化粪池、检查井应描述的项目特征包括:部位,混凝土强度等级,防水、抗渗要求。

7. 其他构件

现浇混凝土其他构件是指清单计价规范中未提到,但在实体工程中发生并满足清单计价规范相关条件的构筑物。

编制工程量清单时,其他构件应描述的项目特征包括:构件的类型,构件规格,部位,混凝土种类,混凝土强度等级。

(三)清单工程量计算

现浇混凝土其他构件工程量计算时不扣除构件内钢筋、螺栓、预埋铁件、张拉孔道所占体积,但应扣除劲性骨架的型钢所占体积。

1. 散水、坡道、室外地坪

散水、坡道、室外地坪工程量按设计图示尺寸以水平投影面积计算,计量单位为"m^2"。不扣除单个≤0.3m^2 的孔洞所占面积。

【例 4-39】　如图 4-68 所示为某混凝土散水,试计算其工程量。

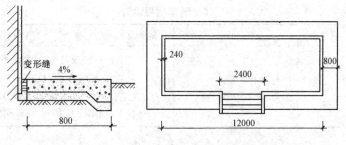

图 4-68 某混凝土散水示意图

【解】 散水工程量=[(12.0+0.24+0.8×2)+(7.2+0.24)]×0.8×2-2.4×0.8

$=32.13\text{m}^2$

2. 电缆沟、地沟

电缆沟、地沟工程量按设计图示以中心线长度计算,计量单位为"m"。

【例 4-40】 试计算如图 4-69 所示某地沟工程量。

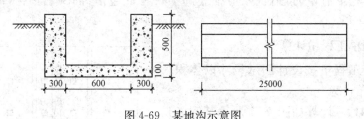

图 4-69 某地沟示意图

【解】 地沟工程量=25m

3. 台阶

台阶工程量按设计图示尺寸水平投影面积计算,计量单位为"m²";或按设计图示尺寸以体积计算,计量单位为"m³"。

4. 扶手、压顶

扶手、压顶工程量按设计图示的中心线延长米计算,计量单位为"m";或按设计图示尺寸以体积计算,计量单位为"m³"。

5. 化粪池、检查井及其他构件

化粪池、检查井及其他构件工程量按设计图示尺寸以体积计算,计量单位为"m³";或按设计图示数量计算,计量单位为"座"。

八、后浇带

(一)清单项目设置

《房屋建筑与装饰工程工程量清单计算规范》(GB 50854—2013)附录 E.8 后浇带共 1 个清单项目。各清单项目设置的具体内容见表 4-17。

表 4-17　　　　　　　　　　　　　后浇带清单项目设置

项目编码	项目名称	项目特征	计量单位	工作内容
010508001	后浇带	1. 混凝土种类 2. 混凝土强度等级	m³	1. 模板及支架(撑)制作、安装、拆除、堆放、运输及清理模内杂物、刷隔离剂等 2. 混凝土制作、运输、浇筑、振捣、养护及混凝土交接面、钢筋等的清理

(二)清单项目特征描述

后浇带是指在结构规定位置预留的后浇灌混凝土的空隙,是一种减少建筑物变形缝,提高房屋整体性的施工措施。为避免由于混凝土收缩或地基不均匀沉降引起建筑物的损害,往往需要设置伸缩缝或沉降缝,如在结构适当的位置预留一定宽度的空隙,在混凝土收缩基本完成或结构沉降基本稳定后再浇灌混凝土,则可以减少伸缩缝或沉降缝,提高房屋的整体性,从而有利于抗震。

编制工程量清单时,后浇带应描述的项目特征包括:混凝土种类,混凝土强度等级。

(三)清单工程量计算

后浇带工程量按设计图示尺寸以体积计算,计量单位为"m³"。

【例 4-41】　计算如图 4-70 所示某钢筋混凝土后浇带工程量(板厚 120mm)。

【解】　后浇带工程量=18×1.2×0.12
　　　　　　　　　=2.59m³

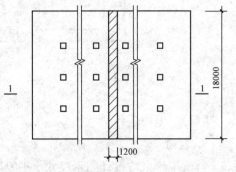

图 4-70　某钢筋混凝土后浇带示意图

九、预制混凝土柱

(一)清单项目设置

《房屋建筑与装饰工程工程量清单计算规范》(GB 50854—2013)附录 E.9 预制混凝土柱共 2 个清单项目。各清单项目设置的具体内容见表 4-18。

表 4-18　　　　　　　　　　　　预制混凝土柱清单项目设置

项目编码	项目名称	项目特征	计量单位	工作内容
010509001	矩形柱	1. 图代号 2. 单件体积 3. 安装高度 4. 混凝土强度等级 5. 砂浆(细石混凝土)强度等级、配合比	1. m³ 2. 根	1. 模板制作、安装、拆除、堆放、运输及清理模内杂物、刷隔离剂等 2. 混凝土制作、运输、浇筑、振捣、养护 3. 构件运输、安装 4. 砂浆制作、运输 5. 接头灌缝、养护
010509002	异形柱			

(二)清单项目特征描述

预制混凝土柱是指在预制构件加工厂或施工现场外按照设计要求预先制作,然后再运到施工现场装配而成的钢筋混凝土柱,包括矩形柱和异形柱两类。预制混凝土柱的制作场地应平整坚实,并做好排水处理。当采用重叠浇筑时,柱与柱之间应做好隔离层。

编制工程量清单时,预制混凝土柱应描述的项目特征包括:图代号,单件体积,安装高度,混凝土强度等级,砂浆(细石混凝土)强度等级、配合比。以根计量时,必须描述单件体积。

预制构件砾(碎)石混凝土强度等级选用可参见表 4-19。

表 4-19　　　　　　　　　预制构件砾(碎)石混凝土选用表

工 程 项 目	混凝土 强度等级	石子最大粒径 (mm)
桩、柱、矩形梁、T 形梁、基础梁、过梁、吊车梁、托架梁、风道大梁、拱形梁	C20	40
屋架、天窗架、天窗端壁	C20	20
桩尖	C30	10
平板、大型屋面板、平顶板、漏花隔断板、挑檐天沟板、零星构件	C20	20
升板、檩条、支架、垫块	C20	40
空心板	C20	10
阳台栏杆	C20	20
栏杆带花斗等	C20	20
实心楼梯段、楼梯斜梁	C20	40
架空隔热层	C30	20
漏空花格	C20	10
碗柜	C20	10
吊车梁、托架梁、屋面梁	C30	40
铰拱屋架、檩条支撑	C40	20
大型屋面板	C40	40
空心板	C30	10
拱形屋架	C30	40
多孔板、平顶板、挂瓦板、天沟板	C20	10

(三)清单工程量计算

预制混凝土柱包括矩形柱、异形柱。预制混凝土柱工程量按设计图示尺寸以体积计算,计量单位为“m³”;或按设计图示尺寸以数量计算,计量单位为“根”。不扣除构件内钢筋、螺栓、预埋铁件、张拉孔道所占体积,但应扣除劲性骨架的型钢所占体积。

【例 4-42】　如图 4-71 所示,某预制混凝土方形柱 60 根,现场制作、搅拌混凝土,混凝土强度等级为 C25,轮胎式起重机安装,C20 细石混凝土灌缝。试计算预制混凝土方形柱工程量。

【解】　混凝土方柱工程量有两种计算方法:

(1)以立方米计量:混凝土方柱工程量 =
$[0.4×0.4×3.0+0.6×0.4×6.5+(0.25+0.5)×0.15/2×0.4]×60=123.75m^3$

(2)以根计量:混凝土方柱工程量 = 60 根

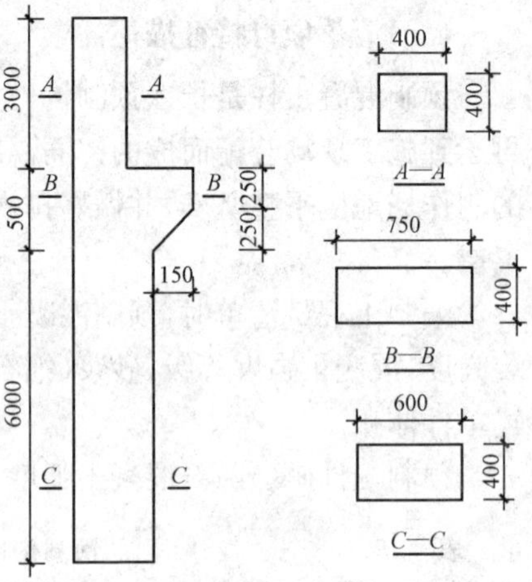

十、预制混凝土梁

(一)清单项目设置

图 4-71　某预制混凝土方形柱示意图

《房屋建筑与装饰工程工程量清单计算规范》(GB 50854—2013)附录 E.10 预制混凝土梁共 6 个清单项目。各清单项目设置的具体内容见表 4-20。

表 4-20　　　　　　　　　　预制混凝土梁清单项目设置

项目编码	项目名称	项目特征	计量单位	工作内容
010510001	矩形梁	1. 图代号 2. 单件体积 3. 安装高度 4. 混凝土强度等级 5. 砂浆(细石混凝土)强度等级、配合比	1. m³ 2. 根	1. 模板制作、安装、拆除、堆放、运输及清理模内杂物、刷隔离剂等 2. 混凝土制作、运输、浇筑、振捣、养护 3. 构件运输、安装 4. 砂浆制作、运输 5. 接头灌缝、养护
010510002	异形梁			
010510003	过梁			
010510004	拱形梁			
010510005	鱼腹式吊车梁			
010510006	其他梁			

(二)清单项目特征描述

"预制混凝土梁"项目包括矩形梁、异形梁、过梁、拱形梁、鱼腹式吊车梁、其他梁。鱼腹式吊车梁的腹部呈抛物线,似鱼腹,故称为鱼腹式梁。

编制工程量清单时,预制混凝土梁应描述的项目特征包括:图代号,单件体积,安装高度,混凝土强度等级,砂浆(细石混凝土)强度等级、配合比,以根计量时,必须描述单件体积。

(三)清单工程量计算

预制混凝土梁工程量按设计图示尺寸以体积计算,计量单位为"m³";或按设计图示尺寸以数量计算,计量单位为"根"。不扣除构件内钢筋、螺栓、预埋铁件、张拉孔道所占体积,但应扣除劲性骨架的型钢所占体积。

【例 4-43】　如图 4-72 所示为某预制鱼腹式吊车梁(共 12 根),试计算其工程量。

【解】　鱼腹式吊车梁工程量有两种计算方法:

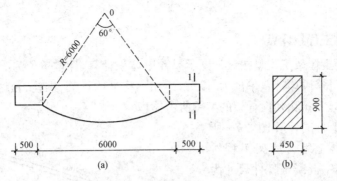

图 4-72　某预制鱼腹式吊车梁示意图
(a)平面图；(b)1—1 剖面图

(1)以立方米计量：鱼腹式吊车梁工程量 $= \Big[0.45 \times 0.9 \times 0.5 \times 2 +$
$\Big(6.0 \times 0.9 + \dfrac{3.14 \times 6.0^2}{6} - \dfrac{1}{2} \times 6.0 \times \sqrt{6.0^2 - 2.5^2} \Big) \times 0.45 \Big] \times 12 = 47.45 \mathrm{m}^3$

(2)以根计量：鱼腹式吊车梁工程量＝12 根

十一、预制混凝土屋架

(一)清单项目设置

《房屋建筑与装饰工程工程量清单计算规范》(GB 50854—2013)附录 E.11 预制混凝土屋架共 5 个清单项目。各清单项目设置的具体内容见表 4-21。

表 4-21　　　　　　　　　　预制混凝土屋架清单项目设置

项目编码	项目名称	项目特征	计量单位	工作内容
010511001	折线型	1. 图代号 2. 单件体积 3. 安装高度 4. 混凝土强度等级 5. 砂浆(细石混凝土)强度等级、配合比	1. m³ 2. 榀	1. 模板制作、安装、拆除、堆放、运输及清理模内杂物、刷隔离剂等 2. 混凝土制作、运输、浇筑、振捣、养护 3. 构件运输、安装 4. 砂浆制作、运输 5. 接头灌缝、养护
010511002	组合			
010511003	薄腹			
010511004	门式钢架			
010511005	天窗架			

注：三角形屋架按本表中折线型屋架项目编码列项。

(二)清单项目特征描述

屋架是屋盖结构的主要承重构件，直接承受屋面荷载，有的还要承受吊车、天窗架、管道或生产设备等的荷载。"预制混凝土屋架"项目包括折线型屋架、组合屋架、薄腹屋架、门式钢架屋架、天窗架屋架五个清单项目。

编制工程量清单时，预制混凝土屋架应描述的项目特征包括：图代号，单件体积，安装高度，混凝土强度等级，砂浆(细石混凝土)强度等级、配合比，以榀计量时，必须描述单件体积。

(三)清单工程量计算

预制混凝土屋架工程量按设计图示尺寸以体积计算,计量单位为"m³";或按设计图示尺寸以数量计算,计量单位为"榀"。不扣除构件内钢筋、螺栓、预埋铁件、张拉孔道所占体积,但应扣除劲性骨架的型钢所占体积。

【例 4-44】 试计算图 4-73 所示某预制混凝土组合屋架工程量(共 2 榀)。其中混凝土杆件尺寸为 150mm×150mm。

【解】 预制混凝土屋架工程量有两种计算方法:

(1)以立方米计量:组合屋架工

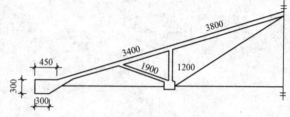

图 4-73　某预制混凝土组合屋架示意图

程量$=\left[\dfrac{(0.45+0.3)\times0.3}{2}\times0.15+3.4\times0.15^2+3.8\times0.15^2+(1.2+1.9)\times0.15^2\right]\times$

$2=0.50\text{m}^3$

(2)以榀计量:组合屋架工程量$=2$ 榀

十二、预制混凝土板

(一)清单项目设置

《房屋建筑与装饰工程工程量清单计算规范》(GB 50854—2013)附录 E.12 预制混凝土板共 8 个清单项目。各清单项目设置的具体内容见表 4-22。

表 4-22　　　　　　　　　　预制混凝土板清单项目设置

项目编码	项目名称	项目特征	计量单位	工作内容
010512001	平板	1. 图代号 2. 单件体积 3. 安装高度 4. 混凝土强度等级 5. 砂浆(细石混凝土)强度等级、配合比	1. m³ 2. 块	1. 模板制作、安装、拆除、堆放、运输及清理模内杂物、刷隔离剂等 2. 混凝土制作、运输、浇筑、振捣、养护 3. 构件运输、安装 4. 砂浆制作、运输 5. 接头灌缝、养护
010512002	空心板			
010512003	槽形板			
010512004	网架板			
010512005	折线板			
010512006	带肋板			
010512007	大型板			
010512008	沟盖板、井盖板、井圈	1. 单件体积 2. 安装高度 3. 混凝土强度等级 4. 砂浆强度等级、配合比	1. m³ 2. 块(套)	

注:1. 不带肋的预制遮阳板、雨篷板、挑檐板、拦板等,应按本表中平板项目编码列项。

2. 预制 F 形板、双 T 形板、单肋板和带反挑檐的雨篷板、挑檐板、遮阳板等应按本表中带肋板项目编码列项。

3. 预制大型墙板、大型楼板、大型屋面板等,按本表中大型板项目编码列项。

(二)清单项目特征描述

1. 平板、空心板、槽形板、网架板、折线板、带肋板、大型板

(1)空心板是指一块板中留有一个或几个纵向孔道的预制板。

(2)槽形板是一种梁板相结合的预制构件,即在空心板的两侧设有边肋。

(3)网架板主要用于网架结构。

(4)大型板是由较薄的平板、边梁及垂直于边梁的小梁组成的呈槽型的板。

编制工程量清单时,平板、空心板、槽形板、网架板、折线板、带肋板、大型板应描述的项目特征包括:图代号,单件体积,安装高度,混凝土强度等级,砂浆(细石混凝土)强度等级、配合比。

2. 沟盖板、井盖板、井圈

沟盖板、井盖板是指放置在沟、井上部起密封、保护作用的构件。井圈是指放置井盖板的基座。

编制工程量清单时,沟盖板、井盖板、井圈应描述的项目特征包括:单件体积,安装高度,混凝土强度等级,砂浆强度等级、配合比。以块、套计量时,必须描述单件体积。

(三)清单工程量计算

预制混凝土板包括平板、空心板、槽形板、网架板、折线板、带肋板、大型板、沟盖板、井盖板、井圈。预制混凝土板工程量计算时不扣除构件内钢筋、螺栓、预埋铁件、张拉孔道所占体积,但应扣除劲性骨架的型钢所占体积。

1. 平板、空心板、网架板、折线板、带肋板、大型板

平板、空心板、槽形板、网架板、折线板、带肋板、大型板工程量按设计图示尺寸以体积计算,计量单位为“m³”。不扣除单个面积≤300mm×300mm 的空洞所占体积,扣除空心板空洞体积;或按设计图示尺寸以数量计算,计量单位为“块”。

【例 4-45】　根据图 4-74 计算 10 块 YKB-3364 预应力空心板工程量。

【解】　预应力空心板的工程量有两种计算方法:

(1)以立方米计量:预应力空心板工程量=

$$\left[0.12\times(0.57+0.59)\times\frac{1}{2}-(0.076)^2\times\frac{3.14}{4}\times6\right]$$

$\times3.28\times10=1.39m^3$

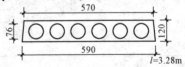

图 4-74　YKB-3364 预应力
空心板示意图

(2)以块计量:预应力空心板工程量=10 块

2. 沟盖板、井盖板、井圈

沟盖板、井盖板、井圈工程量按设计图示尺寸以体积计算,计量单位为“m³”;或按设计图示尺寸以数量计算,计量单位为“块(套)”。

【例 4-46】　图 4-75 所示为某工程预制沟盖板示意图,需 15 块,试计算其工程量。

【解】　预制沟盖板工程量有两种计算方法:

(1)以立方米计量:预制沟盖板工程量=[(0.05+0.07)×1/2×(0.255-0.04)+0.65×0.04+(0.05+0.07)×1/2×(0.135-0.04)]×3.72×15=2.49m³

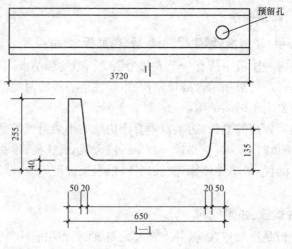

图 4-75　预制沟盖板示意图

(2)以块计量:预制沟盖板工程量=15 块

十三、预制混凝土楼梯

(一)清单项目设置

《房屋建筑与装饰工程工程量清单计算规范》(GB 50854—2013)附录 E.13 预制混凝土楼梯共 1 个清单项目,清单项目设置的具体内容见表 4-23。

表 4-23　　　　　　　　　　预制混凝土楼梯清单项目设置

项目编码	项目名称	项目特征	计量单位	工作内容
010513001	楼梯	1. 楼梯类型 2. 单件体积 3. 混凝土强度等级 4. 砂浆(细石混凝土)强度等级	1. m³ 2. 段	1. 模板制作、安装、拆除、堆放、运输及清理模内杂物、刷隔离剂等 2. 混凝土制作、运输、浇筑、振捣、养护 3. 构件运输、安装 4. 砂浆制作、运输 5. 接头灌缝、养护

(二)清单项目特征描述

预制混凝土楼梯施工速度快,有利于建筑工业化,但它整体性差,有时需要必要的吊装设备。

编制工程量清单时,预制混凝土楼梯应描述的项目特征包括:楼梯类型,单件体积,混凝土强度等级,砂浆(细石混凝土)强度等级。以块计量时,必须描述单件体积。

(三)清单工程量计算

预制混凝土楼梯工程量按设计图示尺寸以体积计算,扣除空心踏步板空洞体积,计量单位为"m³";或按设计图示数量计算,计量单位为"段"。同时,预制混凝土楼梯工程量计算时不扣除构件内钢筋、螺栓、预埋铁件、张拉孔道所占体积,但应扣除劲性骨架的型钢所占体积。

【例4-47】　如图4-76所示,某4层建筑物,采用预制混凝土楼梯,试计算该楼梯工程量。

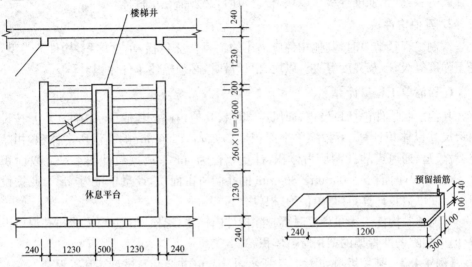

图 4-76　某预制混凝土楼梯示意图

【解】　预制混凝土楼梯工程量有两种计算方法,建筑物4层,共3层楼梯,则

(1)以立方米计量:楼梯工程量=[(1.2+0.24)×(0.3+0.1)×(0.14+0.1)−0.3×0.14×1.2]×10×6=5.27m³

(2)以段计量:楼梯工程量=6段

十四、其他预制构件

(一)清单项目设置

《房屋建筑与装饰工程工程量清单计算规范》(GB 50854—2013)附录 E.14 其他预制构件共2个清单项目。各清单项目设置的具体内容见表4-24。

表 4-24　　　　　　　　　　　　　其他预制构件清单项目设置

项目编码	项目名称	项目特征	计量单位	工作内容
010514001	垃圾道、通风道、烟道	1. 单件体积 2. 混凝土强度等级 3. 砂浆强度等级	1. m³ 2. m² 3. 根(块、套)	1. 模板制作、安装、拆除、堆放、运输及清理模内杂物、刷隔离剂等 2. 混凝土制作、运输、浇筑、振捣、养护
010514002	其他构件	1. 单件体积 2. 构件的类型 3. 混凝土强度等级 4. 砂浆强度等级		3. 构件运输、安装 4. 砂浆制作、运输 5. 接头灌缝、养护

注:预制钢筋混凝土小型池槽、压顶、扶手、垫块、隔热板、花格等,按本表中其他构件项目编码列项。

(二)清单项目特征描述

1. 垃圾道、通风道、烟道

编制工程量清单时,垃圾道、通风道、烟道应描述的项目特征包括:单件体积,混凝土强度等级,砂浆强度等级。以块、根计量时,必须描述单件体积。

2. 其他构件

编制工程量清单时,其他构件应描述的项目特征包括:单件体积,构件的类型,混凝土强度等级,砂浆强度等级。以块、根计量时,必须描述单件体积。

(三)清单工程量计算

其他预制构件包括垃圾道、通风道、烟道,其他构件。其他预制构件工程量按设计图示尺寸以体积计算,不扣除单个面积≤300mm×300mm 的孔洞所占体积,扣除烟道、垃圾道、通风道的孔洞所占体积,计量单位为"m³";或按设计图示尺寸以面积计算,不扣除单个面积≤300mm×300mm 的孔洞所占面积,计量单位为"m²";或按设计图示尺寸以数量计算,计量单位为"根(块、套)"。

其他预制构件工程量计算时不扣除构件内钢筋、螺栓、预埋铁件、张拉孔道所占体积,但应扣除劲性骨架的型钢所占体积。

【例 4-48】 某垃圾道如图 4-77 所示,长 16m(共 2 套),试计算其工程量。

【解】 其他预制构件工程量有三种计算方法:

(1)以立方米计量:垃圾道工程量 $=(0.7^2-0.5^2)\times16\times2=7.68\text{m}^3$

(2)以平方米计量:垃圾道工程量 $=0.7\times16\times4$
$=44.8\text{m}^2$

(3)以套计量:垃圾道工程量=2 套

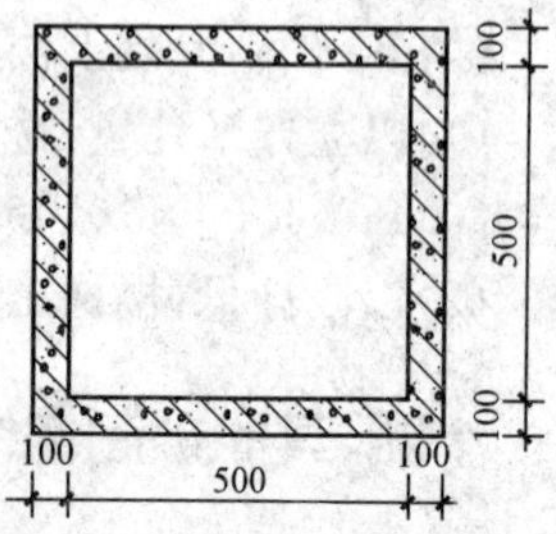

图 4-77　某垃圾道示意图

十五、钢筋工程

(一)清单项目设置

《房屋建筑与装饰工程工程量清单计算规范》(GB 50854—2013)附录 E.15 钢筋工程共 10 个清单项目。各清单项目设置的具体内容见表 4-25。

表 4-25　　　　　　　　　钢筋工程清单项目设置

项目编码	项目名称	项目特征	计量单位	工作内容
010515001	现浇构件钢筋	钢筋种类、规格	t	1. 钢筋制作、运输 2. 钢筋安装 3. 焊接(绑扎)
010515002	预制构件钢筋			
010515003	钢筋网片			1. 钢筋网制作、运输 2. 钢筋网安装 3. 焊接(绑扎)

续表

项目编码	项目名称	项目特征	计量单位	工作内容
010515004	钢筋笼	钢筋种类、规格		1. 钢筋笼制作、运输 2. 钢筋笼安装 3. 焊接(绑扎)
010515005	先张法预应力钢筋	1. 钢筋种类、规格 2. 锚具种类		1. 钢筋制作、运输 2. 钢筋张拉
010515006	后张法预应力钢筋	1. 钢筋种类、规格 2. 钢丝种类、规格 3. 钢绞线种类、规格 4. 锚具种类 5. 砂浆强度等级	t	1. 钢筋、钢丝、钢绞线制作、运输 2. 钢筋、钢丝、钢绞线安装 3. 预埋管孔道铺设 4. 锚具安装 5. 砂浆制作、运输 6. 孔道压浆、养护
010515007	预应力钢丝			
010515008	预应力钢绞线			
010515009	支撑钢筋(铁马)	1. 钢筋种类 2. 规格		钢筋制作、焊接、安装
010515010	声测管	1. 材质 2. 规格型号		1. 检测管截断、封头 2. 套管制作、焊接 3. 定位、固定

注:现浇构件中伸出构件的锚固钢筋应并入钢筋工程量内。除设计(包括规范规定)标明的搭接外,其他施工搭接不计算工程量,在综合单价中综合考虑。

(二)清单项目特征描述

1. 现浇混凝土钢筋、预制构件钢筋、钢筋网片、钢筋笼

(1)钢筋是指配置在钢筋混凝土及预应力钢筋混凝土构件中的钢材。钢筋按轧制外形分为光圆钢筋、带肋钢筋、钢丝及钢绞线。在结构中的作用可分为受压钢筋、受拉钢筋、弯起钢筋、架立钢筋、分布钢筋等。

(2)钢筋网片是指由主筋、分布筋和构造筋组成,在主筋的设置上又有单向和双向之分。如果用双层钢筋网片,则应在双层网片之间增加钢筋撑脚(铁马凳)或撑铁。钢筋网片多用于混凝土基础底板、板墙等项目内。

(3)钢筋笼是指将箍筋等间距与竖筋绑扎或焊接在一起的一种钢筋制品。

编制工程量清单时,现浇构件钢筋、预制构件钢筋、钢筋网片、钢筋笼应描述的项目特征包括:钢筋种类、规格。

2. 先张法预应力钢筋

先张法预应力钢筋是指在先张法预应力混凝土构件中使用的钢筋。先张法就是在构件未浇灌混凝土之前,首先在台座上张拉钢筋;然后浇灌混凝土,最后待混凝土达到一定强度(一般到达强度的70%)时就把张拉的钢筋放松,由于混凝土与钢筋的粘结阻止了钢筋的回缩,从而使混凝土受到预压应力,而预应力钢筋仍保持受拉状态。

编制工程量清单时,先张法预应力钢筋应描述的项目特征包括:钢筋种类、规格,

锚具种类。锚具种类有支承式锚具、锥塞式锚具、夹片式锚具、锚具垫板等。

3. 后张法预应力钢筋、预应力钢丝、预应力钢绞线

后张法预应力钢筋是指先浇筑混凝土后张拉钢筋。预应力高强钢筋主要有钢丝、钢绞线、粗钢筋三种,后张法广泛采用钢丝束和钢绞线。钢丝束是用平行的钢丝编成束;钢绞线是在工厂将钢丝扭结在一起。

编制工程量清单时,后张法预应力钢筋、预应力钢丝、预应力钢绞线应描述的项目特征包括:钢筋种类、规格,钢丝种类、规格,钢绞线种类、规格,锚具种类,砂浆强度等级。

4. 支撑钢筋(铁马)

支撑钢筋(铁马)指在板里面设置钢筋将上铁支撑起来的钢筋,不过一般不叫支撑钢筋,一般称作架立筋。现浇构件中固定位置的支撑钢筋、双层钢筋用的"铁马"在编制工程量清单时,如果设计未明确,其工程量可为暂估量,结算时按现场签证数量计算。

编制工程量清单时,支撑钢筋(马铁)应描述的项目特征包括:钢筋种类,规格。

5. 声测管

声测管是灌注桩进行超声检测法时探头进入桩身内部的通道,它是灌注桩超声检测系统的重要组成部分,在桩内的预埋方式及其在桩的横截面上的布置形式,将直接影响到检测结果。因此,需检测的桩应在设计时将声测管的布置和埋置方式标入图纸,在施工时应严格控制埋置的质量,以确保检测工作顺利进行。

编制工程量清单时,声测管应描述的项目特征包括:材质,规格型号。

(三)清单工程量计算

1. 钢筋工程量计算方法总述

钢筋工程量按以下方法计算:

钢筋工程量=图示钢筋长度×单位理论质量

图示钢筋长度=构件尺寸-保护层厚度+弯起钢筋增加长度+两端弯钩长度+图纸注明(或规范规定)的搭接长度

有关计算参数确定如下:

(1)钢筋的单位质量。钢筋单位质量见表 4-26,也可根据钢筋直径计算理论质量,钢筋的容重可按 7850kg/m³ 计算。

表 4-26　　　　　　　　　　钢筋每米长度理论质量表

直径(mm)	理论质量(kg/m)	横截面面积(cm²)	直径(mm)	理论质量(kg/m)	横截面面积(cm²)
4	0.099	0.126	12	0.888	1.131
5	0.154	0.196	14	1.208	1.539
6	0.222	0.283	16	1.578	2.011
6.5	0.260	0.332	18	1.998	2.545
8	0.395	0.503	20	2.466	3.142
10	0.617	0.785	22	2.984	3.801

直径(mm)	理论质量(kg/m)	横截面面积(cm²)	直径(mm)	理论质量(kg/m)	横截面面积(cm²)
24	3.551	4.524	30	5.550	7.069
25	3.850	4.909	32	5.310	8.043
28	4.830	5.153	40	9.865	12.561

（2）钢筋的混凝土保护层厚度。根据《混凝土结构设计规范》(GB 50010—2010)规定，结构中最外层钢筋的混凝土保护层厚度(钢筋外边缘至混凝土表面的距离)应不小于钢筋的公称直径。设计使用年限为 50 年的混凝土结构，其保护层厚度尚应符合表 4-27 的规定。

表 4-27　　　　　　　　　　混凝土保护层最小厚度　　　　　　　　　　mm

环境类别及耐久作用等级	板墙壳	梁　柱
一 a	15	20
二 b	20	25
三 b	20	30
二 c	25	35
三 c	30	35
四 c	30	40
三 d	35	45
四 d	40	50

注：1. 混凝土强度等级不大于 C25 时，表中保护层厚度数值增加 5mm。

　　2. 与土壤接触的混凝土结构中，钢筋的混凝土保护层厚度不应小于 40mm；当无垫层时，直接在土壤上现浇底板中钢筋的混凝土保护层厚度不小于 70mm。

　　3. 设计使用年限为 100 年的混凝土结构，其最外层钢筋的混凝土保护层厚度应不小于表中数值的 1.4 倍。

（3）弯起钢筋增加长度。如图 4-78 所示，弯起钢筋增加的长度为 $S-L$。不同弯起角度的 $S-L$ 值计算见表 4-28。

（4）两端弯钩长度。采用 HPB300 级钢筋做受力筋时，两端需设弯钩，弯钩形式有 180°、90°、135°三种。如图 4-79 所示，图中 d 为钢筋的直径，三种形式的弯钩增加长度分别为 $6.25d$、$3.5d$、$4.9d$。

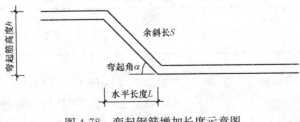

图 4-78　弯起钢筋增加长度示意图

表 4-28　　　　　　　　　　　　　弯起钢筋增加长度计算表

弯起角度	S	L	$S-L$
30°	2.000h	1.732h	0.268h
45°	1.414h	1.000h	0.414h
60°	1.15h	0.577h	0.573h

注:表中字母含义见图 4-78 中注解。

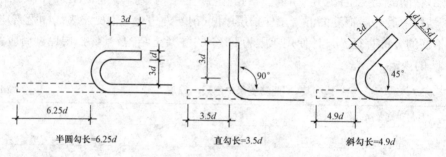

图 4-79　钢筋弯钩长度示意图

(5)钢筋的锚固及搭接长度。纵向受拉钢筋抗震锚固长度见表 4-29。

表 4-29　　　　　　　　　　　　　钢筋搭接长度计算表

钢筋类型		混凝土强度等级与抗震等级					
		C20		C25		C30	
		一、二	三	一、二	三	一、二	三
HPB235 光圆钢筋		36d	33d	31d	28d	27d	25d
HRB335 月牙纹	$d \leqslant 25$	44d	41d	38d	35d	34d	31d
	$d > 25$	49d	45d	42d	39d	38d	34d
HRB400	$d \leqslant 25$	53d	49d	46d	42d	41d	37d
HRB500	$d > 25$	58d	53d	51d	46d	45d	41d

(6)纵向受拉钢筋抗震绑扎搭接长度。按锚固长度乘以修正系数计算,修正系数见表 4-30。

表 4-30　　　　　　　纵向受拉钢筋抗震绑扎搭接长度修正系数

纵向钢筋搭接接头面积百分率	≤25	≤50	≤100
修正系数	1.2	1.4	1.6

(7)箍筋长度的计算。矩形梁、柱的箍筋长度应按图纸规定计算。无规定时,箍筋长度=构件截面周长-8×保护层厚+4×箍筋直径+2×钩长。箍筋两个弯钩增加长度的经验参考值见表 4-31。

表 4-31　　　　　　　　　　箍筋两个弯钩增加长度经验参考值表

箍筋直径(mm)			
$\phi4\sim\phi5$	$\phi6$	$\phi8$	$\phi10\sim\phi12$
80	100	120	$150\sim170$

箍筋(或其他分布钢筋)的根数,应按下式计算:

$$箍筋根数=\frac{箍筋分布长度}{箍筋间距}+1$$

注:式中在计算根数时取整加 1;箍筋分布长度一般为构件长度减去两端保护层厚度。

2. 现浇构件钢筋、预制构件钢筋、钢筋网片、钢筋笼

现浇构件钢筋、预制构件钢筋、钢筋网片、钢筋笼工程量按设计图示钢筋(网)长度(面积)乘单位理论质量计算,计量单位为"t"。

常见钢筋的规格可参见表 4-32～表 4-36。

表 4-32　　　　　　　热轧带肋钢筋的公称横截面积与理论质量

公称直径 (mm)	公称横截面面积 (mm²)	理论质量 (kg·m⁻¹)	公称直径 (mm)	公称横截面面积 (mm²)	理论质量 (kg·m⁻¹)
6	28.27	0.222	22	380.1	2.98
8	50.27	0.395	25	490.9	3.85
10	78.54	0.617	28	615.8	4.83
12	113.1	0.888	32	804.2	6.31
14	153.9	1.21	36	1018	7.99
16	201.1	1.58	40	1257	9.87
18	254.5	2.00	50	1964	15.42
20	314.2	2.47			

注:表中理论质量按密度为 7.85g/cm³ 计算。

表 4-33　　　　　　　热轧光圆钢筋公称横截面积与理论质量

公称直径 (mm)	公称横截面面积 (mm²)	理论质量 (kg·m⁻¹)	公称直径 (mm)	公称横截面面积 (mm²)	理论质量 (kg·m⁻¹)
6(6.5)	28.27(33.18)	0.222(0.260)	16	201.1	1.58
8	50.27	0.395	18	254.5	2.00
10	78.54	0.617	20	314.2	2.47
12	113.1	0.888	22	380.1	2.98
14	153.9	1.21			

注:表中理论质量按密度为 7.85g/cm³ 计算。公称直径 6.5mm 的产品为过滤性产品。

表 4-34　　　　　　　　　　三面肋和二面肋钢筋的尺寸、质量及允许偏差

公称直径 d (mm)	公称横截面积 (mm^2)	重　量		横肋中点高		横肋 1/4 处高 $h1/4$ (mm)	横肋顶宽 b (mm)	横肋间距		相对肋面积 f_r 不小于
		理论重量 ($kg \cdot m^{-1}$)	允许偏差 (%)	h (mm)	允许偏差 (mm)			l (mm)	允许偏差 (%)	
4	12.6	0.099		0.30		0.24		4.0		0.036
4.5	15.9	0.125		0.32		0.26		4.0		0.039
5	19.6	0.154		0.32		0.26		4.0		0.039
5.5	23.7	0.186		0.40		0.32		5.0		0.039
6	28.3	0.222		0.40	+0.10	0.32		5.0		0.039
6.5	33.2	0.261		0.46	−0.05	0.37		5.0		0.045
7	38.5	0.302		0.46		0.37		5.0		0.045
7.5	44.2	0.347		0.55		0.44		6.0		0.045
8	50.3	0.395	±4	0.55		0.44	~0.2d	6.0	±15	0.045
8.5	56.7	0.445		0.55		0.44		7.0		0.045
9	63.6	0.499		0.75		0.60		7.0		0.052
9.5	70.8	0.556		0.75		0.60		7.0		0.052
10	78.5	0.617		0.75		0.60		7.0		0.052
10.5	86.5	0.679		0.75	±0.10	0.60		7.4		0.052
11	95.0	0.746		0.85		0.68		7.4		0.056
11.5	103.8	0.815		0.95		0.76		8.4		0.056
12	113.1	0.888		0.95		0.76		8.4		0.056

注:1. 横肋 1/4 处高,横肋顶宽供孔型设计用。

　　2. 二面肋钢筋允许有高度不大于 $0.5h$ 的纵肋。

表 4-35　　　　　　　　　冷轧扭钢筋规格及截面参数

强度级别	型号	标志直径 (mm)	公称截面面积 (mm^2)	理论质量 ($kg \cdot m^{-1}$)
CTB550	I	6.5	29.50	0.232
		8	45.30	0.356
		10	68.30	0.536
		12	96.14	0.755
	II	6.5	29.20	0.229
		8	42.30	0.332
		10	66.10	0.519
		12	92.74	0.728
	III	6.5	29.86	0.234
		8	45.24	0.355
		10	70.69	0.555

续表

强度级别	型号	标志直径 （mm）	公称截面面积 （mm²）	理论质量 （kg·m⁻¹）
CTB650	Ⅲ	6.5	28.20	0.221
		8	42.73	0.335
		10	66.76	0.524

注：Ⅰ型为矩形截面，Ⅱ型为方形截面，Ⅲ型为圆形截面。

表 4-36　　　　　　　　　　　　余热处理钢筋规格

公称直径 （mm）	公称横截面面积 （mm²）	公称质量 （kg·m⁻¹）	公称直径 （mm）	公称横截面面积 （mm²）	公称质量 （kg·m⁻¹）
8	50.27	0.395	22	380.1	2.98
10	78.54	0.617	25	490.9	3.85
12	113.1	0.888	28	615.8	4.83
14	153.9	1.21	32	804.2	6.31
16	201.1	1.58	36	1018	7.99
18	254.5	2.00	40	1257	9.87
20	314.2	2.47	—	—	—

注：表中公称质量按密度为 7.85g/cm³ 计算。

【例 4-49】 某连续梁的配筋如图 4-80 所示，试计算其钢筋工程量。

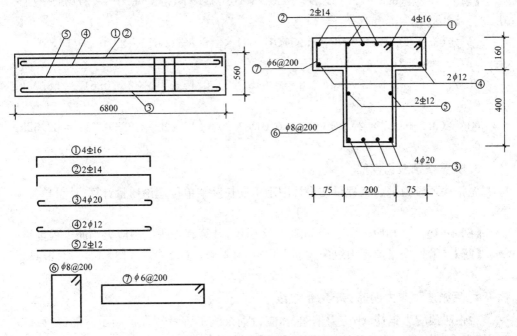

图 4-80　某连续梁配筋示意图

【解】 ①号：$(6.8-0.025\times2+3.5\times0.016\times2)\times4\times1.58=43.37kg=0.043t$

②号：$(6.8-0.025\times2+3.5\times0.014\times2)\times2\times1.21=16.57kg=0.017t$

③号：$(6.8-0.025\times2+6.25\times0.02\times2)\times4\times2.47=69.16kg=0.069t$

④号：$(6.8-0.025\times2+6.25\times0.012\times2)\times2\times0.888=12.25kg=0.012t$

⑤号：$(6.8-0.025\times2)\times2\times0.888=11.99kg=0.012t$

⑥号：$[(6.8-0.025\times2)/0.2+1]\times[(0.16+0.4+0.2-0.025\times4)\times2+2\times6.87\times0.008]\times0.395=19.62kg=0.020t$

⑦号：$[(6.8-0.025\times2)/0.2+1]\times[(0.2+0.075\times2+0.16-0.025\times4)\times2+2\times6.87\times0.006]\times0.222=6.96kg=0.007t$

【例 4-50】 试计算图 4-81 所示某混凝土楼板的钢筋工程量。

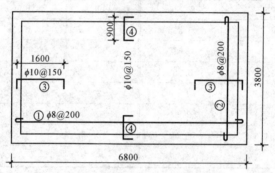

图 4-81　某混凝土楼板配筋示意图

【解】 ①号：$(6.8-0.015\times2+2\times6.25\times0.008)\times[(3.8-0.015\times2)/0.2+1]\times0.395=53.87kg=0.054t$

②号：$(3.8-0.015\times2+2\times6.25\times0.008)\times[(6.8-0.015\times2)/0.2+1]\times0.395=53.27kg=0.053t$

③号：$(1.6+0.1\times2)\times[(3.8-0.015\times2)/0.15+1]\times2\times0.617=58.05kg=0.059t$

④号：$(0.9+0.1\times2)\times[(6.8-0.015\times2)/0.15+1]\times2\times0.617=62.62kg=0.063t$

3. 先张法预应力钢筋

先张法预应力钢筋工程量按设计图示钢筋长度乘单位理论质量计算，计量单位为"t"。

【例 4-51】 某预应力空心板如图 4-82 所示，计算其先张法预应力钢筋工程量。

【解】 ①号先张预应力纵向钢筋工程量$=(2.98+0.1\times2)\times13\times0.099=4.1kg$
$$=0.004t$$

4. 后张法预应力钢筋、钢丝、钢绞线

后张法预应力钢筋、预应力钢丝、预应力钢绞线工程量按设计图示钢筋(丝束、绞线)长度乘单位理论质量计算，计量单位为"t"。

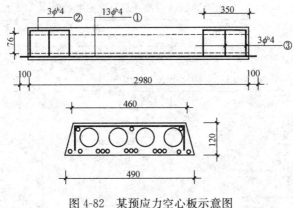

图 4-82　某预应力空心板示意图

（1）低合金钢筋两端均采用螺杆锚具时，钢筋长度按孔道长度减 0.35m 计算，螺杆另行计算。

（2）低合金钢筋一端采用镦头插片，另一端采用螺杆锚具时，钢筋长度按孔道长度计算，螺杆另行计算。

（3）低合金钢筋一端采用镦头插片，另一端采用帮条锚具时，钢筋增加 0.15m 计算；两端均采用帮条锚具时，钢筋长度按孔道长度增加 0.3m 计算。

（4）低合金钢筋采用后张混凝土自锚时，钢筋长度按孔道长度增加 0.35m 计算。

（5）低合金钢筋（钢绞线）采用 JM、XM、QM 型锚具，孔道长度≤20m 时，钢筋长度增加 1m 计算，孔道长度＞20m 时，钢筋长度增加 1.8m 计算。

（6）碳素钢丝采用锥形锚具，孔道长度≤20m 时，钢丝束长度按孔道长度增加 1m 计算，孔道长度＞20m 时，钢丝束长度按孔道长度增加 1.8m 计算。

（7）碳素钢丝采用镦头锚具时，钢丝束长度按孔道长度增加 0.35m 计算。

常用钢丝、钢绞线每米参考质量见表 4-37～表 4-42。

表 4-37　　　　　　　光圆钢丝尺寸及允许偏差、每米参考质量

公称直径 d_n(mm)	直径允许偏差(mm)	公称横截面面积 S_n(mm²)	每米参考质量(g·m⁻¹)
3.00	±0.04	7.07	55.5
4.00		12.57	98.6
5.00	±0.05	19.63	154
6.00		28.27	222
6.25		30.68	241
7.00		38.48	302
8.00	±0.06	50.26	394
9.00		63.62	499
10.00		78.54	616
12.00		113.1	888

表 4-38　　　　　　　　　　　　螺旋肋钢丝的尺寸及允许偏差

公称直径 D_n (mm)	螺旋肋数量 (条)	基圆尺寸		外轮廓尺寸		单肋尺寸	螺旋肋导程 C (mm)
		基圆直径 D_1 (mm)	允许偏差 (mm)	外轮廓直径 D (mm)	允许偏差 (mm)	宽度 a (mm)	
4.00	4	3.85	±0.05	4.25	±0.05	0.90～1.30	24～30
4.80	4	4.60		5.10		1.30～1.70	28～36
5.00	4	4.80		5.30			
6.00	4	5.80		6.30		1.60～2.00	30～38
6.25	4	6.00		6.70			30～40
7.00	4	7.73		7.46		1.80～2.20	35～45
8.00	4	7.75		8.45	±0.10	2.00～2.40	40～50
9.00	4	8.75		9.45		2.10～2.70	42～52
10.00	4	9.75		10.45		2.50～3.00	45～58

表 4-39　　　　　　　　　　　三面刻痕钢丝尺寸及允许偏差

公称直径 D_n (mm)	刻痕深度		刻痕长度		节距	
	公称深度 a (mm)	允许偏差 (mm)	公称长度 b (mm)	允许偏差 (mm)	公称节距 L (mm)	允许偏差 (mm)
≤5.00	0.12	±0.05	3.5	±0.05	5.5	±0.05
>5.00	0.15		5.0		8.0	

注:公称直径指横截面积等同于光圆钢丝横截面积时所对应的直径。

表 4-40　　　　　　　1×2 结构钢绞线尺寸及允许偏差、每米参考质量

钢绞线结构	公称直径		钢绞线直径允许偏差 (mm)	钢绞线参考截面面积 S_n (mm²)	每米钢绞线参考质量 (g/m)
	钢绞线直径 D_n (mm)	钢丝直径 d (mm)			
1×2	5.00	2.50	+0.15 −0.05	9.82	77.1
	5.80	2.90		13.2	104
	8.00	4.00	+0.25 −0.10	25.1	197
	10.00	5.00		39.3	309
	12.00	6.00		56.5	444

表 4-41　　　　　　　　1×3 结构钢绞线尺寸及允许偏差、每米参考质量

钢绞线结构	公称直径		钢绞线测量尺寸 A（mm）	测量尺寸 A 允许偏差（mm）	钢绞线参考截面面积 S_n（mm²）	每米钢绞线参考质量（g/m）
	钢绞线直径 D_n（mm）	钢丝直径 d（mm）				
1×3	6.20	2.90	5.41	+0.15 −0.05	19.8	155
	6.50	3.00	5.60		21.2	166
	8.60	4.00	7.46	+0.20 −0.10	37.7	296
	8.74	4.05	7.56		38.6	303
	10.80	5.00	9.33		58.9	462
	12.90	6.00	11.2		84.8	666
1×3 I	8.74	4.05	7.56		38.6	303

表 4-42　　　　　　　　1×7 结构钢绞线的尺寸及允许偏差、每米参考质量

钢绞线结构	公称直径 D_n（mm）	直径允许偏差（mm）	钢绞线参考截面面积 S_n（mm²）	每米钢绞线参考质量（g/m）	中心钢丝直径 d_0 加大范围（%）不小于
1×7	9.50	+0.630 −0.15	54.8	430	
	11.10		74.2	582	
	12.70	+0.40 −0.20	98.7	775	2.5
	15.20		140	1101	
	15.70		150	1178	
	17.80		191	1500	
(1×7)C	12.70	+0.40 −0.20	112	890	
	15.20		165	1295	
	18.00		223	1750	

【例 4-52】　如图 4-83 所示，某后张预应力吊车梁，下部后张预应力钢筋用 JM 型锚具，计算后张预应力钢筋工程量。

【解】　后张预应力钢筋（Φ25）工程量＝(5.98＋1.00)×6×3.853＝161kg＝0.161t

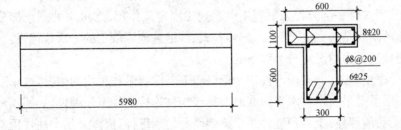

图 4-83　某后张预应力吊车梁示意图

5. 支撑钢筋(铁马)

支撑钢筋(铁马)工程量按钢筋长度乘单位理论质量计算,计量单位为"t"。

6. 声测管

声测管工程量按设计图示尺寸以质量计算,计量单位为"t"。

十六、螺栓、铁件

(一)清单项目设置

《房屋建筑与装饰工程工程量清单计算规范》(GB 50854—2013)附录 E.16 螺栓、铁件共 3 个清单项目。各清单项目设置的具体内容见表 4-43。

表 4-43　　　　　　　　　　　　　螺栓、铁件清单项目设置

项目编码	项目名称	项目特征	计量单位	工作内容
010516001	螺栓	1. 螺栓种类 2. 规格	t	1. 螺栓、铁件制作、运输 2. 螺栓、铁件安装
010516002	预埋铁件	1. 钢材种类 2. 规格 3. 铁件尺寸		
010516003	机械连接	1. 连接方式 2. 螺纹套筒种类 3. 规格	个	1. 钢筋套丝 2. 套筒连接

(二)清单项目特征描述

1. 螺栓

螺栓是指由头部和螺杆(带有外螺纹的圆柱体)两部分组成的一类紧固件,需与螺母配合,用于紧固连接两个带有通孔的零件。

编制工程量清单时,螺栓应描述的项目特征包括:螺栓种类,规格。

2. 预埋铁件

预埋铁件是指预先埋入的钢铁结构件,一般仅指埋入混凝土结构中者,也称为"预埋件"。预埋铁件一部分埋入混凝土中起到锚固定位作用,露出来的剩余部分用来连接混凝土的附属结构,如支座、支架、步行板、伸缩缝或混凝土的二次连接设施等。

预埋件按受力情况可分为以下几类:

(1)受拉预埋件:此类预埋件用于梁(板)下部需要悬挂重物的情况,或单层工业厂房中吊车梁承受吊车横向水平荷载时上翼缘与柱连接的柱上预埋件,如图 4-84 所示。

(2)受剪预埋件:受剪预埋件用于梁侧受剪的预埋件,或露天吊车柱柱顶与吊车梁上翼缘连接的预埋件等,如图 4-85 所示。

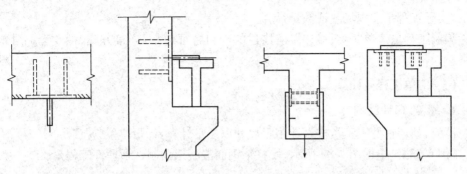

图 4-84　受拉预埋件示意图　　　　　　　图 4-85　受剪预埋件示意图

（3）拉弯剪预埋件：在实际工程中，此类构件应用比较广泛，如连接钢牛腿的弯剪预埋件，或连接柱间支撑的拉弯剪预埋件等，如图 4-86 所示。

（4）压弯剪预埋件：压弯剪预埋件通常用于钢筋混凝土牛腿面和柱顶处连接屋架、托架、吊车梁以及梁端承受压弯剪的地方，如图 4-87 所示。

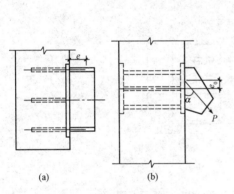

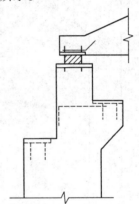

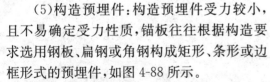

图 4-86　拉弯剪预埋件示意图　　　　　　图 4-87　压弯剪预埋件示意图
（a）钢牛腿预埋件；（b）柱间支撑预埋件

（5）构造预埋件：构造预埋件受力较小，且不易确定受力性质，锚板往往根据构造要求选用钢板、扁钢或角钢构成矩形、条形或边框形式的预埋件，如图 4-88 所示。

编制工程量清单时，预埋铁件应描述的项目特征包括：钢材种类，规格，铁件尺寸。

3. 机械连接

机械连接是指通过连接件的机械咬合作用或钢筋端面的承压作用，将一根钢筋中的力传递至另一根钢筋的连接方法。编制工程量清单时，如果设计未明确，其工程量可为暂

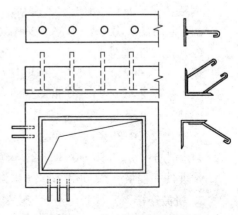

图 4-88　构造预埋件示意图

估量,实际工程量按现场签证数量计算。

编制工程量清单时,机械连接应描述的项目特征包括:连接方式,螺纹套筒种类,规格。

(三)清单工程量计算

1. 螺栓、预埋铁件

螺栓、预埋铁件工程量按设计图示尺寸以质量计算,计量单位为"t"。

【例4-53】 根据图4-89所示,计算某钢筋混凝土预制柱预埋件工程量。

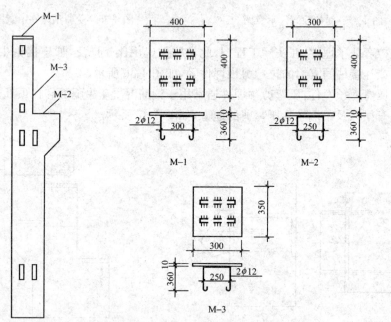

图4-89　某钢筋混凝土预制柱预埋件示意图

【解】 (1)M—1工程量:

钢板:$0.4 \times 0.4 \times 78.5 = 12.56$ kg

$\phi 12$钢筋:$2 \times (0.30 + 0.36 \times 2 + 0.012 \times 12.5) \times 0.888 = 2.08$ kg

(2)M—2工程量:

钢板:$0.3 \times 0.4 \times 78.5 = 9.42$ kg

$\phi 12$钢筋:$2 \times (0.25 + 0.36 \times 2 + 0.012 \times 12.5) \times 0.888 = 1.99$ kg

(3)M—3工程量:

钢板:$0.3 \times 0.35 \times 78.5 = 8.24$ kg

$\phi 12$钢筋:$2 \times (0.25 + 0.36 \times 2 + 0.012 \times 12.5) \times 0.888 = 1.99$ kg

预埋件工程量$= 12.56 + 2.08 + 9.42 + 1.99 + 8.24 + 1.99 = 36.28$ kg $= 0.363$ t

2. 机械连接

机械连接工程量按数量计算,计量单位为"个"。

第四节 金属结构工程

一、钢网架

(一)清单项目设置

《房屋建筑与装饰工程工程量清单计算规范》(GB 50854—2013)附录 F.1 钢网架共 1 个清单项目,清单项目设置的具体内容见表 4-44。

表 4-44   钢网架清单项目设置

项目编码	项目名称	项目特征	计量单位	工作内容
010601001	钢网架	1. 钢材品种、规格 2. 网架节点形式、连接方式 3. 网架跨度、安装高度 4. 探伤要求 5. 防火要求	t	1. 拼装 2. 安装 3. 探伤 4. 补刷油漆

注:1. 金属构件的切边,不规则及多边形钢板发生的损耗在综合单价中考虑。

2. 防火要求指耐火极限。

(二)清单项目特征描述

钢网架结构是由许多杆件按一定规律布置,通过节点连接而形成的平板形式微曲面形空间杆系结构,也称为网格结构。网架是一种新型结构形式,具有跨度大、覆盖面广、结构轻、省料经济,良好的稳定性和安全性等特点。

编制工程量清单时,钢网架应描述的项目特征包括:钢材品种、规格,网架节点形式、连接方式,网架跨度、安装高度,探伤要求,防火要求。

常用网架节点形式如下:

(1)螺栓球节点。螺栓球节点是通过螺栓将管形截面的杆件和钢球连接起来的节点,一般由高强度螺栓、钢球、紧固螺钉、套筒和锥头或封板等零件组成,如图 4-90 所示,一般适用于中、小跨度的网架。

(2)焊接空心球节点。焊接空心球节点分加肋和不加肋两种,它是将两块圆钢板经热压或冷压成两个半球后对焊而成的,如图 4-91 所示。只要是将圆钢管垂直于本身轴线切割,杆件就会和空心球自然对中而不产生节点偏心。球体无方向性,可与任意方向的杆件连接,其构造简单、受力明确,连接方便,适用于钢管杆件的各种网架。

(3)支座节点。网架结构通常都支承在柱顶或圈梁等支承结构上,支座节点是指位于支承结构上的网架节点。根据受力状态的不同,支座节点一般可分为压力支座节点和拉力支座节点两类。常用的压力支座节点主要有下列四种类型:

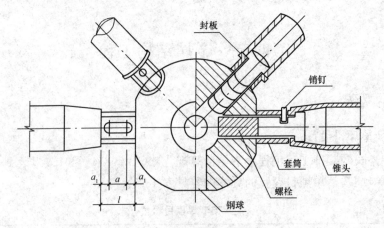

图 4-90　螺栓球节点示意图

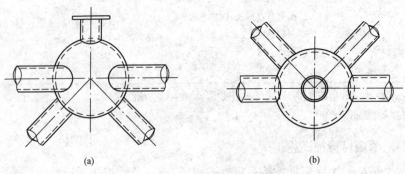

(a)　　　　　　　　　　　　　　　　(b)

图 4-91　焊接空心球节点示意图
(a)上弦节点；(b)下弦节点

1)平板压力支座节点。这种节点构造简单,加工方便,用钢量省,但支承底板与结构支承面间的应力分布不均匀,支座不能完全转动,如图 4-92 所示。

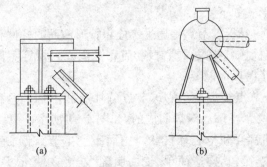

(a)　　　　　　　　　(b)

图 4-92　网架平板支座节点示意图
(a)角钢杆件压(拉)力支座；(b)钢管杆件平板压(拉)力支座

2)单面弧形压力支座节点。这种节点在压力作用下,支座弧形面可以转动,支承板下的反力比较均匀,但弧形支座的摩擦力仍很大,支座与支承板间须用螺栓连接,如

图 4-93 所示。其主要适用于周边支承的中、小跨度网架。

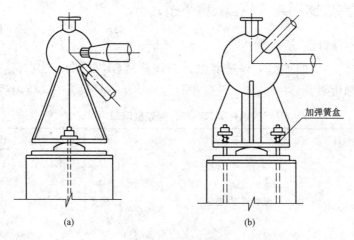

图 4-93　单面弧形压力支座节点示意图

(a)两个螺栓连接;(b)四个螺栓连接

3)双面弧形压力支座节点。这种节点在网架支座上部支承板和下部支承底板间,设置一个上下均为圆弧曲面的特制钢铸件,在钢铸件两侧分别从支座上部支承板和下部支承底板焊接带有椭圆孔的梯形连接板,并采用螺栓将三者联结成整体,如图 4-94所示。

4)球铰压力支座节点。这种节点用在多跨或有悬臂的大跨度网架的柱上,作用是为了使其能适应各个方向的自由转动,需使支座与柱顶铰接而不产生弯矩,如图 4-95所示。

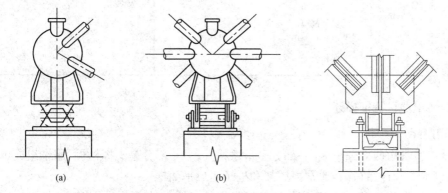

图 4-94　双面弧形压力支座节点示意图

(a)侧视图;(b)正视图

图 4-95　球铰压力支座节点示意图

(三)清单工程量计算

钢网架工程量按设计图示尺寸以质量计算,不扣除孔眼的质量,焊条、铆钉等不另增加质量,计量单位为"t"。

二、钢屋架、钢托架、钢桁架、钢架桥

(一)清单项目设置

《房屋建筑与装饰工程工程量清单计算规范》(GB 50854—2013)附录 F.2 钢屋架、钢托架、钢桁架、钢架桥共 4 个清单项目。各清单项目设置的具体内容见表 4-45。

表 4-45　　　　　　钢屋架、钢托架、钢桁架、钢架桥清单项目设置

项目编码	项目名称	项目特征	计量单位	工作内容
010602001	钢屋架	1. 钢材品种、规格 2. 单榀质量 3. 屋架跨度、安装高度 4. 螺栓种类 5. 探伤要求 6. 防火要求	1. 榀 2. t	1. 拼装 2. 安装 3. 探伤 4. 补刷油漆
010602002	钢托架	1. 钢材品种、规格 2. 单榀质量 3. 安装高度 4. 螺栓种类 5. 探伤要求 6. 防火要求	t	
010602003	钢桁架			
010602004	钢架桥	1. 桥类型 2. 钢材品种、规格 3. 单榀质量 4. 安装高度 5. 螺栓种类 6. 探伤要求		

(二)清单项目特征描述

1. 钢屋架

钢屋架通常由两部分组成,一部分是承重构件;另一部分是支撑构件,用来组成承重体系,以承受和传递荷载,通常由屋架和柱子组成平面框架。

编制工程量清单时,钢屋架应描述的项目特征包括:钢材品种、规格,单榀质量,屋架跨度、安装高度,螺栓种类,探伤要求,防火要求。

钢屋架以榀计量,按标准图设计的应注明标准图代号,按非标准图设计的项目特征必须描述单榀屋架的质量。

2. 钢托架、钢桁架

(1)钢托架是支撑中间屋架的构件。由多种钢材组成桁架结构形式的称为钢托架。

（2）钢桁架是一种可以支撑山墙的钢构件。

编制工程量清单时,钢托架、钢桁架应描述的项目特征包括:钢材品种、规格,单榀质量,安装高度,螺栓种类,探伤要求,防火要求。

3. 钢架桥

钢架桥是由上部结构和下部结构连成整体的框架结构。根据基础连接条件不同,分为有铰与无铰两种。这种结构是超静定体系,在垂直荷载作用下,框架底部除了产生竖向反力外,还产生力矩和水平反力。常见的钢架桥有门式钢架桥和斜腿钢架桥等。

编制工程量清单时,钢架桥应描述的项目特征包括:桥类型,钢材品种、规格,单榀质量,安装高度,螺栓种类,探伤要求。

(三)清单工程量计算

1. 钢屋架

钢屋架工程量按设计图示数量计算,计量单位为"榀";或按设计图示尺寸以质量计算,不扣除孔眼的质量,焊条、铆钉、螺栓等不另增加质量,计量单位为"t"。

【例 4-54】　某工程钢屋架如图 4-96 所示,计算其工程量。

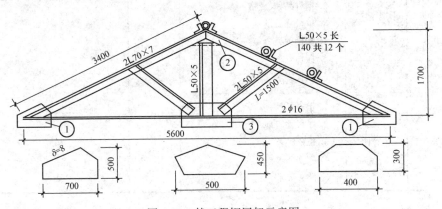

图 4-96　某工程钢屋架示意图

【解】　钢屋架工程量计算如下:

杆件质量＝杆件设计图示长度×单位理论质量

多边形钢板质量＝最大对角线长度×最大宽度×面密度

上弦质量＝$3.40 \times 2 \times 2 \times 7.398 = 100.61$kg

下弦质量＝$5.60 \times 2 \times 1.58 = 17.70$kg

立杆质量＝$1.70 \times 3.77 = 6.41$kg

斜撑质量＝$1.50 \times 2 \times 2 \times 3.77 = 22.62$kg

①号连接板质量＝$0.7 \times 0.5 \times 2 \times 62.80 = 43.96$kg

②号连接板质量＝$0.5 \times 0.45 \times 62.80 = 14.13$kg

③号连接板质量＝$0.4 \times 0.3 \times 62.80 = 7.54$kg

檩托质量＝0.14×12×3.77＝6.33kg

钢屋架工程量＝100.61＋17.70＋6.41＋22.62＋43.96＋14.13＋7.54＋6.33

＝219.30kg＝0.219t

2. 钢托架、钢桁架、钢架桥

钢托架、钢桁架工程量按设计图示尺寸以质量计算，不扣除孔眼的质量，焊条、铆钉、螺栓等不另增加质量，计量单位为"t"。

三、钢柱

(一)清单项目设置

《房屋建筑与装饰工程工程量清单计算规范》(GB 50854—2013)附录 F.3 钢柱共3 个清单项目。各清单项目设置的具体内容见表 4-46。

表 4-46　　　　　　　　　　　　　**钢柱清单项目设置**

项目编码	项目名称	项目特征	计量单位	工作内容
010603001	实腹钢柱	1. 柱类型 2. 钢材品种、规格 3. 单根柱质量 4. 螺栓种类 5. 探伤要求 6. 防火要求	t	1. 拼装 2. 安装 3. 探伤 4. 补刷油漆
010603002	空腹钢柱			
010603003	钢管柱	1. 钢材品种、规格 2. 单根柱质量 3. 螺栓种类 4. 探伤要求 5. 防火要求		

(二)清单项目特征描述

1. 实腹钢柱、空腹钢柱

钢柱一般由钢板焊接而成，也可由型钢单独制作或组合成结构式钢柱。焊接钢柱按截面形式可分为实腹式钢柱和空腹式钢柱。实腹式钢柱指腹板为整体的竖向受压钢构件；空腹式钢柱是通过空心腹板联结翼缘所组成的钢柱。

"实腹式钢柱"项目适用于实腹钢柱和实腹式型钢筋混凝土柱。型钢筋混凝土柱是指由混凝土包裹型钢组成的柱。"空腹式钢柱"项目适用于空腹钢柱和空腹式型钢混凝土柱。

编制工程量清单时，实腹钢柱、空腹钢柱应描述的项目特征包括：柱类型，钢材品种、规格，单根柱质量，螺栓种类，探伤要求，防火要求。实腹钢柱类型是指十字形、T形、L形、H形等；空腹钢柱类型是指箱形、格构等。

2. 钢管柱

钢管柱是由薄壁圆形钢管制成的结构构件。型钢混凝土柱浇筑钢筋混凝土,其混凝土和钢筋按《房屋建筑与装饰工程工程量计算规范》(GB 50854—2013)附录 E 混凝土及钢筋混凝土工程中相关项目编码列项。

编制工程量清单时,钢管柱应描述的项目特征包括:钢材品种、规格,单根柱质量,螺栓种类,探伤要求,防火要求。

(三)清单工程量计算

1. 实腹钢柱、空腹钢柱

实腹钢柱、空腹钢柱工程量按设计图示尺寸以质量计算。不扣除孔眼的质量,焊条、铆钉、螺栓等不另增加质量,依附在钢柱上的牛腿及悬臂梁等并入钢柱工程量内,计量单位为"t"。

【例 4-55】　如图 4-97 所示,某工程空腹钢柱共 20 根,计算空腹钢柱工程量。

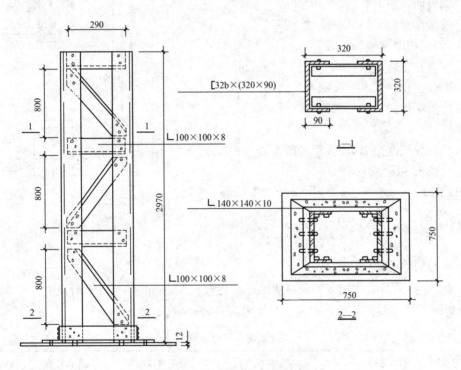

图 4-97　某工程空腹钢柱示意图

【解】　空腹钢柱工程量计算如下:

杆件质量＝杆件设计图示长度×单位理论质量

32b 槽钢立柱质量＝$2.97×2×43.107=256.06kg$

∟$100×100×8$ 角钢横撑质量＝$0.29×6×12.276=21.36kg$

∟$100×100×8$ 角钢斜撑质量＝$\sqrt{0.8^2+0.29^2}×6×12.276=62.68kg$

∟140×140×10 角钢底座质量＝(0.32＋0.14×2)×4×21.488＝51.57kg

— 12 钢板底座质量＝0.75×0.75×94.20＝52.99kg

空腹钢柱工程量＝(256.06＋21.36＋62.68＋51.57＋52.99)×20

　　　　　　　＝8893.20kg＝8.89t

2. 钢管柱

钢管柱工程量按设计图示尺寸以质量计算。不扣除孔眼的质量,焊条、铆钉、螺栓等不另增加质量,钢管柱上的节点板、加强环、内衬管、牛腿等并入钢管柱工程量内,计量单位为"t"。

【例 4-56】　计算如图 4-98 所示 8 根钢管柱工程量。

【解】　8 根钢管柱工程量：

(1)方形钢板(δ＝10)：

每平方米质量＝7.85×10＝78.5kg/m²

钢板面积＝0.4×0.4＝0.16m²

质量小计:78.5×0.16×2＝25.12kg

(2)不规则钢板(δ＝6)：

每平方米质量＝7.85×6＝47.1kg/m²

钢板面积＝0.08×0.18＝0.0144m²

质量小计:47.1×0.0144×8＝5.43kg

(3)钢板质量：

4.284(长度)×10.26(每米质量)kg＝43.95kg

(4)8 根钢柱质量：

(25.12＋29.39＋43.95)×8kg＝787.68kg＝0.787t

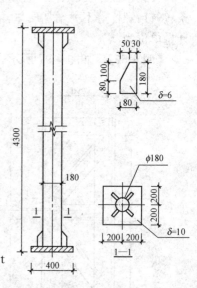

图 4-98　钢管柱结构图

四、钢梁

(一)清单项目设置

《房屋建筑与装饰工程工程量清单计算规范》(GB 50854—2013)附录 F.4 钢梁共 2 个清单项目。各清单项目设置的具体内容见表 4-47。

表 4-47　　　　　　　　　　　　钢梁清单项目设置

项目编码	项目名称	项目特征	计量单位	工作内容
010604001	钢梁	1. 梁类型 2. 钢材品种、规格 3. 单根质量 4. 螺栓种类 5. 安装高度 6. 探伤要求 7. 防火要求	t	1. 拼装 2. 安装 3. 探伤 4. 补刷油漆

续表

项目编码	项目名称	项目特征	计量单位	工作内容
010604002	钢吊车梁	1. 钢材品种、规格 2. 单根质量 3. 螺栓种类 4. 安装高度 5. 探伤要求 6. 防火要求	t	1. 拼装 2. 安装 3. 探伤 4. 补刷油漆

注:型钢混凝土梁浇筑钢筋混凝土,其混凝土和钢筋应按《房屋建筑与装饰工程工程量计算规范》(GB
　50854—2013)附录E混凝土及钢筋混凝土工程中相关项目编码列项。

(二)清单项目特征描述

1. 钢梁

钢梁的种类较多,有普通钢梁、起重机梁、单轨钢起重机梁、制动梁等。截面以工字形居多,或用钢板焊接,也可采用桁架式钢梁、箱形梁或贯通型梁等。

编制工程量清单时,钢梁应描述的项目特征包括:梁类型,钢材品种、规格,单根质量,螺栓种类,安装高度,探伤要求,防火要求。梁类型指H形、L形、T形、箱形、格构式等。

2. 钢吊车梁

钢吊车梁是指在其安装轨道以供起重机(行车)行走,并承受起重机和吊起重物的重量的梁。

编制工程量清单时,钢吊车梁应描述的项目特征包括:钢材品种、规格,单根质量,螺栓种类,安装高度,探伤要求,防火要求。

(三)清单工程量计算

钢梁、钢吊车梁工程量按设计图示尺寸以质量计算。不扣除孔眼的质量,焊条、铆钉、螺栓等不另增加质量,制动梁、制动板、制动桁架、车挡并入钢吊车梁工程量内,计量单位为"t"。

【例4-57】　某单位自行车棚,高度4m。用5根H200×100×5.5×8钢梁,长度4.8m,单根质量104.16kg;用36根槽钢18a钢梁,长度4.12m,单根质量83.10kg。由附属加工厂制作,刷防锈漆1遍,运至安装地点,运距1.5km,试计算钢梁工程量。

【解】　H200×100×5.5×8钢梁工程量=104.16×5=520.8kg=0.52t

槽钢18a钢梁工程量=83.1×36=2.99t

五、钢板楼板、墙板

(一)清单项目设置

《房屋建筑与装饰工程工程量清单计算规范》(GB 50854—2013)附录F.5钢板楼板、墙板共2个清单项目。各清单项目设置的具体内容见表4-48。

表 4-48　　　　　　　　　　　　钢板楼板、墙板清单项目设置

项目编码	项目名称	项目特征	计量单位	工作内容
010605001	钢板楼板	1. 钢材品种、规格 2. 钢板厚度 3. 螺栓种类 4. 防火要求	m²	1. 拼装 2. 安装 3. 探伤 4. 补刷油漆
010605002	钢板墙板	1. 钢材品种、规格 2. 钢板厚度、复合板厚度 3. 螺栓种类 4. 复合板夹芯材料种类、层数、型号、规格 5. 防火要求		

注:1. 钢板楼板上浇筑钢筋混凝土,其混凝土和钢筋应按《房屋建筑与装饰工程工程量计算规范》(GB 50854—2013)附录 E 混凝土及钢筋混凝土工程中相关项目编码列项。

　　2. 压型钢楼板按钢板楼板项目编码列项。

(二)清单项目特征描述

1. 钢板楼板

钢板楼板以冷轧薄钢板为基板,经镀锌或镀锌后覆以彩色涂层再经辊变成形的波纹板材。"钢板楼板"适用于现浇混凝土楼板,使用压型钢板作永久性模板,并与混凝土叠合后组成共同受力的构件。

编制工程量清单时,钢板楼板应描述的项目特征包括:钢材品种、规格,钢板厚度,螺栓种类,防火要求。

2. 钢板墙板

钢板墙板是以冷轧薄钢板为基板,经镀锌或镀锌后覆以彩色涂层再经辊变成形的波纹板材制成的墙板。

编制工程量清单时,钢板墙板应描述的项目特征包括:钢材品种、规格,钢板厚度、复合板厚度,螺栓种类,复合板夹芯材料种类、层数、型号、规格,防火要求。

(三)清单工程量计算

1. 钢板楼板

钢板楼板工程量按设计图示尺寸以铺设水平投影面积计算。不扣除单个面积 $\leqslant 0.3m^2$ 柱、垛及孔洞所占面积,计量单位为"m²"。

【例 4-58】 计算如图 4-99 所示某钢板楼板工程量,钢板厚度为 8mm。

【解】 钢板楼板工程量=17.2×24=412.8m²

2. 钢板墙板

钢板墙板工程量按设计图示尺寸以铺挂展开面积计算。不扣除单个面积 $\leqslant 0.3m^2$ 的梁、孔洞所占面积,包角、包边、窗台泛水等不另加面积,计量单位为"m²"。

【例 4-59】 计算如图 4-100 所示某压型钢板墙板工程量,钢板厚度为 3.0mm。

【解】 压型钢板墙板工程量=18.2×35.6=647.92m²

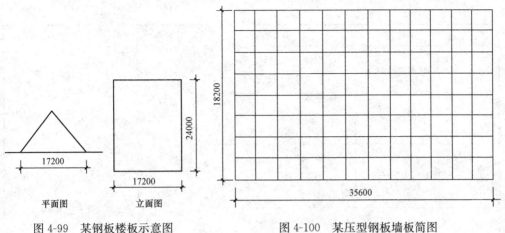

图 4-99 某钢板楼板示意图　　　图 4-100 某压型钢板墙板简图

六、钢构件

(一)清单项目设置

《房屋建筑与装饰工程工程量清单计算规范》(GB 50854—2013)附录 F.6 钢构件共 13 个清单项目。各清单项目设置的具体内容见表 4-49。

表 4-49　　　　　　　　　　　钢构件清单项目设置

项目编码	项目名称	项目特征	计量单位	工作内容
010606001	钢支撑、钢拉条	1. 钢材品种、规格 2. 构件类型 3. 安装高度 4. 螺栓种类 5. 探伤要求 6. 防火要求		
010606002	钢檩条	1. 钢材品种、规格 2. 构件类型 3. 单根质量 4. 安装高度 5. 螺栓种类 6. 探伤要求 7. 防火要求	t	1. 拼装 2. 安装 3. 探伤 4. 补刷油漆
010606003	钢天窗架	1. 钢材品种、规格 2. 单榀质量 3. 安装高度 4. 螺栓种类 5. 探伤要求 6. 防火要求		

项目编码	项目名称	项目特征	计量单位	工作内容
010606004	钢挡风架	1. 钢材品种、规格 2. 单榀质量 3. 螺栓种类 4. 探伤要求 5. 防火要求		
010606005	钢墙架			
010606006	钢平台	1. 钢材品种、规格 2. 螺栓种类 3. 防火要求		
010606007	钢走道			
010606008	钢梯	1. 钢材品种、规格 2. 钢梯形式 3. 螺栓种类 4. 防火要求	t	1. 拼装 2. 安装 3. 探伤 4. 补刷油漆
010606009	钢护栏	1. 钢材品种、规格 2. 防火要求		
010606010	钢漏斗	1. 钢材品种、规格 2. 漏斗、天沟形式 3. 安装高度 4. 探伤要求		
010606011	钢板天沟			
010606012	钢支架	1. 钢材品种、规格 2. 安装高度 3. 防火要求		
010606013	零星钢构件	1. 构件名称 2. 钢材品种、规格		

注:加工铁件等小型构件,按本表中零星钢构件项目编码列项。

(二)清单项目特征描述

1. 钢支撑、钢拉条

钢支撑是指设置在屋架间或山墙间的小梁,用以支撑椽子或屋面板的钢构件,有屋盖支撑和柱间支撑两种。

钢拉条是指钢结构骨架之间的圆钢螺杆,包括系杆、上弦水平支撑、下弦水平支撑、斜十字形杆等。

编制工程量清单时,钢支撑、钢拉条应描述的项目特征包括:钢材品种、规格,构件类型,安装高度,螺栓种类,探伤要求,防火要求。钢支撑、钢拉条类型指单式、复式。

2. 钢檩条

钢檩条是支撑于屋架或天窗上的钢构件,通常分为实腹式和桁架式两种,其截面形式一般有 H 形、C 形、Z 形等,作用是减小屋面板的跨度并固定屋面板。

编制工程量清单时,钢檩条应描述的项目特征包括:钢材品种、规格,构件类型,单根质量(表 4-50),安装高度,螺栓种类,探伤要求,防火要求。钢檩条类型指型钢式、格构式。

表 4-50　　　　　　　　　　　轻型钢檩条每根质量参考表

檩长 (m)	钢材规格		质量 (kg/根)	檩长 (m)	钢材规格		质量 (kg/根)
	下弦	上弦			下弦	上弦	
2.4	1ϕ8	2ϕ10	9.0	4.0	1ϕ10	1ϕ12	20.0
3.0	1ϕ16	∟45×4	16.4	5.0	1ϕ12	1ϕ14	25.6
3.3	1ϕ10	2ϕ12	14.5	5.3	1ϕ12	1ϕ14	27.0
3.6	1ϕ10	2ϕ12	15.8	5.7	1ϕ12	1ϕ14	32.0
3.75	1ϕ10	∟50×5	18.8	6.0	1ϕ14	2∟25×2	31.6
4.00	1ϕ16	∟50×5	23.5	6.0	1ϕ14	2ϕ16	38.5

3. 钢天窗架

钢天窗架是指在屋架上设置供采光和通风用并受与屋盖有关作用的桁架或框架。

编制工程量清单时,钢天窗架应描述的项目特征包括:钢材品种、规格,单榀质量,安装高度,螺栓种类,探伤要求,防火要求。

4. 钢挡风架

钢挡风架是指固定挡风板、挡雨板等的钢架。

编制工程量清单时,钢挡风架应描述的项目特征包括:钢材品种、规格,单榀质量,螺栓种类,探伤要求,防火要求。

5. 钢墙架

钢墙架是指由钢柱、梁连系拉杆组成的承重墙钢结构件。"钢墙架"项目包括墙架柱、墙架梁和连接杆件。

编制工程量清单时,钢墙架应描述的项目特征包括:钢材品种、规格,单榀质量,螺栓种类,探伤要求,防火要求。

6. 钢平台

平台是指在生产和施工过程中,为操作方便而设置的工作台,有的能移动和升降。钢平台是指用钢材制作的平台,有固定式、移动式和升降式三种。

编制工程量清单时,钢平台应描述的项目特征包括:钢材品种、规格,螺栓种类,防火要求。

7. 钢走道

走道是指在生活或生产过程中,为过往方便而设置的过道,有的能移动和升降。钢走道是指用钢材制作的过道,有固定式、移动式和升降式三种。

编制工程量清单时,钢走道应描述的项目特征包括:钢材品种、规格,螺栓种类,防火要求。

8. 钢梯

工业建筑中的钢梯有平台钢梯、起重机钢梯、消防钢梯和屋面检修钢梯等。按构造形式分为踏步式、爬式和螺旋式。钢梯的踏步多为独根圆钢或角钢做成。

编制工程量清单时,钢梯应描述的项目特征包括:钢材品种、规格,钢梯形式,螺栓种类,防火要求。

9. 钢护栏

钢护栏主要用于工厂、车间、仓库、停车场、商业区、公共场所等场合中对设备与设施起保护与防护作用。

编制工程量清单时,钢护栏应描述的项目特征包括:钢材品种、规格,防火要求。

10. 钢漏斗、钢板天沟

漏斗是指把液体或颗粒、粉末灌到小口的容器里用的器具,一般是由一个锥形的斗和一根管子构成。钢漏斗是指以钢材为材料制作的漏斗,钢漏斗有方形和圆形之分。

编制工程量清单时,钢漏斗、钢板天沟应描述的项目特征包括:钢材品种、规格,漏斗、天沟形式,安装高度,探伤要求。钢漏斗形式指方形、圆形;天沟形式是指矩形沟或半圆形沟。

11. 钢支架

钢支架是指用型钢加工成的直形构件。构件之间采用螺栓连接。

编制工程量清单时,钢支架应描述的项目特征包括:钢材品种、规格,安装高度,防火要求。

12. 零星钢构件

零星钢构件是指工程量不大但也构成工程实体的钢构件,比如地沟铸铁盖板、不锈钢爬梯等。构件是指全部组装为成品件。

编制工程量清单时,零星钢构件应描述的项目特征包括:构件名称,钢材品种、规格。

(三)清单工程量计算

1. 钢支撑、钢拉条、钢檩条、钢天窗架、钢挡风架、钢墙架、钢平台、钢走道、钢梯、钢护栏

钢支撑、钢拉条、钢檩条、钢天窗架、钢挡风架、钢墙架、钢平台、钢走道、钢梯、钢护栏工程量,按设计图示尺寸以质量计算。不扣除孔眼的质量,焊条、铆钉、螺栓等不另增加质量,计量单位为"t"。

【例4-60】 如图4-101所示,计算某钢支撑工程量。

【解】 钢支撑工程量:

角钢($L140 \times 12$)$= \sqrt{1.6^2 + 2.0^2} \times 2 \times 25.55 = 130.89$kg

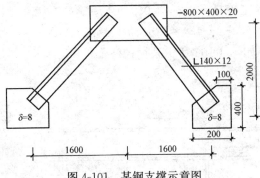

图 4-101　某钢支撑示意图

钢板($\delta=20$)$=0.8\times0.4\times7.85\times20=50.24$kg

钢板($\delta=8$)$=0.4\times0.2\times2\times7.85\times8=10.05$kg

工程量合计：$130.89+50.24+10.05=191.18kg=0.191$t

【例 4-61】　计算图 4-102 所示某组合钢檩条工程量。

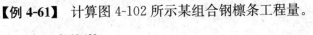

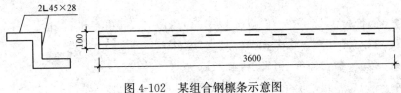

图 4-102　某组合钢檩条示意图

【解】　钢檩条工程量$=3.6\times2.20\times2=15.84kg=0.016$t

【例 4-62】　计算如图 4-103 所示某钢梯工程量。

【解】　(1)钢梯的扶边L100×10工程量$=3\times2\times16.69=100.14$kg

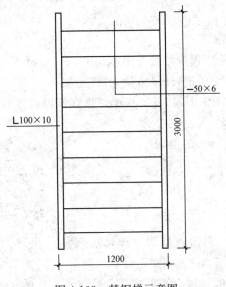

图 4-103　某钢梯示意图

(2)踏步-50×6 工程量＝1.2×0.05×7.85×6×9＝25.434kg

工程量合计:100.14＋25.434＝125.574kg＝0.126t

【例 4-63】 计算如图 4-104 所示某钢护栏工程量。

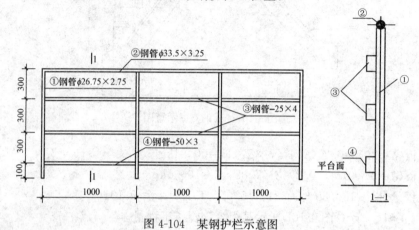

图 4-104　某钢护栏示意图

【解】 钢管(ϕ26.75×2.75):(0.1＋0.3×3)×4×1.63＝6.52kg

钢管(ϕ33.5×3.25):1.0×3×2.42＝7.26kg

扁钢(－25×4):1×6×0.785＝4.71kg

扁钢(－50×3):1×3×1.18＝3.54kg

工程量合计:6.52＋7.26＋4.71＋3.54＝22.03kg＝0.022t

2. 钢漏斗、钢板天沟

钢漏斗、钢板天沟工程量按设计图示尺寸以质量计算。不扣除孔眼的质量,焊条、铆钉、螺栓等不另增加质量,依附漏斗或天沟的型钢并入漏斗或天沟工程量内,计量单位为"t"。

3. 钢支架、零星钢构件

钢支架、零星钢构件工程量按设计图示尺寸以质量计算。不扣除孔眼的质量,焊条、铆钉、螺栓等不另增加质量,计量单位为"t"。

【例 4-64】 如图 4-105 所示,支架横梁焊接在预埋钢板上,试计算其工程量。

【解】 〔14a 工程量＝1.6×14.535＝23.256kg

＝0.023t

七、金属制品

(一)清单项目设置

《房屋建筑与装饰工程工程量清单计算规范》(GB 50854—2013)附录 F.6 金属制品共 6 个清单项目。各清单项目设置的具体内容见表 4-51。

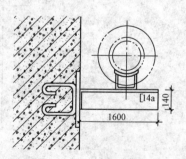

图 4-105　支架横梁示意图

表 4-51　　金属制品清单项目设置

项目编码	项目名称	项目特征	计量单位	工作内容
010607001	成品空调金属百页护栏	1. 材料品种、规格 2. 边框材质	m²	1. 安装 2. 校正 3. 预埋铁件及安螺栓
010607002	成品栅栏	1. 材料品种、规格 2. 边框及立柱型钢品种、规格		1. 安装 2. 校正 3. 预埋铁件 4. 安螺栓及金属立柱
010607003	成品雨篷	1. 材料品种、规格 2. 雨篷宽度 3. 凉衣杆品种、规格	1. m 2. m²	1. 安装 2. 校正 3. 预埋铁件及安螺栓
010607004	金属网栏	1. 材料品种、规格 2. 边框及立柱型钢品种、规格	m²	1. 安装 2. 校正 3. 安螺栓及金属立柱
010607005	砌块墙钢丝网加固	1. 材料品种、规格 2. 加固方式		1. 铺贴 2. 铆固
010607006	后浇带金属网			

注：抹灰钢丝网加固按本表中砌块墙钢丝网加固项目编码列项。

(二)清单项目特征描述

1. 成品空调金属百页护栏

空调金属百页护栏常用钢材制成，如圆钢管、方钢管或压型钢板、铁丝，主要用于住宅、商业区、公共场所等场合中对设备与设施起保护与防护作用。

编制工程量清单时，成品空调金属百页护栏应描述的项目特征包括：材料品种、规格，边框材质。

2. 成品栅栏

栅栏在生产和生活中应用十分广泛，有花园栅栏、公路栅栏、市政栅栏等，栅栏造型美观、花色多样，既起到围栏作用，又起到美化作用。

编制工程量清单时，成品栅栏应描述的项目特征包括：材料品种、规格，边框及立柱型钢品种、规格。

3. 成品雨篷

雨篷是设置在建筑物进出口上部的遮雨、遮阳篷。

编制工程量清单时，成品雨篷应描述的项目特征包括：材料品种、规格，雨篷宽度，凉衣杆品种、规格。

4. 金属网栏

网栏现主要用于发达城市的公路、铁路、高速公路、住宅小区、桥梁、飞机场、工厂、体育场、绿地等的防护。

编制工程量清单时,金属网栏应描述的项目特征包括:材料品种、规格,边框及立柱型钢品种、规格。

5. 砌块墙钢丝网加固、后浇带金属网

利用金属材料制成的网状板面即为金属钢丝网。

编制工程量清单时,砌块墙钢丝网加固、后浇带金属网应描述的项目特征包括:材料品种、规格,加固方式。

(三)清单工程量计算

1. 成品空调金属百页护栏、成品栅栏

成品空调金属百页护栏、成品栅栏工程量按设计图示尺寸以框外围展开面积计算,计量单位为"m²"。

2. 成品雨篷

成品雨篷工程量按设计图示接触边以米计算,计量单位为"m";或按设计图示尺寸以展开面积计算,计量单位为"m²"。

3. 金属网栏

金属网栏工程量按设计图示尺寸以框外围展开面积计算,计量单位为"m²"。

4. 砌块墙钢丝网加固、后浇带金属网

砌块墙钢丝网加固、后浇带金属网工程量按设计图示尺寸以面积计算,计量单位为"m²"。

第五节　木结构工程

一、木屋架

(一)清单项目设置

《房屋建筑与装饰工程工程量清单计算规范》(GB 50854—2013)附录 G.1 木屋架共 2 个清单项目。各清单项目设置的具体内容见表 4-52。

表 4-52　　　　　　　　　　　　　木屋架清单项目设置

项目编码	项目名称	项目特征	计量单位	工作内容
010701001	木屋架	1. 跨度 2. 材料品种、规格 3. 刨光要求 4. 拉杆及夹板种类 5. 防护材料种类	1. 榀 2. m³	1. 制作 2. 运输 3. 安装 4. 刷防护材料

续表

项目编码	项目名称	项目特征	计量单位	工作内容
010701002	钢木屋架	1. 跨度 2. 木材品种、规格 3. 刨光要求 4. 钢材品种、规格 5. 防护材料种类	榀	1. 制作 2. 运输 3. 安装 4. 刷防护材料

注：1. 屋架的跨度应以上、下弦中心线两交点之间的距离计算。
　　2. 带气楼的屋架和马尾、折角以及正交部分的半屋架，按相关屋架项目编码列项。

(二)清单项目特征描述

1. 木屋架

木屋架是三角形(豪式)，由上弦、斜杆和下弦、竖杆等钢材组成，如图 4-106 所示。

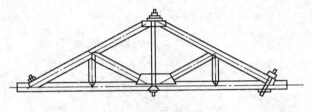

图 4-106　木屋架示意图

木屋架以榀计量，按标准图设计的应注明标准图代号，按非标准图设计的项目特征必须描述跨度，材料品种、规格，刨光要求，拉杆及夹板种类，防护材料种类。

2. 钢木屋架

钢木屋架是三角形(豪式)，由上弦、斜杆和下弦、竖杆等杆件组成，屋架的中柱，由圆钢做成，斜杆与竖杆一般用木材做成。钢木屋架下弦用钢材(如圆钢、角钢等)做成。

钢木屋架以榀计量，按标准图设计的应注明标准图代号，按非标准图设计的项目特征必须描述跨度，木材品种、规格，刨光要求，钢材品种、规格，防护材料种类。

(三)清单工程量计算

1. 木屋架

木屋架工程量按设计图示数量计算，计量单位为"榀"；或按设计图示的规格尺寸以体积计算，计量单位为"m³"。

【例 4-65】　如图 4-107 所示，某工程采用木屋架共 20 榀，试计算其工程量。

【解】　木屋架工程量＝20 榀

2. 钢木屋架

钢木屋架工程量按设计图示数量计算，计量单位为"榀"。

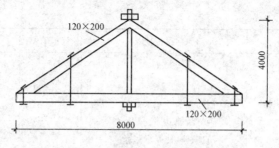

图 4-107　某木屋架示意图

【例 4-66】　如图 4-108 所示，某临时仓库，库顶设计成钢木屋架，共 5 榀，现场制作，不刨光，铁件刷防锈漆 1 遍，轮胎式起重机安装，安装高度为 6m，试计算其工程量。

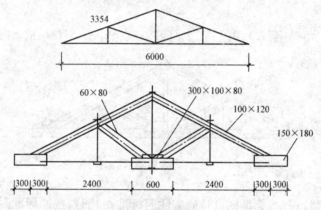

图 4-108　某临时仓库钢木屋架示意图

【解】　钢木屋架工程量＝5 榀

二、木构件

(一)清单项目设置

《房屋建筑与装饰工程工程量清单计算规范》(GB 50854—2013)附录 G.2 木构件共 5 个清单项目。各清单项目设置的具体内容见表 4-53。

表 4-53　　　　　　　　　　　木构件清单项目设置

项目编码	项目名称	项目特征	计量单位	工作内容
010702001	木柱	1. 构件规格尺寸 2. 木材种类	m³	1. 制作 2. 运输
010702002	木梁			
010702003	木檩	3. 刨光要求 4. 防护材料种类	1. m³ 2. m	3. 安装 4. 刷防护材料

续表

项目编码	项目名称	项目特征	计量单位	工作内容
010702004	木楼梯	1. 楼梯形式 2. 木材种类 3. 刨光要求 4. 防护材料种类	m²	1. 制作 2. 运输 3. 安装 4. 刷防护材料
010702005	其他木构件	1. 构件名称 2. 构件规格尺寸 3. 木材种类 4. 刨光要求 5. 防护材料种类	1. m³ 2. m	

(二)清单项目特征描述

1. 木柱、木梁、木檩

木柱是指用来承受主要荷载的木柱子,有圆木柱与方木柱两种,分别指截面为方形的柱子;木梁是指水平方向承重构件,在木结构屋架中专指顺着前后方向架在柱子上的长木。

编制工程量清单时,木柱、木梁、木檩应描述的项目特征包括:构件规格尺寸,木材种类,刨光要求,防护材料种类。木檩以米计量时,项目特征必须描述构件规格尺寸。

2. 木楼梯

木楼梯是指连接上下楼层的交通设施。"木楼梯"项目适用于楼梯和爬梯。木楼梯的栏杆(栏板)、扶手,应按《房屋建筑与装饰工程工程量计算规范》(GB 50854—2013)附录Q中的相关编码列项。

编制工程量清单时,木楼梯应描述的项目特征包括:楼梯形式,木材种类,刨光要求,防护材料种类。

3. 其他木构件

其他木构件适用于斜撑,传统民居的吹花、花芽子、封檐板、博风板等构件。

编制工程量清单时,其他木构件应描述的项目特征包括:构件名称,构件规格尺寸,木材种类,刨光要求,防护材料种类。其他木构件以米计量,项目特征必须描述构件规格尺寸。

(三)清单工程量计算

1. 木柱、木梁

木柱、木梁工程量按设计图示尺寸以体积计算,计量单位为"m³"。

【例 4-67】 计算如图 4-109 所示圆木柱工程量,已知木柱直径为 400mm。

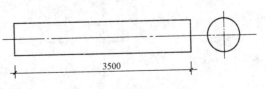

图 4-109 圆木柱示意图

【解】 圆木柱工程量 $=\pi \times 0.2^2 \times 3.5 = 0.44 \text{m}^3$

【例 4-68】 试计算如图 4-110 所示某木梁工程量。

【解】 木梁工程量＝$0.2 \times 0.4 \times 3.8 = 0.30 m^3$

2. 木檩

木檩工程量按设计图示尺寸以体积计算，计量单位为"m^3"；或按设计图示尺寸以长度计算，计量单位为"m"。

3. 木楼梯

木楼梯工程量按设计图示尺寸以水平投影面积计算。不扣除宽度≤300mm 的楼梯井，伸入墙内部分不计算，计量单位为"m^2"。

【例 4-69】 试计算图 4-111 所示某木楼梯工程量。

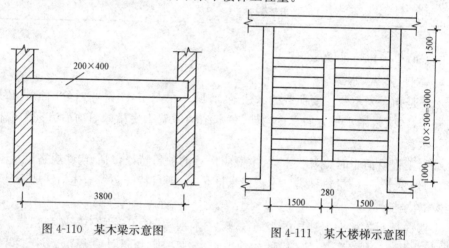

图 4-110 某木梁示意图

图 4-111 某木楼梯示意图

【解】 木楼梯工程量＝$(1.5+0.28+1.5) \times (1.0+3.0+1.5) = 18.04 m^2$

4. 其他木构件

其他木构件工程量按设计图示尺寸以体积计算，计量单位为"m^3"；或按设计图示尺寸以长度计算，计量单位为"m"。

【例 4-70】 计算如图 4-112 所示瓦屋面钉封檐板工程量。

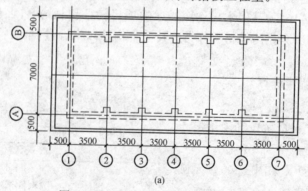

(a)

图 4-112 瓦屋面钉封檐板示意图(一)

(a)屋顶平面

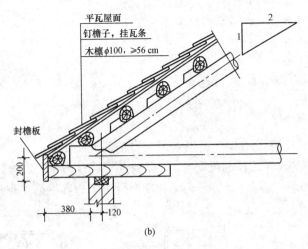

图 4-112　瓦屋面钉封檐板示意图(二)

(b)檐口节点大样

【解】　封檐板工程量＝(3.5×6＋0.5×2)×2＝44m

三、屋面木基层

(一)清单项目设置

《房屋建筑与装饰工程工程量清单计算规范》(GB 50854—2013)附录 G.3 屋面木基层共 1 个清单项目,清单项目设置的具体内容见表 4-54。

表 4-54　　　　　　　　　屋面木基层清单项目设置

项目编码	项目名称	项目特征	计量单位	工作内容
010703001	屋面木基层	1. 椽子断面尺寸及椽距 2. 望板材料种类、厚度 3. 防护材料种类	m²	1. 椽子制作、安装 2. 望板制作、安装 3. 顺水条和挂瓦条制作、安装 4. 刷防护材料

(二)清单项目特征描述

屋面木基层是屋面系统木结构的组成部分之一。其包括木椽子、屋面板、油毡、挂瓦条、顺水条等。

编制工程量清单时,屋面木基层应描述的项目特征包括:椽子断面尺寸及椽距,望板材料种类、厚度,防护材料种类。

(三)清单工程量计算

屋面木基层工程量按设计图示尺寸以斜面积计算。不扣除房上烟囱、风帽底座、风道、小气窗、斜沟等所占面积,小气窗的出檐部分不增加面积,计量单位为"m²"。

【例 4-71】　计算图 4-112 所示屋面木基层工程量。

【解】　屋面木基层工程量＝(3.5×6＋0.5×2)×(7＋0.5×2)＝176m²

第六节　混凝土及钢筋混凝土工程
工程量清单编制示例

【例 4-72】　某工程需用 220 块先张预应力钢筋混凝土平板，如图 4-113 所示，混凝土强度等级为 C30，塔式起重机安装，电焊和点焊连接，保护层厚 10mm，灌缝混凝土强度等级 C20，现场搅拌。计算预应力钢筋混凝土平板和钢筋工程量。

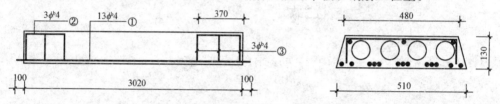

图 4-113　某工程预应力钢筋混凝土平板示意图

【解】　1. 清单工程量计算

(1)预制混凝土平板工程量有两种计算方法：

方法一：预制混凝土平板工程量＝图示长度×图示宽度×板厚

$$＝(0.51＋0.48)/2×0.13×3.02×220$$
$$＝42.75m^3$$

方法二：预制混凝土平板工程量＝图示尺寸以数量计算＝220 块

(2)预制构件钢筋工程量＝设计图示钢筋长度×单位理论质量

②号纵向钢筋工程量＝(0.37－0.01)×3×2×220×0.099＝47.04kg＝0.047t

③号横向钢筋工程量＝(0.48－0.01×2＋0.1×2)×3×2×220×0.099

$$＝86.25kg＝0.086t$$

构造筋(非预应力冷拔低碳钢丝 ϕ^b4 工程量合计＝0.047＋0.086＝0.133t

(3)先张法预应力钢筋工程量＝(设计图示钢筋长度＋增加长度)×单位理论质量

先张法预应力钢筋工程量＝(3.02＋0.1×2)×13×220×0.099＝911.71kg

$$＝0.912t$$

工程量计算结果见表 4-55。

表 4-55　　　　　　　　　　　　工程量计算表

序号	项目编码	项目名称	工程量	计量单位
1	010512001001	预制混凝土平板	42.75(220)	m³(块)
2	010515002001	预制构件钢筋	0.133	t
3	010515005001	先张法预应力钢筋	0.912	t

2. 分部分项工程和单价措施项目清单编制

分部分项工程和单价措施项目清单与计价表见表 4-56。

表 4-56 　　　　　　分部分项工程和单价措施项目清单与计价表

序号	项目编码	项目名称	项目特征描述	计量单位	工程量	金额(元)	
						综合单价	合价
1	010512001001	预制混凝土平板	1. 单件体积:0.17m³; 2. 混凝土强度等级:C30	m³（块）	42.75（220）		
2	010515002001	预制构件钢筋	钢筋种类、规格:HPB235 级钢筋 $\phi^b 4$	t	0.133		
3	010515005001	先张法预应力钢筋	钢筋种类、规格:HPB235 级钢筋 $\phi^b 4$	t	0.912		

第五章　屋面及防水工程工程量清单编制

第一节　屋面及防水工程概述

一、屋面工程

屋面工程主要是指屋面结构层（屋面板）或屋面木基层以上的工程内容，是房屋最上部起覆盖、承重作用的外围构件，用来避免日晒，遮风挡雨，同时，还具有防水、排水、保温、隔热等功能。

（一）屋顶的组成

屋顶由结构层、找平层、保温隔热层、防水层、面层等构成。

（二）屋面的分类

1. 按坡度不同分

（1）平屋面。平屋面坡度较小，倾斜度一般为 2%～3%，适用于城市住宅、学校、办公楼和医院等。平屋面由屋面结构层、保温隔热层和防水层三部分构成，其中，保温隔热层、防水层是最基本的功能层次，其他层次则按要求设置。按防水材料，平屋面可分为卷材防水屋面、刚性防水屋面和涂料防水屋面等。

（2）坡屋面。坡屋面坡度较大，常用于瓦屋面。坡屋面有单坡、两坡和四坡三种形式。按屋面瓦的品种，坡屋面可分为平瓦屋面、筒瓦屋面、石棉瓦屋面、小青瓦屋面、波形瓦屋面和铁皮屋面等。

（3）拱形屋面。拱形屋面多用于工业厂房，以预应力钢筋混凝土拱形屋架和屋面板装配而成。

2. 按采用材料不同分

（1）刚性屋面。刚性屋面是指用细石混凝土、防水砂浆等刚性材料作防水层的屋面。其主要优点是构造简单、施工方便、造价较低；缺点是易开裂，对气温变化和屋面基层变形的适应性较差。

（2）柔性屋面。柔性屋面是指以沥青、油毡等柔性材料铺设和粘结或将高分子合成材料为主体的材料涂抹于表面形成防水层的屋面。

（3）瓦屋面。瓦屋面是指在木结构或钢筋混凝土结构或钢结构上用瓦进行防水的屋面。常见的瓦有模压平瓦、小青瓦、筒板瓦、平板瓦、石片瓦、石棉水泥波瓦、镀锌铁皮波瓦、钢丝网水泥大波瓦、木质纤维大波瓦、玻璃钢波瓦等。

（4）膜结构屋面。膜结构屋面也称为索膜结构屋面，是一种以膜布支撑（柱、网架等)和拉结构(拉杆、钢丝绳等)组成的屋盖、篷顶结构。

二、防水工程

防水工程主要是指屋面工程防水、地下室工程防水、浴厕间工程防水、构筑物工程防水(如水池、水塔等)和特殊建筑部位工程防水[包括楼层或屋面游泳池、喷水池、屋顶(或室内)花园等],以及框架外墙壁板和装配式壁板的板缝防水、各种变形缝防水等。

(一)屋面防水工程

屋面防水工程是房屋建筑的一项重要工程,根据屋面防水材料的不同可分为卷材防水屋面、涂膜防水屋面、刚性防水屋面等。目前,应用最普遍的是卷材防水屋面。

1. 卷材防水屋面

卷材防水屋面是采用沥青油毡、再生橡胶、合成橡胶或合成树脂类等柔性材料粘贴而成的一整片能防水的屋面覆盖层。一般屋面铺三层沥青两层油毡,通称"二毡三油",表面还粘有小石子,通称绿豆砂,作为保护层。重要部位及严寒地区须做"三毡四油"。屋面的油毡防水层要求铺设在一个平整的表面上,一般做法是在结构层或保温层上用水泥砂浆找平,干燥后再分层铺设油毡。为了使第一层热沥青能和找平层牢固地结合,在找平层上须涂刷一层冷底子油。卷材防水层应采用沥青防水卷材、高聚物改性沥青防水卷材和合成高分子防水卷材。

2. 涂膜防水屋面

涂膜防水屋面是在屋面基层上涂刷防水涂料,经固化后形成一层有一定厚度和弹性的整体结膜,从而达到防水的目的。

涂膜防水层用于Ⅰ、Ⅱ级屋面多道防水设防中的一道防水层。二道以上设防时,防水涂料与防水卷材应采用相容类材料;涂膜防水层与刚性防水层之间(如刚性防水层在其上)应设隔离层;防水涂料与防水卷材复合使用形成一道防水层,涂料与卷材应选择相容类材料。

3. 刚性防水屋面

刚性防水屋面一般是用普通细石混凝土、补偿收缩混凝土、块体刚性材料、钢纤维混凝土作防水层的屋面。刚性防水屋面所用材料易得,施工工艺简单,造价便宜,耐久性好,维修方便,所以,被广泛用于防水等级为Ⅲ级的建筑物。但所用材料的表观密度大,抗拉强度低,极限拉应变小,当结构产生位移变形时,易产生裂缝。混凝土或砂浆干缩、温差变形时也易产生裂缝。因此,刚性防水层应尽可能在建筑物沉降基本稳定后再施工,同时,必须采取和基层隔离的措施,把大面积混凝土板块分为小板块,板块与板块的接缝用柔性密封材料嵌填,以柔补刚来适应各种变形。细石混凝土防水层不得有渗漏或积水现象;密封材料嵌填必须密实、连续、饱满、粘结牢固,无气泡、开裂、脱落等缺陷。

刚性防水屋面主要适用于屋面防水等级为Ⅲ级,无保温层的工业与民用建筑的屋面防水。对于屋面防水等级为Ⅱ级及以上的重要建筑物,只有与卷材刚柔结合做两道以上防水时方可使用。采取刚柔结合、相互弥补的防水措施,将起到良好的防水效果。刚性材料防水不适用于设有松散材料保温层的屋面,以及受较大震动或冲击的和坡度大于15%的建筑屋面。

(二)地下防水工程

地下防水工程方案主要有结构自防水、表面防水层防水和防排水结合三类。

1. 结构自防水

结构自防水是以地下结构本身的密实性(即防水混凝土)实现防水功能,使结构承重和防水合为一体。

防水混凝土是以调整混凝土的配合比或掺外加剂的方法来提高混凝土的密实度、抗渗性、抗腐蚀性,满足设计对地下工程的抗渗要求,达到防水的目的。防水混凝土结构具有取材容易、施工简便、工期短、造价低、耐久性好等优点,因此,在地下工程防水中广泛应用。目前,常用的防水混凝土有普通防水混凝土、掺和外加剂防水混凝土和特种水泥防水混凝土。

2. 表面防水层防水

表面防水层防水即在结构的外表面加设防水层,以达到防水的目的。常用的防水层有水泥砂浆防水层、涂膜防水层、卷材防水层等。

(1)水泥砂浆防水层。水泥砂浆防水层是一种刚性防水层,依靠提高砂浆层的密实性来达到防水要求。这种防水层取材容易,施工方便,防水效果较好,成本较低,适用于地下砖石结构的防水层或防水混凝土结构的加强层。但水泥砂浆防水层抵抗变形的能力较差,当结构产生不均匀下沉或受较强烈振动荷载时,易产生裂缝或剥落。对于受腐蚀、高温及反复冻融的砖砌体工程不宜采用。

(2)涂膜防水层。涂膜防水层施工具有较大的随意性,无论是形状复杂的基面,还是面积狭小的节点,凡是能涂刷到的部位,均可做涂膜防水层,因此,在地下工程中广泛应用。地下工程涂膜防水层的设置有内防水、外防水和内外结合防水。

(3)卷材防水层。卷材防水层是用沥青胶结材料粘贴油毡而成的一种防水层,属于柔性防水层。这种防水层具有良好的韧性和延伸性,可以适应一定的结构振动和微小变形,防水效果较好,目前,仍作为地下工程的一种防水方案而被广泛采用,其缺点是:沥青油毡吸水率大,耐久性差,机械强度低,直接影响防水层质量,而且材料成本高,施工工序多,操作条件差,工期较长,发生渗漏后修补困难。

3. 防排水结合

防排水结合即采用防水加排水措施,排水方案可采用盲沟排水、渗排水、内排水等。

(三)楼层、厕浴间、厨房间防水

住宅和公共建筑中穿过楼地面或墙体的上下水管道,供热、燃气管道一般都集中明敷在厕浴间和厨房间,其防水方法应用柔性涂膜防水层和刚性防水砂浆防水层,或两者复合的防水层防水。防水涂料涂布于复杂的细部构造部位,能形成没有接缝的、完整的涂膜防水层。由于防水涂膜的延伸性较好,基本能适应基层变形的需要。防水砂浆则以补偿收缩水泥砂浆较为理想,其微膨胀的特性,能防止或减少砂浆收缩开裂,使砂浆致密化,提高其抗裂性和抗渗性。

1. 涂膜防水

涂膜防水的材料,可以用合成的高分子防水涂料和高聚物改性沥青防水涂料。该防水层必须在管道安装完毕、管孔四周堵填密实后、做地面工程之前,先做一道柔性防水层。防水层必须反至墙面并做到离地面 150mm 处,施工中应按规定要求操作,这样才能起到良好的楼层间防渗漏作用。

2. 刚性防水

刚性防水的理想材料是具有微胀性能的补偿收缩混凝土和补偿收缩水泥砂浆。厕浴间、厨房间中的穿楼板管道、地漏口、蹲便器下水管等节点是重点防水部位。

第二节　瓦、型材及其他屋面

一、清单项目设置

《房屋建筑与装饰工程工程量清单计算规范》(GB 50854—2013)附录 J.1 瓦、型材及其他屋面共 5 个清单项目。各清单项目设置的具体内容见表 5-1。

表 5-1　　　　　　　　　　瓦、型材及其他屋面清单项目设置

项目编码	项目名称	项目特征	计量单位	工作内容
010901001	瓦屋面	1. 瓦品种、规格 2. 粘结层砂浆的配合比	m²	1. 砂浆制作、运输、摊铺、养护 2. 安瓦、做脊瓦
010901002	型材屋面	1. 型材品种、规格 2. 金属檩条材料品种、规格 3. 接缝、嵌缝材料种类		1. 檩条制作、运输、安装 2. 屋面型材安装 3. 接缝、嵌缝
010901003	阳光板屋面	1. 阳光板品种、规格 2. 骨架材料品种、规格 3. 接缝、嵌缝材料种类 4. 油漆品种、刷漆遍数		1. 骨架制作、运输、安装、刷防护材料、油漆 2. 阳光板安装 3. 接缝、嵌缝
010901004	玻璃钢屋面	1. 玻璃钢品种、规格 2. 骨架材料品种、规格 3. 玻璃钢固定方式 4. 接缝、嵌缝材料种类 5. 油漆品种、刷漆遍数		1. 骨架制作、运输、安装、刷防护材料、油漆 2. 玻璃钢制作、安装 3. 接缝、嵌缝

项目编码	项目名称	项目特征	计量单位	工作内容
010901005	膜结构屋面	1. 膜布品种、规格 2. 支柱(网架)钢材品种、规格 3. 钢丝绳品种、规格 4. 锚固基座做法 5. 油漆品种、刷漆遍数	m²	1. 膜布热压胶接 2. 支柱(网架)制作、安装 3. 膜布安装 4. 穿钢丝绳、锚头锚固 5. 锚固基座、挖土、回填 6. 刷防护材料,油漆

注:1. 瓦屋面铺防水层,按表5-3中相关项目编码列项。

　　2. 型材屋面、阳光板屋面、玻璃钢屋面的柱、梁、屋架,按《房屋建筑与装饰工程工程量计算规范》(GB 50854—2013)附录F金属结构工程、附录G木结构工程中相关项目编码列项。

二、清单项目特征描述

1. 瓦屋面

瓦屋面是利用各种瓦材,如平瓦、波形瓦、小青瓦等作为防水材料,靠瓦与瓦之间的搭接错缝来达到防水的目的。

编制工程量清单时,瓦屋面应描述的项目特征包括:瓦品种、规格,粘结层砂浆的配合比。瓦屋面若是在木基层上铺瓦,项目特征不必描述粘结层砂浆的配合比。

2. 型材屋面

型材屋面是指用平板形薄钢板、波形薄钢板、彩色压型保温夹芯板制作而成的屋面。

编制工程量清单时,型材屋面应描述的项目特征包括:型材品种、规格,金属檩条材料品种、规格,接缝、嵌缝材料种类。

常用的接缝、嵌缝密封材料有改性石油沥青密封材料、改性焦油沥青密封材料、聚氨酯密封胶、丙烯酸酯密封胶、有机硅密封胶、丁基密封胶、聚硫密封胶等。

3. 阳光板屋面

阳光板主要由PC、PET、PMMA、PP等材料制作,普遍用于各种建筑采光屋顶和室内装饰装修,具有高强度、透光、隔音、节能等优点。

编制工程量清单时,阳光板屋面应描述的项目特征包括:阳光板品种、规格,骨架材料品种、规格,接缝、嵌缝材料种类,油漆品种、刷漆遍数。

4. 玻璃钢屋面

采用玻璃钢材料制作的防水屋面具有重量轻、强度高、能制成各种复杂的形状以及容易着色等特点。

编制工程量清单时,玻璃钢屋面应描述的项目特征包括:玻璃钢品种、规格,骨架材料品种、规格,玻璃钢固定方式,接缝、嵌缝材料种类,油漆品种、刷漆遍数。

5. 膜结构屋面

膜结构防水屋面是在屋面上涂刷防水涂料,经固化后形成一层有一定厚度和弹性的整体涂膜，从而达到防水目的的一种防水屋面形式。

编制工程量清单时，膜结构屋面应描述的项目特征包括：膜布品种、规格，支柱（网架）钢材品种、规格，钢丝绳品种、规格，锚固基座做法，油漆品种、刷漆遍数。

三、清单工程量计算

1. 瓦屋面、型材屋面

瓦屋面、型材屋面工程量按设计图示尺寸以斜面积计算，计量单位为"m^2"。不扣除房上烟囱、风帽底座、风道、小气窗、斜沟等所占面积。小气窗的出檐部分不增加面积。

瓦屋面斜面积按屋面水平投影面积乘以屋面延尺系数。延尺系数可根据屋面坡度的大小确定，见表 5-2 和图 5-1。

表 5-2　　　　　　　　　　　　　　　屋面坡度系数表

坡　　　度			延尺系数 $C(A=1)$	隅延尺系数 $D(A=1)$
$B(A=1)$	$B/2A$	角度 θ		
1	1/2	45°	1.1442	1.7320
0.75	—	36°52′	1.2500	1.6008
0.70	—	35°	1.2207	1.5780
0.666	1/3	33°40′	1.2015	1.5632
0.65	—	33°01′	1.1927	1.5564
0.60	—	30°58′	1.6620	1.5362
0.577	—	30°	1.1545	1.5274
0.55	—	28°49′	1.1430	1.5174
0.50	1/4	26°34′	1.1180	1.5000
0.45	—	24°14′	1.0966	1.4841
0.40	1/5	21°48′	1.0770	1.4697
0.35	—	19°47′	1.0595	1.4569
0.30	—	16°42′	1.0440	1.4457
0.25	1/8	14°02′	1.0380	1.4362
0.20	1/10	11°19′	1.0198	1.4283
0.15	—	8°32′	1.0112	1.4222
0.125	1/16	7°08′	1.0078	1.4197
0.100	1/20	5°42′	1.0050	1.4178
0.083	1/24	4°45′	1.0034	1.4166
0.066	1/30	3°49′	1.0022	1.4158

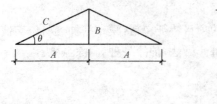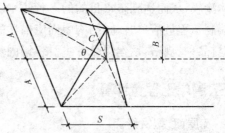

图 5-1　两坡水及四坡水屋面示意图

【例 5-1】　某工程如图 5-2 所示,屋面板上铺水泥大瓦,试计算其工程量。

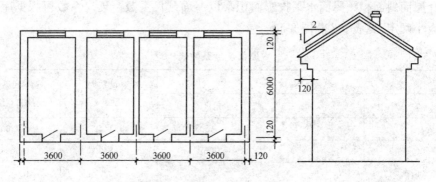

图 5-2　某房屋建筑示意图

【解】　等两坡瓦屋面工程量＝(房屋总宽度＋外檐宽度×2)×外檐总长度×
　　　　　　延尺系数

瓦屋面工程量＝(6.00＋0.24＋0.12×2)×(3.6×4＋0.24)×1.118
　　　　　　＝106.06m²

【例 5-2】　如图 5-3 所示小青瓦屋面,设计屋面坡度为 0.5,试计算其工程量。

【解】　瓦屋面工程量＝(36＋0.24＋0.18×2)×(10＋0.24＋0.18×2)＋[(15＋0.3×2)×0.3×2＋1×0.3×2]×1.118＝399.10m²

2. 阳光板、玻璃钢屋面

阳光板、玻璃钢屋面工程量按设计图示尺寸以斜面积计算。不扣除屋面面积≤0.3m² 孔洞所占面积,计量单位为"m²"。

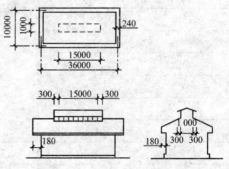

图 5-3　小青瓦屋面示意图

【例 5-3】　如图 5-4 所示为四坡玻璃钢屋面,已知屋面坡度的高跨比 B：2A＝1：3,

$\theta = 33°40'$，试计算其工程量。

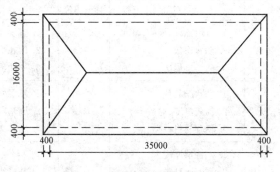

图 5-4　四坡玻璃钢屋面示意图

【解】　玻璃钢屋面工程量＝(35＋0.4×2)×(16＋0.4×2)×1.2015＝722.63m²

3. 膜结构屋面

膜结构屋面工程量按设计图示尺寸以需要覆盖的水平投影面积计算，计量单位为"m²"。

【例5-4】　某工程采用如图5-5所示膜结构屋面，试计算其工程量。

【解】　膜结构屋面工程量＝18×28＝504m²

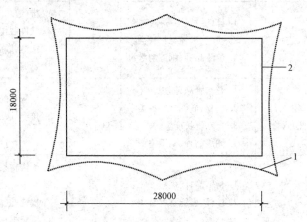

图 5-5　某工程膜结构屋面示意图
1—膜布水平的投影面积；2—需覆盖的水平投影面积

第三节　屋面防水及其他

一、清单项目设置

《房屋建筑与装饰工程工程量清单计算规范》(GB 50854—2013)附录 J.2 屋面防水及其他共 8 个清单项目。各清单项目设置的具体内容见表 5-3。

表 5-3 屋面防水及其他清单项目设置

项目编码	项目名称	项目特征	计量单位	工作内容
010902001	屋面卷材防水	1. 卷材品种、规格、厚度 2. 防水层数 3. 防水层做法		1. 基层处理 2. 刷底油 3. 铺油毡卷材、接缝
010902002	屋面涂膜防水	1. 防水膜品种 2. 涂膜厚度、遍数 3. 增强材料种类	m²	1. 基层处理 2. 刷基层处理剂 3. 铺布、喷涂防水层
010902003	屋面刚性层	1. 刚性层厚度 2. 混凝土种类 3. 混凝土强度等级 4. 嵌缝材料种类 5. 钢筋规格、型号		1. 基层处理 2. 混凝土制作、运输、铺筑、养护 3. 钢筋制安
010902004	屋面排水管	1. 排水管品种、规格 2. 雨水斗、山墙出水口品种、规格 3. 接缝、嵌缝材料种类 4. 油漆品种、刷漆遍数	m	1. 排水管及配件安装、固定 2. 雨水斗、山墙出水口、雨水算子安装 3. 接缝、嵌缝 4. 刷漆
010902005	屋面排(透)气管	1. 排(透)气管品种、规格 2. 接缝、嵌缝材料种类 3. 油漆品种、刷漆遍数		1. 排(透)气管及配件安装、固定 2. 铁件制作、安装 3. 接缝、嵌缝 4. 刷漆
010902006	屋面(廊、阳台)泄(吐)水管	1. 吐水管品种、规格 2. 接缝、嵌缝材料种类 3. 吐水管长度 4. 油漆品种、刷漆遍数	根 (个)	1. 水管及配件安装、固定 2. 接缝、嵌缝 3. 刷漆
010902007	屋面天沟、檐沟	1. 材料品种、规格 2. 接缝、嵌缝材料种类	m²	1. 天沟材料铺设 2. 天沟配件安装 3. 接缝、嵌缝 4. 刷防护材料
010902008	屋面变形缝	1. 嵌缝材料种类 2. 止水带材料种类 3. 盖缝材料 4. 防护材料种类	m	1. 清缝 2. 填塞防水材料 3. 止水带安装 4. 盖缝制作、安装 5. 刷防护材料

注:1. 屋面找平层按《房屋建筑与装饰工程工程量计算规范》(GB 50854—2013)附录 L 楼地面装饰工程"平面砂浆找平层"项目编码列项。

2. 屋面防水搭接及附加层用量不另行计算,在综合单价中考虑。

3. 屋面保温找坡层按《房屋建筑与装饰工程工程量计算规范》(GB 50854—2013)附录 K 保温、隔热、防腐工程"保温隔热屋面"项目编码列项。

二、清单项目特征描述

1. 屋面卷材防水

屋面卷材防水是将柔性卷材或片材用胶结料粘贴在屋面上,形成一个大面积封闭防水覆盖层,又称为柔性防水屋面。

编制工程量清单时,屋面卷材防水应描述的项目特征包括:卷材品种、规格、厚度,防水层数,防水层做法。常用屋面防水卷材品种和规格见表5-4。

表 5-4　　　　　　　常用屋面防水卷材品种和规格

卷材品种	分类	规格
石油沥青纸胎油毡	按卷重和物理性能分为Ⅰ型、Ⅱ型、Ⅲ型 (1)按单位面积质量分为15、25号。 (2)按上表面材料分为PE膜、砂面,也可按生产厂要求采用其他类型的上表面材料。 (3)按力学性能分为Ⅰ、Ⅱ型	油毡幅宽为1000mm,其他规格可由供需双方商定 卷材公称宽度为1m。卷材公称面积为10m²、20m²
塑性体改性沥青防水卷材	(1)按胎基分为聚酯毡(PY)、玻纤毡(G)、玻纤增强聚酯毡(PYG)。 (2)按上表面隔离材料分为聚乙烯膜(PE)、细砂(S)、矿物粒料(M)。下表面隔离材料为细砂(S)、聚乙烯膜(PE)。细砂为粒径不超过0.60mm的矿物颗粒。 (3)按材料性能分Ⅰ型和Ⅱ型	(1)卷材公称宽度为1000mm。 (2)聚酯毡卷材公称厚度为3mm、4mm、5mm。 (3)玻纤毡卷材公称厚度为3mm、4mm。 (4)玻纤增强聚酯毡卷材公称厚度为5mm。 (5)每卷卷材公称面积7.5m²、10m²、15m²
弹性体改性沥青防水卷材		
自粘聚合物改性沥青防水卷材	(1)按有无胎基增强分为无胎基(N类)、聚酯胎基(PY类)。 1)N类按上表面材料分为聚乙烯膜(PE)、聚酯膜(PET)、无膜双面自粘(D)。 2)PY类按上表面材料分为聚乙烯膜(PE)、细砂(S)、无膜双面自粘(D)。 (2)按性能分为Ⅰ型和Ⅱ型,卷材厚度为2.0mm的PY类只有Ⅰ型	(1)卷材公称宽度为1000mm、2000mm。 (2)卷材公称面积为10m²、15m²、20m²、30m²。 (3)卷材的厚度为: 1)N类:1.2mm、1.5mm、2.0mm; 2)PY类:2.0mm、3.0mm、4.0mm。 (4)其他规格可由供需双方商定
铝箔面石油沥青防水卷材	产品分为30、40两个标号	卷材幅宽为1000mm
三元丁橡胶防水卷材	产品按物理力学性能分为一等品(B)和合格品(C)	规格尺寸见表5-5
聚氯乙烯防水卷材	(1)产品按有无复合层分类。无复合层的为N类,用纤维单面复合的为L类,织物内增强的为W类。 (2)每类产品按理化性能分为Ⅰ型和Ⅱ型	(1)卷材长度规格为10m、15m、20m。 (2)厚度规格为1.2mm、1.5mm、2.0mm。 (3)其他长度、厚度规格可由供需双方商定,厚度规格不得小于1.2mm
氯化聚乙烯-橡胶共混防水卷材	按物理力学性能分为S型和N型	(1)厚度(mm):1.0,1.2,1.5,2.0。 (2)宽度(mm):1000,1100,1200。 (3)长度(m):20

表5-5　　　　　　　　　　　　　　三元丁橡胶防水卷材规格尺寸

厚度(mm)	宽度(mm)	长度(m)	厚度(mm)	宽度(mm)	长度(m)
1.2	1000	20	2.0	1000	10
1.5		10			

注:其他规格尺寸由供需双方协商确定。

2. 屋面涂膜防水

屋面涂膜是指在钢筋混凝土装配式无保温层的屋盖体系中,板缝采用油膏嵌缝,板面压光具有一定的自身防水并涂刷一定厚度的无定形液态改性沥青、高分子合成材料,经常温胶连固化能形成一种具有胶状弹性涂膜的涂料层。在板面找平层和保温层面找平层上采用防水涂料层均匀涂刷防水层面,即为涂膜屋面。

编制工程量清单时,屋面涂膜防水应描述的项目特征包括:防水膜品种,涂膜厚度、遍数,增强材料种类。常用屋面涂膜防水材料见表5-6。

表5-6　　　　　　　　　　　　　　常用屋面涂膜防水材料

名　　称	分　　类
聚氯乙烯弹性防水涂料	(1)按施工方式分为热塑型(J型)和热熔型(G型)两种类型 (2)按耐热和低温性能分为801和802两个型号
聚氨酯防水涂料	(1)按组分分为单组分(S)、多组分(M)两种 (2)按拉伸性能分为Ⅰ、Ⅱ两类
聚合物水泥防水涂料	按物理力学性能分为Ⅰ型、Ⅱ型和Ⅲ型
聚合物乳液建筑防水涂料	按物理性能分为Ⅰ类和Ⅱ类
建筑表面用有机硅防水剂	产品分为水性(W)和溶剂型(S)两种

3. 屋面刚性层

与卷材及涂膜防水屋面相比,屋面刚性层所用材料易得,价格便宜,耐久性好,维修方便,但屋面刚性层材料的表观密度大,抗拉强度低,极限抗拉应变小,易受混凝土或砂浆的干湿变形、温度变形和结构变形的影响而产生裂缝。因此,屋面刚性层主要适用于防水等级为Ⅲ级的屋面防水,也可用作Ⅰ、Ⅱ级屋面多道防水设防中的一道防水层;不适用于设有松散保温层的屋面、大跨度和轻型屋盖的屋面,以及受震动或冲击的建筑屋面。而且屋面刚性层的节点部位应与柔性材料复合使用,才能保证防水的可靠性。

编制工程量清单时,屋面刚性层应描述的项目特征包括:刚性层厚度,混凝土种类,混凝土强度等级,嵌缝材料种类,钢筋规格、型号。屋面刚性层无钢筋,其钢筋项目特征不必描述。

4. 屋面排水管

屋面排水指屋面承接的天然雨水经过一定坡度的屋面汇集后,有组织地通过排水构件,引流到地下排水系统。

编制工程量清单时,屋面排水管应描述的项目特征包括:排水管品种、规格,雨水斗、山墙出水口品种、规格,接缝、嵌缝材料种类,油漆品种、刷漆遍数。

5. 屋面排(透)气管

屋面排(透)气管是将保温层内的气体及时排出,有效防止屋面因水的冻胀、气体的压力导致屋面开裂破坏。

编制工程量清单时,屋面排(透)气管应描述的项目特征包括:排(透)气管品种、规格,接缝、嵌缝材料种类,油漆品种、刷漆遍数。

屋面排气管常采用钢制排气管、塑料管、镀锌钢管等。

6. 屋面(廊、阳台)泄(吐)水管

屋面(廊、阳台)泄(吐)水管作用是防止水落管堵塞后,雨水积聚于屋面,造成屋面超载,影响结构安全的措施。同时,也是减小屋面因积水而增加渗漏水的概率。

编制工程量清单时,屋面(廊、阳台)泄(吐)水管应描述的项目特征包括:吐水管品种、规格,接缝、嵌缝材料种类,吐水管长度,油漆品种、刷漆遍数。

7. 屋面天沟、檐沟

屋面天沟是指屋面上沿沟长两侧收集雨水用于引导屋面雨水径流的集水沟;檐沟是指屋檐边的集水沟,沿沟长单边收集雨水且溢流雨水能沿沟边溢流到室外。

编制工程量清单时,屋面天沟、檐沟应描述的项目特征包括:材料品种、规格,接缝、嵌缝材料种类。

8. 屋面变形缝

屋面变形缝又称为分格缝,设置在屋面刚性防水层上,防止屋面板内外有温差,温度应力作用导致屋面开裂而设置的。屋面变形缝内应填充泡沫塑料,其上放衬垫材料,并用卷材封盖;顶部应加扣混凝土盖板或金属盖板,如图5-6所示。

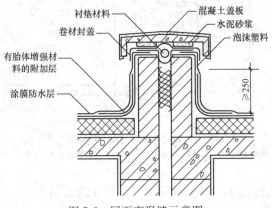

图 5-6　屋面变形缝示意图

编制工程量清单时,屋面变形缝应描述的项目特征包括:嵌缝材料种类,止水带材料种类,盖缝材料,防护材料种类。

三、清单工程量计算

1. 屋面卷材防水

屋面卷材防水工程量按设计图示尺寸以面积计算,计量单位为"m²"。其中:斜屋顶(不包括平屋顶找坡)按斜面积计算,平屋顶按水平投影面积计算;不扣除房上烟囱、风帽底座、风道、屋面小气窗和斜沟所占面积;屋面的女儿墙、伸缩缝和天窗等处的弯起部分,并入屋面工程量内。

【例 5-5】 计算如图 5-7 所示二毡三油卷材平屋面工程量。

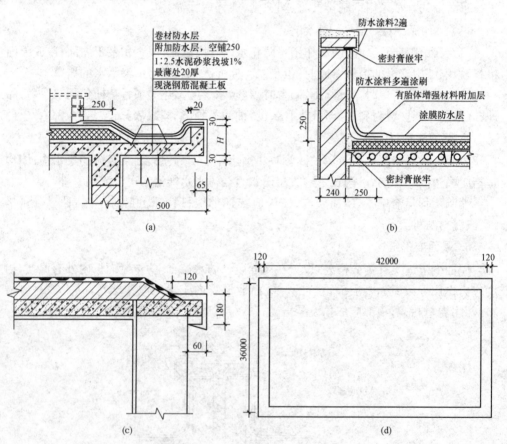

图 5-7　二毡三油卷材防水平屋面示意图
(a)有挑檐无女儿墙;(b)无挑檐有女儿墙;(c)无挑檐无女儿墙;(d)平面图

【解】 (1)有挑檐无女儿墙工程量＝屋面房建筑面积＋$(l_外＋4×檐宽)×檐宽$
$$＝(42＋0.24)×(36＋0.24)＋[(42＋0.24＋$$
$$36＋0.24)×2＋4×0.5]×0.5$$
$$＝1610.26m²$$

(2)无挑檐有女儿墙工程量＝屋面房建筑面积－女儿墙厚度×女儿墙中心线＋弯起部分

$$＝(42＋0.24)×(36＋0.24)－(42＋36)×0.24×2＋(42－0.24＋36－0.24)×2×0.25$$

$$＝1532.1m^2$$

(3)无挑檐无女儿墙工程量＝(42＋0.24)×(36＋0.24)＋(42＋0.24＋36＋0.24)×0.06×2

$$＝1540.2m^2$$

【例 5-6】　试计算如图 5-8 所示三毡四油卷材防水屋面工程量。

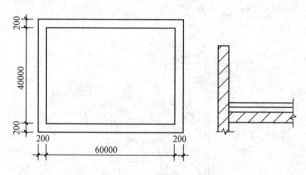

图 5-8　三毡四油卷材防水屋面示意图

【解】　卷材防水屋面工程量＝(60＋0.2×2)×(40＋0.2×2)＝2440.16m²

2.屋面涂膜防水

屋面涂膜防水工程量按设计图示尺寸以面积计算,计量单位为"m²"。其中:斜屋顶(不包括平屋顶找坡)按斜面积计算,平屋顶按水平投影面积计算;不扣除房上烟囱、风帽底座、风道、屋面小气窗和斜沟所占面积;屋面的女儿墙、伸缩缝和天窗等处的弯起部分,并入屋面工程量内。

【例 5-7】　根据图 5-9 所示尺寸,计算涂膜屋面工程量。女儿墙卷材弯起高度为250mm。

【解】　(1)水平投影面积＝(3.3×2＋8.4－0.24)×(4.2＋3.6－0.24)＋(8.4－0.24)×1.2＋(2.7－0.24)×1.5

$$＝125.07m^2$$

(2)弯起部分面积＝[(14.76＋7.56)×2＋1.2×2＋1.5×2]×0.25＝12.51m²

(3)涂膜屋面工程量＝水平投影面积＋弯起部分面积＝125.07＋12.51

$$＝137.58m^2$$

3.屋面刚性层

屋面刚性层工程量按设计图示尺寸以面积计算。不扣除房上烟囱、风帽底座、风道等所占面积,计量单位为"m²"。

【例 5-8】　试计算如图 5-10 所示某屋面刚性层工程量。

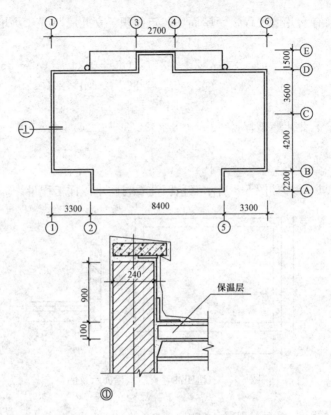

图 5-9　某涂膜屋面示意图

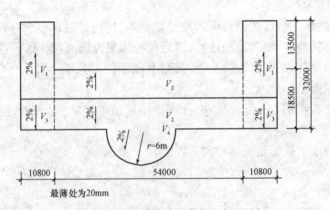

图 5-10　某屋顶平面图

【解】　屋面刚性层工程量＝$32 \times 10.8 \times 2 + 18.5 \times 54 + 3.14 \times 6^2 \times \dfrac{1}{2} = 1746.72 \text{m}^2$

4. 屋面排水管

屋面排水管工程量按设计图示尺寸以长度计算。如设计未标注尺寸，以檐口至设计室外散水上表面垂直距离计算，计量单位为"m"。

【**例 5-9**】　计算图 5-11 所示铸铁落水口、铸铁水斗及铸铁落水管口工程量(共 9 处)。

【**解**】　铸铁落水管工程量＝16＋0.35＝16.35m

铸铁落水口工程量＝9 个

铸铁水斗工程量＝9 个

【**例 5-10**】　如图 5-12 所示,某屋面铸铁排水管共两根,并装有铸铁排水口、铸铁水斗和弯头,计算铸铁排水管工程量。

【**解**】　铸铁排水管工程量＝(10.2＋0.3)×2

＝21.0m

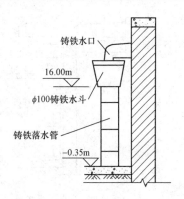

图 5-11　屋面铸铁落水管示意图

5. 屋面排(透)气管

屋面排(透)气管工程量按设计图示尺寸以长度计算,计量单位为"m"。

【**例 5-11**】　计算如图 5-13 所示某屋面排气管工程量。

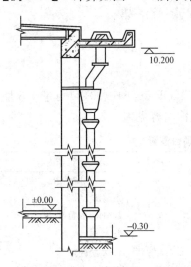

图 5-12　某屋面铸铁排水管示意图

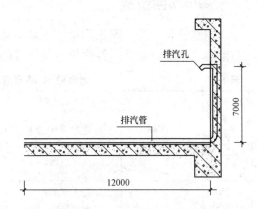

图 5-13　某屋面排气管示意图

【**解**】　屋面排气管工程量＝12＋7＝19m

6. 屋面(廊、阳台)泄(吐)水管

屋面(廊、阳台)泄(吐)水管工程量按设计图示数量计算,计量单位为"根(个)"。

【**例 5-12**】　计算如图 5-14 所示某屋面泄水管(共 8 根)工程量。

【**解**】　屋面泄水管工程量＝8 根

7. 屋面天沟、檐沟

屋面天沟、檐沟工程量按设计图示尺寸以展开面积计算,计量单位为"m²"。

【**例 5-13**】　如图 5-15 所示,白铁皮天沟长度为 25m,试计算其工程量。

【**解**】　屋面天沟工程量＝[(0.04＋0.05＋0.15)×2＋0.08]×25＝14m²

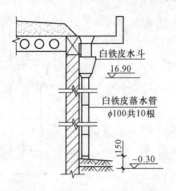

图 5-14　某屋面泄水管示意图

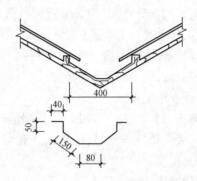

图 5-15　某白铁皮天沟剖面图

8. 屋面变形缝

屋面变形缝工程量按设计图示以长度计算，计量单位为"m"。

第四节　墙面防水、防潮

一、清单项目设置

《房屋建筑与装饰工程工程量清单计算规范》(GB 50854—2013)附录 J. 3 墙面防水、防潮共 4 个清单项目。各清单项目设置的具体内容见表 5-7。

表 5-7　　　　　　　　墙面防水、防潮清单项目设置

项目编码	项目名称	项目特征	计量单位	工作内容
010903001	墙面卷材防水	1. 卷材品种、规格、厚度 2. 防水层数 3. 防水层做法	m²	1. 基层处理 2. 刷粘结剂 3. 铺防水卷材 4. 接缝、嵌缝
010903002	墙面涂膜防水	1. 防水膜品种 2. 涂膜厚度、遍数 3. 增强材料种类		1. 基层处理 2. 刷基层处理剂 3. 铺布、喷涂防水层
010903003	墙面砂浆防水 （防潮）	1. 防水层做法 2. 砂浆厚度、配合比 3. 钢丝网规格		1. 基层处理 2. 挂钢丝网片 3. 设置分格缝 4. 砂浆制作、运输、摊铺、养护
010903004	墙面变形缝	1. 嵌缝材料种类 2. 止水带材料种类 3. 盖缝材料 4. 防护材料种类	m	1. 清缝 2. 填塞防水材料 3. 止水带安装 4. 盖缝制作、安装 5. 刷防护材料

注：1. 墙面防水搭接及附加层用量不另行计算，在综合单价中考虑。

2. 墙面找平层按《房屋建筑与装饰工程工程量计算规范》(GB 50854—2013)附录 M 墙、柱面装饰与隔断、幕墙工程"立面砂浆找平层"项目编码列项。

二、清单项目特征描述

1. 墙面卷材防水

将沥青类或高分子类防水材料浸渍在胎体上,制作成的防水材料产品,以卷材形式提供,称为卷材防水。卷材防水根据主要组成材料不同,可分为沥青防水卷材、高聚物改性沥青防水卷材和合成高分子防水卷材。

编制工程量清单时,墙面卷材防水应描述的项目特征包括:卷材品种、规格、厚度,防水层数,防水层做法。

2. 墙面涂膜防水

涂膜防水层包括无机防水涂料和有机防水涂料。无机防水涂料可选用水泥基防水涂料、水泥基渗透结晶型涂料;有机防水涂料可选用反应型、水乳型、聚合物水泥防水涂料。无机防水涂料宜用于结构主体的背水面;有机防水涂料宜用于结构主体的迎水面。用于背水面的有机防水涂料应具有较高的抗渗性,且与基层有较强的粘结性。

编制工程量清单时,墙面涂膜防水应描述的项目特征包括:防水膜品种,涂膜厚度、遍数,增强材料种类。

3. 墙面砂浆防水(防潮)

墙面防水主要是结构自防水法,即靠防水混凝土来抗渗透水。在大面积浇筑防水混凝土的过程中,难免留下一些缺陷。在防水混凝土结构的内外表面抹防水砂浆,等于多了一道防水线,它不仅可以弥补缺陷,而且,还能大大提高地下结构的防水抗渗能力。

编制工程量清单时,墙面砂浆防水(防潮)应描述的项目特征包括:防水层做法,砂浆厚度、配合比,钢丝网规格。

4. 墙面变形缝

变形缝是指在建筑物变形敏感的部位将结构断开,预留缝隙,以防止由于温度变化、地基沉降不均匀及地震等因素的影响而使结构内部产生附加应力和变形,导致建筑物的破坏,产生裂缝甚至倒塌。

墙面变形缝根据其功能不同,可分为伸缩缝、沉降缝和抗震缝(也称防震缝)三种。

(1)伸缩缝。为了防止建筑结构产生裂缝或破坏而设置的缝,称为伸缩缝。因为是受温度变化影响而设置的缝,所以,也称为温度缝或温度伸缩缝。

伸缩缝一般是将基础以上建筑构件如墙、楼板、屋面等部分分成两个以上的独立部分,在相邻独立部分中间留出空隙,缝宽一般为 25～30mm。因基础部分处于地下,受温度影响小,一般不设置专用的伸缩缝。

(2)沉降缝。沉降缝是指建筑物各部分由于地基不均匀沉降,引起建筑物产生裂缝或破坏,为了防止产生这种裂缝或破坏而设置的缝。

(3)防震缝。在地震区建造房屋,必须充分考虑地震对建筑造成的影响。防震缝应沿建筑全高设置,缝的两侧应布置双墙或双柱,或一墙一柱,使各部分结构都有较好的刚度。

编制工程量清单时,墙面变形缝应描述的项目特征包括:嵌缝材料种类,止水带材料种类,盖缝材料,防护材料种类。

三、清单工程量计算

1. 墙面卷材防水

墙面卷材防水工程量按设计图示尺寸以面积计算,计量单位为"m²"。

【例 5-14】 某住宅平面图如图 5-16 所示,厨房墙面防水高为 2m,卫生间墙面防水高为 3m,计算厨卫墙面二毡三油防水工程量(厨房门为 900mm×2100mm,卫生间门为 800mm×2100mm,窗户为 700mm×1200mm)。

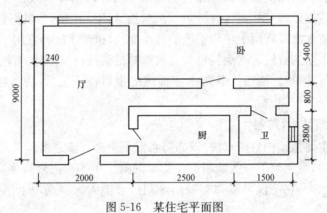

图 5-16　某住宅平面图

【解】 厨卫墙面卷材防水工程量 $=[(2.5-0.24)\times(2.8-0.24)\times2-0.9\times2.1]+$
$$[(1.5-0.24)\times(2.8-0.24)\times2-0.8\times2.1-$$
$$0.7\times1.2]$$
$$=13.61\text{m}^2$$

2. 墙面涂膜防水

墙面涂膜防水工程量按设计图示尺寸以面积计算,计量单位为"m²"。

【例 5-15】 图 5-17 所示为某工程平面图,墙面做防水处理,墙面防水高为 3m,需要抹防水砂浆 6 层,试计算其工程量。

【解】 墙面涂膜防水工程量 $=(10.8-0.24)\times3+(7.2-0.24)\times3=52.56\text{m}^2$

3. 墙面砂浆防水(防潮)

墙面砂浆防水(防潮)工程量按设计图示尺寸以面积计算,计量单位为"m²"。

【例 5-16】 图 5-18 所示为某建筑物平面图,墙面砂浆防水(防潮)高 700mm,试计算建筑物墙基砂浆防水(防潮)工程量。

【解】 墙面砂浆防水(防潮)工程量 $=(8-0.24)\times0.7+(6+5-0.24)\times0.7$
$$=5.43+7.53=12.96\text{m}^2$$

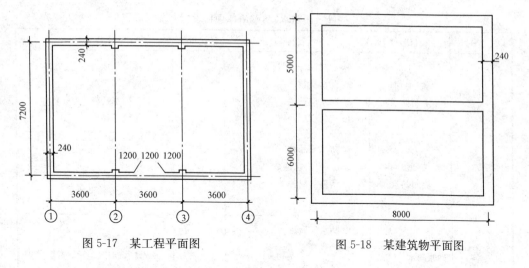

图 5-17　某工程平面图　　　　　　图 5-18　某建筑物平面图

4. 墙面变形缝

墙面变形缝工程量按设计图示以长度计算,计量单位为"m"。墙面变形缝若做双面,工程量乘以系数 2。

【例 5-17】　如图 5-19 所示,某建筑物在 1/2 长处设置一道伸缩缝,墙厚 240mm,试计算伸缩缝工程量。

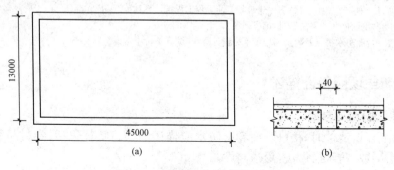

图 5-19　某建筑物伸缩缝示意图
(a)建筑物平面图;(b)伸缩缝示意图

【解】　伸缩缝工程量＝13.0－0.24＝12.76m

第五节　楼(地)面防水、防潮

一、清单项目设置

《房屋建筑与装饰工程工程量清单计算规范》(GB 50854—2013)附录 J. 4 楼(地)面防水、防潮共 4 个清单项目。各清单项目设置的具体内容见表 5-8。

表 5-8 　　　　　　　　　　　楼(地)面防水、防潮清单项目设置

项目编码	项目名称	项目特征	计量单位	工作内容
010904001	楼(地)面卷材防水	1. 卷材品种、规格、厚度 2. 防水层数 3. 防水层做法 4. 反边高度	m²	1. 基层处理 2. 刷粘结剂 3. 铺防水卷材 4. 接缝、嵌缝
010904002	楼(地)面涂膜防水	1. 防水膜品种 2. 涂膜厚度、遍数 3. 增强材料种类 4. 反边高度		1. 基层处理 2. 刷基层处理剂 3. 铺布、喷涂防水层
010904003	楼(地)面砂浆防水(防潮)	1. 防水层做法 2. 砂浆厚度、配合比 3. 反边高度		1. 基层处理 2. 砂浆制作、运输、摊铺、养护
010904004	楼(地)面变形缝	1. 嵌缝材料种类 2. 止水带材料种类 3. 盖缝材料 4. 防护材料种类	m	1. 清缝 2. 填塞防水材料 3. 止水带安装 4. 盖缝制作、安装 5. 刷防护材料

注:1. 楼(地)面防水找平层按《房屋建筑与装饰工程工程量计算规范》(GB 50854—2013)附录 L 楼地面装饰工程"平面砂浆找平层"项目编码列项。

2. 楼(地)面防水搭接及附加层用量不另行计算,在综合单价中考虑。

二、清单项目特征描述

1. 楼(地)面卷材防水

编制工程量清单时,楼(地)面卷材防水应描述的项目特征包括:卷材品种、规格、厚度,防水层数,防水层做法,反边高度。

2. 楼(地)面涂膜防水

编制工程量清单时,楼(地)面涂膜防水应描述的项目特征包括:防水膜品种,涂膜厚度、遍数,增强材料种类,反边高度。

3. 楼(地)面砂浆防水(防潮)

砂浆防水(防潮层)是为防止地下水和地下各种液体透过地面的隔离层,防潮层分为水平防潮层和垂直防潮层。楼(地)面砂浆防水(防潮)又称刚性防水层,是利用不同配合比的水泥砂浆和素灰胶浆,相互交替抹压均匀密实,构成一个多层的整体防水层。

编制工程量清单时,楼(地)面砂浆防水(防潮)应描述的项目特征包括:防水层做法,砂浆厚度、配合比,反边高度。

4. 楼(地)面变形缝

楼地面变形缝内容同屋面变形缝、墙面变形缝。

编制工程量清单时,楼地面变形缝应描述的项目特征包括:嵌缝材料种类,止水带材料种类,盖缝材料,防护材料种类。

三、清单工程量计算

1. 楼(地)面卷材防水、楼(地)面涂膜防水、楼(地)面砂浆防水(防潮)

楼(地)面卷材防水、楼(地)面涂膜防水、楼(地)面砂浆防水(防潮)工程量按设计图示尺寸以面积计算,计量单位为"m^2"。其中:楼(地)面防水按主墙间净空面积计算,扣除凸出地面的构筑物、设备基础等所占面积,不扣除间壁墙及单个面积≤0.3m^2柱、垛、烟囱和孔洞所占面积;楼(地)面防水反边高度≤300mm算作地面防水,反边高度>300mm按墙面防水计算。

【例 5-18】　如图 5-20 所示,计算某住宅楼地面卷材防水层工程量。

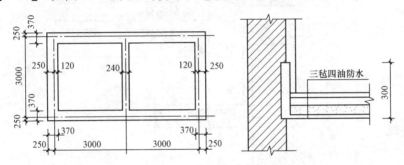

图 5-20　某住宅室内平面图及防水层剖面图

【解】　楼(地)面卷材防水工程量＝(3.0－0.24)×(3.0－0.24)×2
　　　　　　　　　　　　　＝15.24m^2

2. 楼(地)面变形缝

楼(地)面变形缝工程量按设计图示以长度计算,计量单位为"m"。

第六节　屋面及防水工程工程量清单编制示例

【例 5-19】　某工程 SBS 改性沥青卷材防水屋面平面图、剖面图如图 5-21 所示。其自结构层由下向上的做法为:钢筋混凝土板上用 1∶12 水泥珍珠岩找坡,坡度 2%,最薄处 60mm;保温隔热层上 1∶3 水泥砂浆找平层反边高 300mm,在找平层上刷冷底子油,加热烤铺,贴 3mm 厚 SBS 改性沥青防水卷材一道(反边高 300mm),在防水卷材上抹 1∶2.5 水泥砂浆找平层(反边高 300mm)。不考虑嵌缝,砂浆以使用中砂为拌和料,女儿墙不计算,未列项目不补充。试列出该屋面找平层、保温及卷材防水分部分项工程量清单。

【解】　**1. 清单工程量计算**

(1)屋面卷材防水工程量＝18.5×11＋(18.5＋11)×2×0.3＝221.2m^2

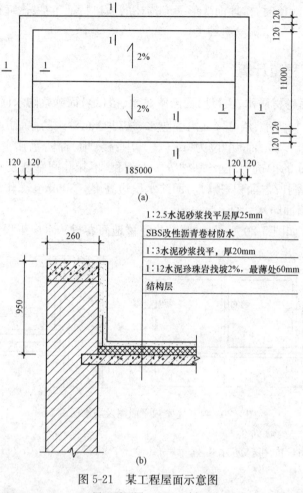

图 5-21　某工程屋面示意图

(a)屋面平面图;(b)1—1剖面图

(2)屋面保温工程量=18.5×11=203.5m²

(3)屋面找平层工程量=18.5×11+(18.5+11)×2×0.3=221.2m²

工程量计算结果见表 5-9。

表 5-9　　　　　　　　　　　　工程量计算表

序号	项目编码	项目名称	工程量	计量单位
1	010902001001	屋面卷材防水	221.2	m²
2	011001001001	保温隔热屋面	203.5	m²
3	011101006001	平面砂浆找平层	221.2	m²

2. 分部分项工程和单价措施项目清单编制

分部分项工程和单价措施项目清单与计价表见表 5-10。

表 5-10　　　　　　　分部分项工程和单价措施项目清单与计价表

序号	项目编码	项目名称	项目特征描述	计量单位	工程量	金额(元)	
						综合单价	合价
1	010902001001	屋面卷材防水	1. 卷材品种、规格、厚度：3mm 厚 SBS 改性沥青防水卷材 2. 防水层数：一道 3. 防水层做法：卷材底刷冷底子油、加热烤铺	m²	221.2		
2	011001001001	保温隔热屋面	1. 材料品种：1：12 水泥珍珠岩 2. 保温厚度：最薄处 60mm	m²	203.5		
3	011101006001	平面砂浆找平层	找平层厚度、砂浆配合比：20mm 厚 1：3 水泥砂浆找平层（防水底层）、25mm 厚 1：2.5 水泥砂浆找平层(防水面层)	m²	221.2		

第六章 保温隔热、防腐工程工程量清单编制

第一节 保温隔热、防腐工程概述

一、保温隔热工程

1. 基本概念

保温隔热工程,是为防止建筑物内部热量的散失或阻隔外界热量的传入,使建筑物内部维持一定温度而采取的措施。

保温隔热屋面,是一种集防水和保温隔热于一体的防水屋面,防水是基本功能,同时兼顾保温隔热。

保温层可采用松散材料保温层、板状保温层或整体保温层;隔热层可采用架空隔热层、蓄水隔热层、种植隔热层等。

2. 保温隔热工程的分类

(1)按保温隔热材料分类:屋面保温隔热材料分有机类保温隔热材料、无机类保温隔热材料。

1)有机类保温隔热材料是指植物秸秆及其制品,如稻草、高粱秆、玉米秸,此类材料来源广、重量轻、价格低廉,但吸湿性大,容易腐烂,高温下易分解和燃烧。

2)无机类保温隔热材料是指矿物类、化学合成聚酯类和合成橡胶类及其制品。如矿物类有矿棉、膨胀珍珠岩、膨胀蛭石、浮石、硅藻土石膏、炉渣、加气混凝土、泡沫混凝土、浮石混凝土等;化学合成聚酯类和合成橡胶类有聚氯乙烯、聚苯乙烯、聚乙烯、聚氨酯、脲醛塑料和泡沫硬脂酸等,此类材料不腐烂,耐高温,部分吸湿性大,价格较贵。如泡沫混凝土板、蛭石板、矿物棉板、软木板及有机纤维板(木丝板、刨花板、甘蔗板)等,具有松散保温材料性能,加工简单,施工方便。

(2)按材料形状分类:屋面保温隔热材料按其形状和施工做法分为松散保温隔热材料、板状保温隔热材料、整体保温隔热材料。

1)松散保温隔热材料是用炉渣、膨胀蛭石、水渣、膨胀珍珠岩、矿物棉、锯末等干铺而成,但不宜用在受震动的围护结构之上。

2)板状保温隔热材料是用松散保温隔热材料或化学合成聚酯与合成橡胶类材料加工制成。

(3)按保温隔热部分分类:屋面保温隔热、墙体保温隔热、楼地面和天棚保温隔热。

二、防腐工程

防腐工程,是指为满足工程中的特殊需要(如具有较强酸、碱与射线辐射的工程),

而采取的保护建筑物的正常使用,延长建筑物使用寿命的防范、抵御措施手段。

常见的防腐工程分类有以下四种:

(1)按所操作的材料形态分类:防腐蚀性的砂浆、混凝土、胶泥类,玻璃布、沥青油毡卷材类,瓷砖、瓷板、塑料板、镶贴块料类,液态、各种刷涂类等。

(2)按防腐蚀材料分类:水玻璃防腐蚀工程、沥青防腐蚀工程、树脂防腐蚀工程、聚合物水泥砂浆防腐蚀工程、块料防腐蚀工程、聚氯乙烯塑料防腐蚀工程、涂料类防腐蚀工程等。

(3)按腐蚀性介质的形态分类:气态介质、液态介质、固态介质和污染土等。

(4)按建筑物的腐蚀特征分类:强腐蚀性、中等腐蚀性、弱腐蚀性和无腐蚀性等。

第二节　保温隔热工程

一、清单项目设置

《房屋建筑与装饰工程工程量清单计算规范》(GB 50854—2013)附录 K.1 保温隔热共 6 个清单项目。各清单项目设置的具体内容见表 6-1。

表 6-1　　　　　　　　　　　　　保温隔热清单项目设置

项目编码	项目名称	项目特征	计量单位	工作内容
011001001	保温隔热屋面	1. 保温隔热材料品种、规格、厚度 2. 隔气层材料品种、厚度 3. 粘结材料种类、做法 4. 防护材料种类、做法	m²	1. 基层清理 2. 刷粘结材料 3. 铺粘保温层 4. 铺、刷(喷)防护材料
011001002	保温隔热天棚	1. 保温隔热面层材料品种、规格、性能 2. 保温隔热材料品种、规格及厚度 3. 粘结材料种类及做法 4. 防护材料种类及做法		
011001003	保温隔热墙面	1. 保温隔热部位 2. 保温隔热方式 3. 踢脚线、勒脚线保温做法 4. 龙骨材料品种、规格 5. 保温隔热面层材料品种、规格、性能 6. 保温隔热材料品种、规格及厚度 7. 增强网及抗裂防水砂浆种类 8. 粘结材料种类及做法 9. 防护材料种类及做法		1. 基层清理 2. 刷界面剂 3. 安装龙骨 4. 填贴保温材料 5. 保温板安装 6. 粘贴面层 7. 铺设增强格网、抹抗裂防水砂浆面层 8. 嵌缝 9. 铺、刷(喷)防护材料
011001004	保温柱、梁			

续表

项目编码	项目名称	项目特征	计量单位	工作内容
011001005	保温隔热楼地面	1. 保温隔热部位 2. 保温隔热材料品种、规格、厚度 3. 隔气层材料品种、厚度 4. 粘结材料种类、做法 5. 防护材料种类、做法	m²	1. 基层清理 2. 刷粘结材料 3. 铺粘保温层 4. 铺、刷(喷)防护材料
011001006	其他保温隔热	1. 保温隔热部位 2. 保温隔热方式 3. 隔气层材料品种、厚度 4. 保温隔热面层材料品种、规格、性能 5. 保温隔热材料品种、规格及厚度 6. 粘结材料种类及做法 7. 增强网及抗裂防水砂浆种类 8. 防护材料种类及做法		1. 基层清理 2. 刷界面剂 3. 安装龙骨 4. 填贴保温材料 5. 保温板安装 6. 粘贴面层 7. 铺设增强格网、抹抗裂防水砂浆面层 8. 嵌缝 9. 铺、刷(喷)防护材料

注:1. 保温隔热装饰面层,按《房屋建筑与装饰工程工程量计算规范》(GB 50854—2013)附录 L、M、N、P、Q 中相关项目编码列项;仅做找平层按《房屋建筑与装饰工程工程量计算规范》(GB 50854—2013)附录 L 楼地面装饰工程"平面砂浆找平层"或附录 M 墙、柱面装饰与隔断、幕墙工程"立面砂浆找平层"项目编码列项。

　　2. 柱帽保温隔热应并入天棚保温隔热工程量内。

　　3. 池槽保温隔热应按其他保温隔热项目编码列项。

二、清单项目特征描述

1. 保温隔热屋面

　　屋面是室外热量侵入的主要介质部位,为减少室外热量传入室内、升高室内温度,现有多种屋面隔热降温的措施,如采取架空隔热、涂料反射隔热、蓄水屋面隔热、种植屋面隔热、倒置式屋面隔热等形式。

　　编制工程量清单时,保温隔热屋面应描述的项目特征包括:保温隔热材料品种、规格、厚度,隔气层材料品种、厚度,粘结材料种类、做法,防护材料种类、做法。

2. 保温隔热天棚

　　天棚是指在建筑物的楼板层或屋顶下附加的结构层或覆盖层,亦即"顶棚",有时还称"天花板"。凡是为了防止建筑物内部热量的散失和隔阻外界热量的传入,使建筑物内部维持一定温度,而采取的措施,即为建筑物的保温隔热工程,而用于屋顶棚中即为保温隔热天棚。

　　编制工程量清单时,保温隔热天棚应描述的项目特征包括:保温隔热面层材料品种、规格、性能,保温隔热材料品种、规格及厚度,粘结材料种类及做法,防护材料种类及做法。常用保温隔热材料有炉渣、浮石、膨胀蛭石、膨胀珍珠岩、泡沫塑料、微孔硅酸钙、泡沫混凝土等。

3. 保温隔热墙面

采取保温隔热措施的墙称为保温隔热墙。

编制工程量清单时,保温隔热墙面应描述的项目特征包括:保温隔热部位,保温隔热方式,踢脚线、勒脚线保温做法,龙骨材料品种、规格,保温隔热面层材料品种、规格、性能,保温隔热材料品种、规格及厚度,增强网及抗裂防水砂浆种类,粘结材料种类及做法,防护材料种类及做法。

保温隔热方式指内保温、外保温、夹心保温。

4. 保温柱、梁

采取了保温隔热措施的柱称为保温柱;采取了保温隔热措施的梁称为保温梁。保温柱、梁适用于不与墙、天棚相连的独立柱、梁。

编制工程量清单时,保温柱、梁应描述的项目特征包括:保温隔热部位,保温隔热方式,踢脚线、勒脚线保温做法,龙骨材料品种、规格,保温隔热面层材料品种、规格、性能,保温隔热材料品种、规格及厚度,增强网及抗裂防水砂浆种类,粘结材料种类及做法,防护材料种类及做法。

保温隔热方式是指内保温、外保温、夹心保温。

5. 保温隔热楼地面

保温隔热楼地面是指设置有隔绝热的传播构造层的楼地面。

编制工程量清单时,保温隔热楼地面应描述的项目特征包括:保温隔热部位,保温隔热材料品种、规格、厚度,隔气层材料品种、厚度,粘结材料种类、做法,防护材料种类、做法。

6. 其他保温隔热

其他保温隔热是指本节中未列出的项目,如池槽保温隔热。

编制工程量清单时,其他保温隔热应描述的项目特征包括:保温隔热部位,保温隔热方式,保温隔热材料品种、规格、厚度,隔气层材料品种、厚度,保温隔热面层材料品种、规格、性能,粘结材料种类、做法,防护材料种类、做法。

三、清单工程量计算

1. 保温隔热屋面

保温隔热屋面工程量按设计图示尺寸以面积计算,计量单位为"m²",扣除面积>0.3m²孔洞所占面积。

【例 6-1】　某保温隔热平屋面如图 6-1 所示。其做法如下:空心板上 1∶3 水泥砂浆找平 20mm 厚,刷冷底子油两遍,沥青隔气层一遍,80mm 厚水泥蛭石块保温层,

1∶10 现浇水泥蛭石找坡,1∶3 水泥砂浆找平 20mm 厚 SBS 改性沥青卷材满铺一层,点式支撑预制混凝土板架空隔热层,试计算保温隔热屋面工程量。

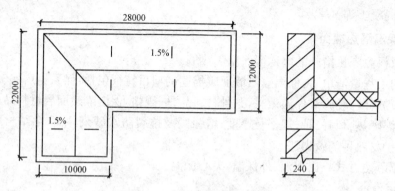

图 6-1　某保温平屋面示意图

【解】　保温隔热屋面工程量＝(28－0.24)×(12－0.24)＋(10－0.24)×(22－12)
　　　　　　　　　　　＝424.06m²

2. 保温隔热天棚

保温隔热天棚工程量按设计图示尺寸以面积计算,计量单位为"m²",扣除面积＞0.3m² 以上柱、垛、孔洞所占面积,与天棚相连的梁按展开面积计算,并入天棚工程量内。

3. 保温隔热墙面

保温隔热墙面工程量按设计图示尺寸以面积计算,计量单位为"m²",扣除门窗洞口以及面积＞0.3m² 梁、孔洞所占面积;门窗洞口侧壁以及与墙相连的柱,并入保温墙体工程量内。

【例 6-2】　求如图 6-2 所示墙体填充沥青玻璃棉工程量,已知墙高 4.5m。

【解】　保温隔热墙面工程量＝(18.74－0.24×
2)×4.50×0.05＝4.11m²

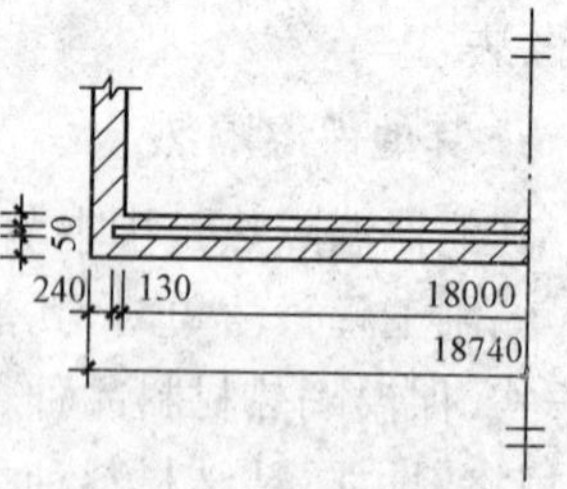

4. 保温柱、梁

保温柱、梁工程量按设计图示尺寸以面积计算,计量单位为"m²"。其中:柱按设计图示柱断面保温层中心线展开长度乘以保温层高度计算,扣除面积＞0.3m² 梁所占面积;梁按设计图示梁断面保温层中心线展开长度乘以保温层长度计算。

图 6-2　墙体填充沥青玻璃棉示意图

【例 6-3】　某冷库内加设两根直径为 0.5m 的圆柱(图 6-3),上带柱帽,采用软木保温,试计算其工程量。

【解】　(1)柱身保温层工程量:
$S_1＝0.6\pi×(4.5－0.8)×0.1×2＝1.40m²$

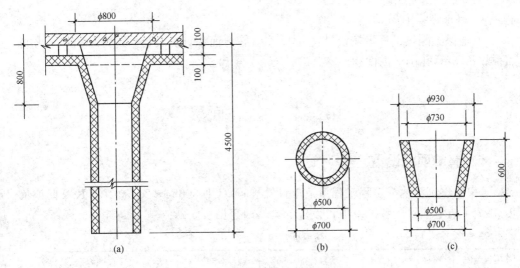

图 6-3　某冷库圆柱保温层结构图

（2）柱帽保温层工程量：

$$S_2 = \frac{1}{2}\pi \times (0.7 + 0.73) \times 0.6 \times 0.1 \times 2 = 0.27\text{m}^2$$

（3）保温圆柱工程量合计：

$$S = S_1 + S_2 = 1.40 + 0.27 = 1.67\text{m}^2$$

5. 保温隔热楼地面

保温隔热楼地面工程量按设计图示尺寸以面积计算，计量单位为"m²"。扣除面积>0.3m² 柱、垛、孔洞等所占面积。门洞、空圈、暖气包槽、壁龛的开口部分不增加面积。

【例 6-4】　图 6-4 所示为某冷库简图，设计采用软木保温层，厚度为 100mm，天棚做带木龙骨保温层，试计算该冷库保温隔热楼地面工程量。

【解】　保温隔热楼地面工程量＝(7.2−0.24)×(4.8−0.24)＝31.74m²

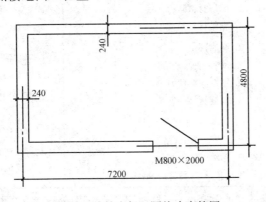

图 6-4　某软木保温隔热冷库简图

6. 其他保温隔热

其他保温隔热工程量按设计图示尺寸以展开面积计算,计量单位为"m²"。扣除面积>0.3m² 孔洞所占面积。

第三节　防腐面层

一、清单项目设置

《房屋建筑与装饰工程工程量清单计算规范》(GB 50854—2013)附录 K.2 防腐面层共 7 个清单项目。各清单项目设置的具体内容见表 6-2。

表 6-2　　　　　　　　　　　　防腐面层清单项目设置

项目编码	项目名称	项目特征	计量单位	工作内容
011002001	防腐混凝土面层	1. 防腐部位 2. 面层厚度 3. 混凝土种类 4. 胶泥种类、配合比		1. 基层清理 2. 基层刷稀胶泥 3. 混凝土制作、运输、摊铺、养护
011002002	防腐砂浆面层	1. 防腐部位 2. 面层厚度 3. 砂浆、胶泥种类、配合比		1. 基层清理 2. 基层刷稀胶泥 3. 砂浆制作、运输、摊铺、养护
011002003	防腐胶泥面层	1. 防腐部位 2. 面层厚度 3. 胶泥种类、配合比		1. 基层清理 2. 胶泥调制、摊铺
011002004	玻璃钢防腐面层	1. 防腐部位 2. 玻璃钢种类 3. 贴布材料的种类、层数 4. 面层材料品种	m²	1. 基层清理 2. 刷底漆、刮腻子 3. 胶浆配制、涂刷 4. 粘布、涂刷面层
011002005	聚氯乙烯板面层	1. 防腐部位 2. 面层材料品种、厚度 3. 粘结材料种类		1. 基层清理 2. 配料、涂胶 3. 聚氯乙烯板铺设
011002006	块料防腐面层	1. 防腐部位 2. 块料品种、规格 3. 粘结材料种类 4. 勾缝材料种类		1. 基层清理 2. 铺贴块料 3. 胶泥调制、勾缝
011002007	池、槽块料防腐面层	1. 防腐池、槽名称、代号 2. 块料品种、规格 3. 粘结材料种类 4. 勾缝材料种类		1. 基层清理 2. 铺贴块料 3. 胶泥调制、勾缝

注:防腐踢脚线,应按《房屋建筑与装饰工程工程量清单计算规范》(GB 50854—2013)附录 L 楼地面装饰工程"踢脚线"项目编码列项。

二、清单项目特征描述

1. 防腐混凝土面层

防腐混凝土是由耐腐蚀胶结剂、硬化剂、耐腐蚀粉料和粗细骨料以及外加剂按一定比例组成的,经过搅拌、成型和养护后可直接使用的一种耐腐蚀材料。防腐混凝土面层是指用防腐混凝土做的面层。

编制工程量清单时,防腐混凝土面层应描述的项目特征包括:防腐部位,面层厚度,混凝土种类,胶泥种类、配合比。

2. 防腐砂浆面层

防腐砂浆是为防止酸、碱、盐及有机溶剂等介质破坏建筑材料,铺砌砖、板面层和铺筑整体面层或垫层时,在砂浆中加入一定的防腐蚀材料而形成的胶结材料。防腐砂浆面层是指用防腐砂浆做的整体面层。

编制工程量清单时,防腐砂浆面层应描述的项目特征包括:防腐部位,面层厚度,砂浆、胶泥种类、配合比。

3. 防腐胶泥面层

防腐胶泥面层是用防腐胶泥做的整体防腐面层。

编制工程量清单时,防腐胶泥面层应描述的项目特征包括:防腐部位,面层厚度,胶泥种类、配合比。

各类胶泥的主要性能、特征见表 6-3。

表 6-3　　　　　　　　　各类胶泥的主要性能、特征

胶泥名称	主要性能、特征
环氧树脂胶泥	耐酸、耐碱、耐盐、耐热性能低于环氧乙烯基酯树脂和呋喃胶泥;粘结强度高;使用温度 60℃以下
不饱和聚酯树脂胶泥	耐酸、耐碱、耐盐、耐热及粘结性能低于环氧乙烯基酯树脂和呋喃胶泥,常温固化,施工性能好、品种多、选择余地大,耐有机溶剂性差
环氧乙烯基酯树脂胶泥	耐酸、耐碱、耐有机溶剂、耐盐、耐氧化性介质,强度高;常温固化,施工性能好,粘结力较强;品种多、耐热性好
呋喃树脂胶泥	耐酸、耐碱性能较好;不耐氧化性介质,强度高;抗冲击性能差;施工性能一般
水玻璃胶泥	耐温、耐酸(除氢氟酸)性能优良,不耐碱、水、氟化物及 300℃以上磷酸,空隙率大,抗渗性差
聚合物水泥砂浆	耐中低浓度碱、碱性盐;不耐酸、酸性盐;空隙率大,抗渗性差

4. 玻璃钢防腐面层

玻璃钢防腐面层是由各种防腐树脂胶和玻璃布交错粘贴而成。

编制工程量清单时,玻璃钢防腐面层应描述的项目特征包括:防腐部位,玻璃钢种类,贴布材料的种类、层数,面层材料品种。

5. 聚氯乙烯板面层

聚氯乙烯塑料是在聚氯乙烯树脂中加入增塑剂、稳定剂、润滑剂、填料、颜料等加

工而成的一种热塑性塑料。聚氯乙烯板面层是由聚氯乙烯塑料板做的防腐面层。

　　编制工程量清单时,聚氯乙烯板面层应描述的项目特征包括:防腐部位,面层材料品种、厚度,粘结材料种类。聚氯乙烯板分硬聚氯乙烯板和软聚氯乙烯板。硬聚氯乙烯板可用作池、槽的衬里,也可用于排气筒、地漏和下水管等的配件;软聚氯乙烯板可用于池、槽衬里及室内地面面层。

6. 块料防腐面层

　　编制工程量清单时,块料防腐面层应描述的项目特征包括:防腐部位,块料品种、规格,粘结材料种类,勾缝材料种类。

　　常用的耐腐蚀块材有耐酸砖、耐酸耐温砖、天然耐酸碱石材、铸石制品、浸渍石墨等。耐酸砖、耐酸耐温砖的规格见表6-4,铸石制品的规格与尺寸见表6-5。

表6-4　　　　　　　　　　常用耐酸砖、耐酸耐温砖规格

类型	外形尺寸(长×宽×厚)(mm)	
标型砖	230×113×65	230×113×55
普型砖	230×113×75	210×100×60
	200×100×50	200×50×30
楔形砖	230×113×55/65	230×113×60/65
	230×113×45/55	230×113×45/65
	230×113×25/65	230×113×25/75
	230×113×45/65	
耐酸薄砖	200×100×20	180×110×20
	180×90×20	180×75×20
	150×150×20	110×75×20
	200×200×20	100×100×20

表6-5　　　　　　　　　　铸石制品的规格与尺寸

名称	尺寸(mm)			名称	尺寸(mm)		
	长 L	宽 H	厚 δ		长 L	宽 H	厚 δ
平板	180	150	15,20,30	弧形板	300~1000		
	110	70	15,20				
	150	150	20				
	150	110	15,20			100	140
	195	93	20			125	165
	200	200	25			150	190
	220	180	20			175	215
	300	150	25			200	240
	300	300	25			250	280
	400	200	20				
	400	300	30				
	400	350	35				

7. 池、槽块料防腐面层

编制工程量清单时,池、槽块料防腐面层应描述的项目特征包括:防腐池、槽名称、代号,块料品种、规格,粘结材料种类,勾缝材料种类。

三、清单工程量计算

防腐混凝土面层、防腐砂浆面层、防腐胶泥面层、玻璃钢防腐面层、聚氯乙烯板面层、块料防腐面层工程量按设计图示尺寸以面积计算,计量单位为"m^2"。其中:平面防腐:扣除凸出地面的构筑物、设备基础等以及面积$>0.3m^2$孔洞、柱、垛等所占面积。门洞、空圈、暖气包槽、壁龛的开口部分不增加面积;立面防腐:扣除门、窗、洞口以及面积$>0.3m^2$孔洞、梁所占面积,门、窗、洞口侧壁、垛突出部分按展开面积并入墙面积内。

池、槽块料防腐面层工程量按设计图示尺寸以展开面积计算,计量单位为"m^2"。

【例 6-5】 试计算如图 6-5 所示某环氧砂浆防腐面层工程量。

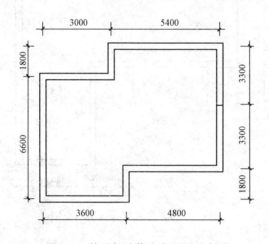

图 6-5　某环氧砂浆防腐面层示意图

【解】　环氧砂浆防腐面层工程量$=(3.6+4.8-0.24)\times(6.6+1.8-0.24)-3.0\times$
$$1.8-4.8\times1.8$$
$$=52.55m^2$$

【例 6-6】 试计算如图 6-6 所示环氧玻璃钢整体面层工程量。

【解】　(1)环氧底漆一层工程量$=(3.3-0.24)\times(6.6-0.24)\times2$
$$=38.92m^2$$

(2)环氧刮腻子工程量$=(3.3-0.24)\times(6.6-0.24)\times2=38.92m^2$

(3)贴玻璃布一层工程量$=(3.3-0.24)\times(6.6-0.24)\times2=38.92m^2$

(4)环氧面漆一层工程量$=(3.3-0.24)\times(6.6-0.24)\times2=38.92m^2$

【例 6-7】 如图 6-7 所示,试计算聚氯乙烯板面层工程量。

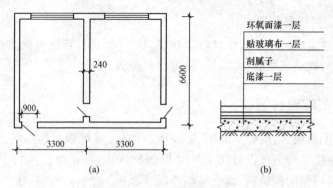

图 6-6　某环氧玻璃钢整体面层示意图

(a)平面图；(b)局部面层剖面图

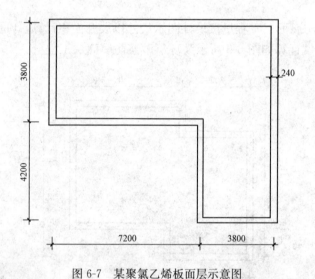

图 6-7　某聚氯乙烯板面层示意图

【解】　聚氯乙烯板面层工程量＝(7.2－0.24)×(3.8－0.24)＋3.8×(4.2＋3.8

　　　　　　　　－0.24)

　　　　　　＝54.27m²

第四节　其他防腐

一、清单项目设置

《房屋建筑与装饰工程工程量清单计算规范》(GB 50854—2013)附录 K.3 其他防腐共 3 个清单项目。各清单项目设置的具体内容见表 6-6。

表 6-6　　　　　　　　　　　其他防腐清单项目设置

项目编码	项目名称	项目特征	计量单位	工作内容
011003001	隔离层	1. 隔离层部位 2. 隔离层材料品种 3. 隔离层做法 4. 粘贴材料种类	m²	1. 基层清理、刷油 2. 煮沥青 3. 胶泥调制 4. 隔离层铺设
011003002	砌筑沥青浸渍砖	1. 砌筑部位 2. 浸渍砖规格 3. 胶泥种类 4. 浸渍砖砌法	m³	1. 基层清理 2. 胶泥调制 3. 浸渍砖铺砌
011003003	防腐涂料	1. 涂刷部位 2. 基层材料类型 3. 刮腻子的种类、遍数 4. 涂料品种、刷涂遍数	m²	1. 基层清理 2. 刮腻子 3. 刷涂料

二、清单项目特征描述

1. 隔离层

隔离层是指使腐蚀性材料和非腐蚀性材料隔离的构造层。

编制工程量清单时,隔离层应描述的项目特征包括:隔离层部位,隔离层材料品种,隔离层做法,粘贴材料种类。

2. 砌筑沥青浸渍砖

沥青浸渍砖是指放到沥青液中浸渍过的砖。

编制工程量清单时,砌筑沥青浸渍砖应描述的项目特征包括:砌筑部位,浸渍砖规格,胶泥种类,浸渍砖砌法。浸渍砖砌法有平砌、立砌。

3. 防腐涂料

具有防腐蚀作用的涂料称为防腐涂料。

编制工程量清单时,防腐涂料应描述的项目特征包括:涂刷部位,基层材料类型,刮腻子的种类、遍数,涂料品种、涂刷遍数。

常用的防腐涂料有环氧树脂涂料、聚氨酯树脂涂料、玻璃鳞片涂料、高氯化聚乙烯涂料、氯化橡胶涂料、丙烯酸树脂涂料、醇酸树脂耐酸涂料、聚氨酯聚乙烯互穿网络涂料、氟碳涂料、有机硅涂料、专用底层涂料、锈面涂料、喷涂型聚脲涂料、环氧自流平地面涂料、防腐蚀耐磨洁净涂料、防腐蚀导静电涂料、防腐蚀防霉防水涂料。

三、清单工程量计算

1. 隔离层

隔离层工程量按设计图示尺寸以面积计算,计量单位为"m²"。

【例6-8】 计算如图6-8所示某屋面隔离层工程量。

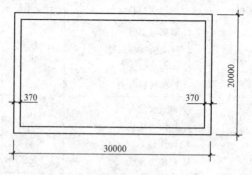

图 6-8　某屋面隔离层示意图

【解】 屋面隔离层工程量＝(30－0.37×2)×(20－0.37×2)＝563.55m²

2. 砌筑沥青浸渍砖

砌筑沥青浸渍砖工程量按设计图示尺寸以体积计算,计量单位为"m³"。

【例6-9】 某池槽表面砌筑沥青浸渍砖,如图6-9所示,试计算其工程量。

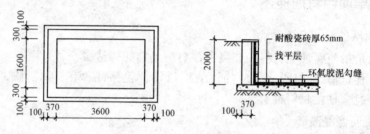

图 6-9　某池槽示意图

【解】 砌筑沥青浸渍砖工程量＝[(3.6－0.065)×(1.6－0.065)＋(3.6＋1.6)×2×2]×0.065＝1.705m³

3. 防腐涂料

防腐涂料工程量按设计图示尺寸以面积计算,计量单位为"m²"。其中:平面防腐:扣除凸出地面的构筑物、设备基础等以及面积＞0.3m² 孔洞、柱、垛等所占面积,门洞、空圈、暖气包槽、壁龛的开口部分不增加面积;立面防腐:扣除门、窗、洞口以及面积＞0.3m² 孔洞、梁所占面积,门、窗、洞口侧壁、垛突出部分按展开面积并入墙面积内。

第五节　保温隔热、防腐工程工程量清单编制示例

【例6-10】 某库房地面做1∶0.533∶0.533∶3.121不发火沥青砂浆防腐面层,踢脚线抹1∶0.3∶1.5∶4铁屑砂浆,厚度均为20mm,踢脚线高度200mm,门洞地面做防腐面层,倒边不做踢脚线,如图6-10所示。

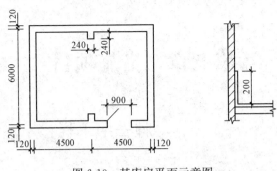

图 6-10　某库房平面示意图

【解】　1. 清单工程量计算

(1)防腐砂浆面层工程量=(9-0.24)×(6-0.24)=50.46m²

(2)砂浆踢脚线工程量=(9-0.24+0.24×2+6-0.24)×2-0.90=29.1m

工程量计算结果见表 6-7。

表 6-7　　　　　　　　　　　　工程量计算表

序号	项目编码	项目名称	工程量	计量单位
1	011002002001	防腐砂浆面层	50.46	m²
2	011105001001	砂浆踢脚线	29.10	m

2. 分部分项工程和单价措施项目清单编制

分部分项工程和单价措施项目清单与计价表见表 6-8。

表 6-8　　　　　　　　分部分项工程和单价措施项目清单与计价表

序号	项目编码	项目名称	项目特征描述	计量单位	工程量	金额(元)	
						综合单价	合价
1	011002002001	防腐砂浆面层	1. 防腐部位:地面 2. 厚度:20mm 3. 砂浆种类、配合比:不发火砂浆 1:0.533:0.533:3.121	m²	50.46		
2	011105001001	水泥砂浆踢脚线	1. 踢脚线高度:200mm 2. 厚度、砂浆配合比:厚度均为20mm,铁屑砂浆 1:0.3:1.5:4	m	29.10		

第七章　措施项目

第一节　脚手架工程

一、清单项目设置

《房屋建筑与装饰工程工程量清单计算规范》(GB 50854—2013)附录 S.1 脚手架工程共 8 个清单项目。各清单项目设置的具体内容见表 7-1。

表 7-1　　　　　　　　　　脚手架工程清单项目设置

项目编码	项目名称	项目特征	计量单位	工作内容
011701001	综合脚手架	1. 建筑结构形式 2. 檐口高度	m²	1. 场内、场外材料搬运 2. 搭、拆脚手架、斜道、上料平台 3. 安全网的铺设 4. 选择附墙点与主体连接 5. 测试电动装置、安全锁等 6. 拆除脚手架后材料的堆放
011701002	外脚手架	1. 搭设方式 2. 搭设高度 3. 脚手架材质	m	1. 场内、场外材料搬运 2. 搭、拆脚手架、斜道、上料平台 3. 安全网的铺设 4. 拆除脚手架后材料的堆放
011701003	里脚手架			
011701004	悬空脚手架	1. 搭设方式 2. 悬挑宽度 3. 脚手架材质		
011701005	挑脚手架			
011701006	满堂脚手架	1. 搭设方式 2. 搭设高度 3. 脚手架材质		
011701007	整体提升架	1. 搭设方式及启动装置 2. 搭设高度	m²	1. 场内、场外材料搬运 2. 选择附墙点与主体连接 3. 搭、拆脚手架、斜道、上料平台 4. 安全网的铺设 5. 测试电动装置、安全锁等 6. 拆除脚手架后材料的堆放
011701008	外装饰吊篮	1. 升降方式及启动装置 2. 搭设高度及吊篮型号		1. 场内、场外材料搬运 2. 吊篮的安装 3. 测试电动装置、安全锁、平衡控制器等 4. 吊篮的拆卸

注:同一建筑物有不同檐高时,按建筑物竖向切面分别按不同檐高编列清单项目。

二、清单项目特征描述

1. 综合脚手架

综合脚手架是综合了建筑物中砌筑内外墙所需用的砌墙脚手架、运料斜坡、上料平台、金属卷扬机架、外墙粉刷脚手架等内容，它是工业和民用建筑物砌筑墙体（包括其外粉刷）所使用的一种脚手架。

编制工程量清单时，综合脚手架应描述的项目特征包括：建筑结构形式，檐口高度。

2. 外脚手架、里脚手架

外脚手架是为建筑施工而搭设在外墙外边线外的上料、堆料与施工作业用的临时结构架；里脚手架搭设于建筑物内部，每砌完一层墙后，即将其转移到上一层楼面，进行新的一层砌体砌筑，它可用于内外墙的砌筑和室内装饰施工。

编制工程量清单时，外脚手架、里脚手架应描述的项目特征包括：搭设方式，搭设高度，脚手架材质。脚手架材质可以不描述，但应注明由投标人根据工程实际情况按照国家现行标准《建筑施工扣件式钢管脚手架安全技术规范》（JGJ 130—2011）、《建筑施工附着升降脚手架管理暂行规定》（建建［2000］230 号）等规范自行确定。

3. 悬空脚手架、挑脚手架

悬空脚手架是在两个建筑物之间搭设的通道等脚手架；挑脚手架也叫悬挑脚手架，是从门、窗口挑出横杆或斜杆组成挑出式支架，再设置栏杆，铺设脚手板构成的脚手架。

编制工程量清单时，悬空脚手架、挑脚手架应描述的项目特征包括：搭设方式，悬挑宽度，脚手架材质。

4. 满堂脚手架

满堂脚手架又称为满堂红脚手架，主要用于单层厂房、展览大厅、体育馆等层高、开间较大的建筑顶部的装饰施工，由立杆、横杆、斜撑、剪刀撑等组成。

编制工程量清单时，满堂脚手架应描述的项目特征包括：搭设方式，搭设高度，脚手架材质。

5. 整体提升架

整体提升架由钢管脚手架、承重桁架、承重三脚架、升板机、提升机三脚架、导向轮等主要部件组成，其特征是以建筑施工通用的脚手钢管扣件连接而成的一个有三层建筑高度的整体外墙脚手架。在静态时，通过承重三脚架，由承重螺栓紧固在建筑物上，作为施工时的脚手架使用；在动态时，经固定于建筑物外围结构上的提升机三脚架及普通的升板机的提升能量，使该外脚手架作整体上升或下降的一种组合结构。整体提升架已包括 2m 高的防护架体设施。

编制工程量清单时，整体提升架应描述的项目特征包括：搭设方式及启动装置，搭设高度。

6. 外装饰吊篮

外装饰吊篮与外墙满搭外脚手架相比,可节省劳动力、缩短工期,操作方便灵活。其结构如图 7-1 所示。

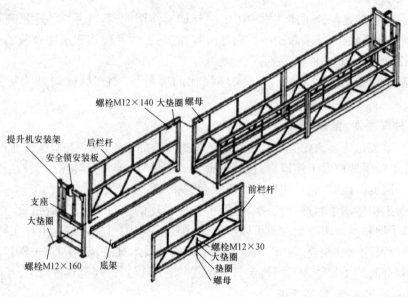

图 7-1 外装饰吊篮结构图

编制工程量清单时,外装饰吊篮应描述的项目特征包括:升降方式及启动装置,搭设高度及吊篮型号。

三、清单工程量计算

1. 综合脚手架

综合脚手架工程量按建筑面积计算,计量单位为"m²"。使用综合脚手架时,不再使用外脚手架、里脚手架等单项脚手架。综合脚手架适用于能够按"建筑面积计算规则"计算建筑面积的建筑工程脚手架,不适用于房屋加层、构筑物及附属工程脚手架。

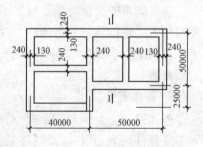

图 7-2 某单层建筑平面图

【例 7-1】 如图 7-2 所示,某单层建筑物高度为 4.2m,试计算其脚手架工程量。

【解】 综合脚手架工程量 $=\left[40+\left(0.13+\dfrac{0.24}{2}\right)\times2\right]\times\left[25+50+\left(0.13+\dfrac{0.24}{2}\right)\times2\right]+50\times\left[50+\left(0.13+\dfrac{0.24}{2}\right)\times2\right]$

$=5582.75\text{m}^2$

2. 外脚手架、里脚手架

外脚手架、里脚手架工程量按所服务对象的垂直投影面积计算,计量单位为"m²"。

【**例 7-2**】 如图 7-3 所示,计算木制外脚手架及里脚手架工程量(墙厚 240mm)。

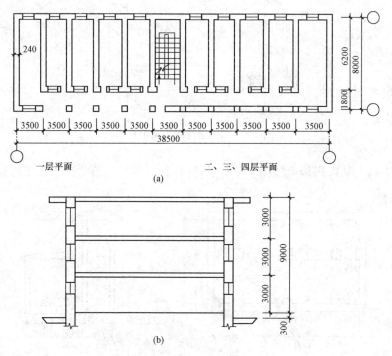

图 7-3 某建筑木制外脚手架及里脚手架示意图

(a)平面图;(b)剖面图

【**解**】 (1)外脚手架工程量=[(38.5+0.24)×2+(8+0.24)×2]×(9+0.3)

   =873.83m²

(2)里脚手架工程量=[(6.2-0.24)×10+(3.5-0.24)×8]×(3-0.24)×2

   =472.95m²

3. 悬空脚手架

悬空脚手架工程量按搭设的水平投影面积计算,计量单位为"m²"。

【**例 7-3**】 某钢筋混凝土梁如图 7-4 所示,梁的空间尺寸为 7000mm×4000mm,楼板上表面至上层楼的楼底之间高度为 4.0m,计算梁的悬空脚手架工程量。

【**解**】 悬空脚手架工程量=4.0×7.0=28m²

4. 挑脚手架

挑脚手架工程量按搭设长度乘以搭设层数以延长米计算,计量单位为"m"。

5. 满堂脚手架

满堂架脚手架工程量按搭设的水平投影面积计算,计量单位为"m²"。

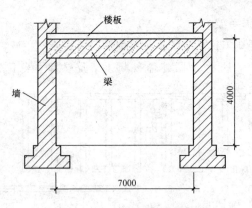

图 7-4　某钢筋混凝土梁示意图

【例 7-4】　某厂房构造如图 7-5 所示,计算其室内采用满堂脚手架工程量。

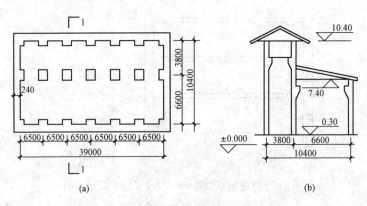

(a)　　　　　　　　　　　　　　　　　　(b)

图 7-5　某厂房构造示意图

(a)平面图;(b)1—1 剖面图

【解】　满堂脚手架工程量=39×(6.6+3.8)=405.6m²

6. 整体提升架

整体提升架工程量按所服务对象的垂直投影面积计算,计量单位为"m²"。

7. 外装饰吊篮

外装饰吊篮工程量按所服务对象的垂直投影面积计算,计量单位为"m²"。

第二节　混凝土模板及支架(撑)

一、清单项目设置

《房屋建筑与装饰工程工程量清单计算规范》(GB 50854—2013)附录 S.2 混凝土模板及支架(撑)共 32 个清单项目。各清单项目设置的具体内容见表 7-2。

表 7-2　　　　　　　　　　混凝土模板及支架(撑)清单项目设置

项目编码	项目名称	项目特征	计量单位	工作内容
011702001	基础	基础类型		
011702002	矩形柱	—		
011702003	构造柱			
011702004	异形柱	柱截面形状		
011702005	基础梁	梁截面形状		
011702006	矩形梁	支撑高度		
011702007	异形梁	1. 梁截面形状 2. 支撑高度		
011702008	圈梁	—		
011702009	过梁			
011702010	弧形、拱形梁	1. 梁截面形状 2. 支撑高度		
011702011	直形墙			
011702012	弧形墙			
011702013	短肢剪力墙、电梯井壁		m²	1. 模板制作 2. 模板安装、拆除、整理堆放及场内外运输 3. 清理模板粘结物及模内杂物、刷隔离剂等
011702014	有梁板			
011702015	无梁板			
011702016	平板			
011702017	拱板	支撑高度		
011702018	薄壳板			
011702019	空心板			
011702020	其他板			
011702021	栏板	—		
011702022	天沟、檐沟	构件类型		
011702023	雨篷、悬挑板、阳台板	1. 构件类型 2. 板厚度		
011702024	楼梯	类型		
011702025	其他现浇构件	构件类型		
011702026	电缆沟、地沟	1. 沟类型 2. 沟截面		
011702027	台阶	台阶踏步宽		
011702028	扶手	扶手断面尺寸		
011702029	散水	—		

项目编码	项目名称	项目特征	计量单位	工作内容
011702030	后浇带	后浇带部位	m²	1. 模板制作 2. 模板安装、拆除、整理堆放及场内外运输 3. 清理模板粘结物及模内杂物、刷隔离剂等
011702031	化粪池	1. 化粪池部位 2. 化粪池规格		
011702032	检查井	1. 检查井部位 2. 检查井规格		

注:1. 原槽浇灌的混凝土基础,不计算模板。

　　2. 混凝土模板及支撑(架)项目,只适用于以平方米计量,按模板与混凝土构件的接触面积计算。以立方米计量的模板及支撑(支架),按混凝土及钢筋混凝土实体项目执行,其综合单价中应包含模板及支撑(支架)。

　　3. 采用清水模板时,应在特征中注明。

二、清单项目特征描述

1. 基础

编制工程量清单时,基础应描述的项目特征包括:基础类型。

2. 异形柱

编制工程量清单时,异形柱应描述的项目特征包括:柱截面形状。

3. 基础梁

编制工程量清单时,基础梁应描述的项目特征包括:梁截面形状。

4. 矩形梁

编制工程量清单时,矩形梁应描述的项目特征包括:支撑高度。

5. 异形梁、弧形梁、拱形梁

编制工程量清单时,异形梁、弧形梁、拱形梁应描述的项目特征包括:梁截面形状,支撑高度。

6. 有梁板、无梁板、平板、拱板、薄壳板、空心板、其他板

编制工程量清单时,有梁板、无梁板、平板、拱板、薄壳板、空心板、其他板应描述的项目特征包括:支撑高度。若现浇混凝土梁、板支撑高度超过 3.6m 时,项目特征应描述支撑高度。

7. 天沟、檐沟

编制工程量清单时,天沟、檐沟应描述的项目特征包括:构件类型。

8. 雨篷、悬挑板、阳台板

编制工程量清单时,雨篷、悬挑板、阳台板应描述的项目特征包括:构件类型,板厚度。

9. 楼梯

编制工程量清单时,楼梯应描述的项目特征包括:类型。

10. 其他现浇构件

编制工程量清单时,其他现浇构件应描述的项目特征包括:构件类型。

11. 电缆沟、地沟

编制工程量清单时,电缆沟、地沟应描述的项目特征包括:沟类型,沟截面。

12. 台阶

编制工程量清单时,台阶应描述的项目特征包括:台阶踏步宽。

13. 扶手

编制工程量清单时,扶手应描述的项目特征包括:扶手断面尺寸。

14. 后浇带

编制工程量清单时,后浇带应描述的项目特征包括:后浇带部位。

15. 化粪池

编制工程量清单时,化粪池应描述的项目特征包括:化粪池部位,化粪池规格。

16. 检查井

编制工程量清单时,检查井应描述的项目特征包括:检查井部位,检查井规格。

三、清单工程量计算

1. 基础、柱、梁、墙、板模板

基础、矩形柱、构造柱、异形柱、基础梁、矩形梁、异形梁、圈梁、过梁、弧形梁、拱形梁、直形墙、弧形墙、短肢剪力墙、电梯井壁、有梁板、无梁板、平板、拱板、薄壳板、空心板、其他板、栏板工程量按模板与现浇混凝土构件的接触面积计算,计量单位为"m^2"。其中:现浇钢筋混凝土墙、板单孔面积≤0.3m^2 的孔洞不予扣除,洞侧壁模板亦不增加;单孔面积>0.3m^2 时应予扣除,洞侧壁模板面积并入墙、板工程量内计算;现浇框架分别按梁、板、柱有关规定计算;附墙柱、暗梁、暗柱并入墙内工程量内计算;柱、梁、墙、板相互连接的重叠部分,均不计算模板面积;构造柱按图示外露部分计算模板面积。

【例 7-5】 计算如图 7-6 所示某现浇毛石混凝土独立柱模板工程量。

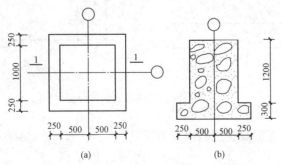

图 7-6　某现浇毛石混凝土独立柱模板示意图

(a)平面图;(b)1—1 剖面图

【解】　独立柱模板工程量＝1.5×4×0.3＋1.0×4×1.2＝6.6m²

【例 7-6】　如图 7-7 所示,若构造柱外露宽为 240mm,墙体高度为 24m,计算构造柱模板工程量。

【解】　构造柱模板工程量＝(0.24＋0.24)×24＝11.52m²

2. 天沟、檐沟

天沟、檐沟工程量按模板与现浇混凝土构件的接触面积计算,计量单位为"m²"。

【例 7-7】　计算如图 7-8 所示某现浇钢筋混凝土挑檐天沟模板工程量(挑檐天沟长度按 50m 考虑)。

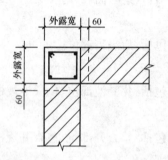

图 7-7　某构造柱外露宽需支模板示意图

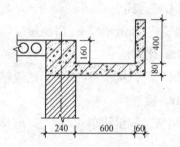

图 7-8　某挑檐天沟模板示意图

【解】　天沟模板工程量＝50×(0.6＋0.06＋0.4×2＋0.08＋0.16)＝85m²

3. 雨篷、悬挑板、阳台板

雨篷、悬挑板、阳台板工程量按图示外挑部分尺寸的水平投影面积计算,挑出墙外的悬臂梁及板边不另计算,计量单位为"m²"。

【例 7-8】　计算如图 7-9 所示某现浇钢筋混凝土雨篷模板工程量。

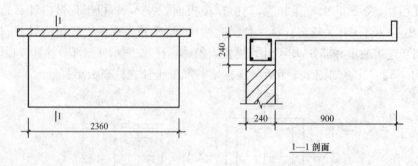

1—1 剖面

图 7-9　某现浇钢筋混凝土雨篷模板示意图

【解】　现浇钢筋混凝土雨篷模板工程量＝2.36×0.9＋0.24×0.24
$$＝2.19m²$$

【例 7-9】　计算如图 7-10 所示某阳台板模板工程量。

【解】　阳台板模板工程量＝3.2×1.0＝3.2m²

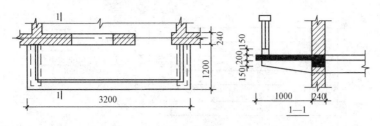

图 7-10　某阳台板模板示意图

4. 楼梯

楼梯工程量按楼梯(包括休息平台、平台梁、斜梁和楼层板的连接梁)的水平投影面积计算,不扣除宽度≤500mm 的楼梯井所占面积,楼梯踏步、踏步板、平台梁等侧面模板不另计算,伸入墙内部分亦不增加,计量单位为"m²"。

【例 7-10】　计算如图 7-11 所示某现浇钢筋混凝土楼梯工程量。

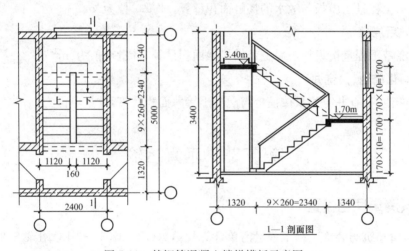

图 7-11　某钢筋混凝土楼梯模板示意图

【解】　楼梯模板工程量＝(2.4－0.24)×(2.34＋1.34－0.12)＝7.69m²

5. 其他现浇构件

其他现浇构件工程量按模板与现浇混凝土构件的接触面积计算,计量单位为"m²"。

6. 电缆沟、地沟

电缆沟、地沟工程量按模板与电缆沟、地沟接触的面积计算,计量单位为"m²"。

7. 台阶

台阶工程量按图示台阶水平投影面积计算。台阶端头两侧不另计算模板面积。架空式混凝土台阶,按现浇楼梯计算,计量单位为"m²"。

【例 7-11】　计算如图 7-12 所示某现浇混凝土台阶模板工程量。

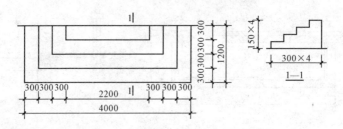

图 7-12　某现浇混凝土台阶模板示意图

【解】　台阶模板工程量＝4.0×1.2＝4.8m²

8. 扶手

扶手工程量按模板与扶手的接触面积计算,计量单位为"m²"。

9. 散水

散水工程量按模板与散水的接触面积计算,计量单位为"m²"。

10. 后浇带

后浇带工程量按模板与后浇带的接触面积计算,计量单位为"m²"。

11. 化粪池、检查井

化粪池、检查井工程量按模板与混凝土接触面积计算,计量单位为"m²"。

第三节　垂直运输

一、清单项目设置

《房屋建筑与装饰工程工程量清单计算规范》(GB 50854—2013)附录 S.3 垂直运输只有 1 个清单项目,清单项目设置的具体内容见表 7-3。

表 7-3　　　　　　　　　　垂直运输清单项目设置

项目编码	项目名称	项目特征	计量单位	工作内容
011703001	垂直运输	1. 建筑物建筑类型及结构形式 2. 地下室建筑面积 3. 建筑物檐口高度、层数	1. m² 2. 天	1. 垂直运输机械的固定装置、基础制作、安装 2. 行走式垂直运输机械轨道的铺设、拆除、摊销

二、清单项目特征描述

垂直运输指施工工程在合理工期内所需的垂直运输机械。编制工程量清单时,垂直运输应描述的项目特征包括:建筑物建筑类型及结构形式,地下室建筑面积,建筑物檐口高度、层数。

建筑物的檐口高度是指设计室外地坪至檐口滴水的高度(平屋顶是指屋面板底高度),突出主体建筑物屋顶的电梯机房、楼梯出口间、水箱间、瞭望塔、排烟机房等不计入檐口高度。同一建筑物有不同檐高时,按建筑物的不同檐高做纵向分割,分别计算建筑面积,以不同檐高分别编码列项。

三、清单工程量计算

垂直运输工程量分别按建筑面积计算或按施工工期日历天数计算,计量单位为"m²"或"天"。

【例 7-12】　某五层建筑物底层为框架结构,二层及二层以上为砖混结构,每层建筑面积为 1200m²,合理施工工期为 165 天,试计算其垂直运输工程量。

【解】　建筑物垂直运输工程量应按建筑物的建筑面积或施工工期的日历天数计算。即

垂直运输工程量＝1200×5＝6000m²

或　垂直运输工程量＝165 天

第四节　超高施工增加

一、清单项目设置

《房屋建筑与装饰工程工程量清单计算规范》(GB 50854—2013)附录 S.4 超高施工增加只有 1 个清单项目,清单项目设置的具体内容见表 7-4。

表 7-4　　　　　　　　超高施工增加清单项目设置

项目编码	项目名称	项目特征	计量单位	工作内容
011704001	超高施工增加	1. 建筑物建筑类型及结构形式 2. 建筑物檐口高度、层数 3. 单层建筑物檐口高度超过 20m,多层建筑物超过 6 层部分的建筑面积	m²	1. 建筑物超高引起的人工工效降低以及由于人工工效降低引起的机械降效 2. 高层施工用水加压水泵的安装、拆除及工作台班 3. 通信联络设备的使用及摊销

二、清单项目特征描述

建筑物超高增加综合了由于超高引起的人工降效、机械降效、人工降效引起的机械降效以及超高施工水压不足所增加的水泵等因素。人工降效和机械降效是指当建

筑物超过 6 层或檐高超过 20m 时,由于操作工人的工效降低、垂直运输距离加长影响的时间,以及因操作工人降效而影响机械台班的降效等。加压用水泵指因高度增加考虑到自来水的水压不足,而需增压所用的加压水泵台班。

超高施工增加应描述的项目特征包括:建筑物建筑类型及结构形式,建筑物檐口高度、层数,单层建筑物檐口高度超过 20m,多层建筑物超过 6 层部分的建筑面积。

三、清单工程量计算

超高施工增加工程量按建筑物超高部分的建筑面积计算,计量单位为"m²"。

单层建筑物檐口高度超过 20m,多层建筑物超过 6 层时,可按超高部分的建筑面积计算超高施工增加的工程量。计算层数时,地下室不计入层数。同一建筑物有不同檐高时,可按不同高度的建筑面积分别计算建筑面积,以不同檐高分别编码列项。

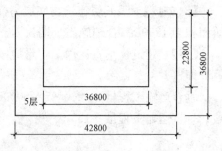

【例 7-13】 某高层建筑如图 7-13 所示,框剪结构,共 11 层,采用自升式塔式起重机及单笼施工电梯,试计算超高施工增加工程量。

【解】 超高施工增加工程量＝多层建筑物超过 6 层部分的建筑面积,即

图 7-13　某高层建筑示意图

超高施工增加工程量＝36.8×22.8×(11－6)＝4195.2m²

第五节　大型机械设备进出场及安拆

一、清单项目设置

《房屋建筑与装饰工程工程量清单计算规范》(GB 50854—2013)附录 S.5 大型机械设备进出场及安拆只有 1 个清单项目,清单项目设置的具体内容见表 7-5。

表 7-5　　　　　　　　　大型机械设备进出场及安拆清单项目设置

项目编码	项目名称	项目特征	计量单位	费用组成
011705001	大型机械设备进出场及安拆	1. 机械设备名称 2. 机械设备规格型号	台次	1. 安拆费包括施工机械、设备在现场进行安装拆卸所需人工、材料、机械和试运转费用以及机械辅助设施的折旧、搭设、拆除等费用 2. 进出场费包括施工机械、设备整体或分体自停放地点运至施工现场或由一施工地点运至另一施工地点所发生的运输、装卸、辅助材料等费用

二、清单项目特征描述

编制工程量清单时,大型机械设备进出场及安拆应描述的项目特征包括:机械设备名称,机械设备规格型号。

三、清单工程量计算

大型机械设备进出场及安拆工程量按使用机械设备的数量计算,计量单位为"台次"。

第六节　施工排水、降水

一、清单项目设置

《房屋建筑与装饰工程工程量清单计算规范》(GB 50854—2013)附录 S.6 施工排水、降水共 2 个清单项目。各清单项目设置的具体内容见表 7-6。

表 7-6　　　　　　　　　　　　施工排水、降水清单项目设置

项目编码	项目名称	项目特征	计量单位	工作内容
011706001	成井	1. 成井方式 2. 地层情况 3. 成井直径 4. 井(滤)管类型、直径	m	1. 准备钻孔机械、埋设护筒、钻机就位;泥浆制作、固壁;成孔、出渣、清孔等 2. 对接上、下井管(滤管),焊接,安放,下滤料,洗井,连接试抽等
011706002	排水、降水	1. 机械规格型号 2. 降排水管规格	昼夜	1. 管道安装、拆除,场内搬运等 2. 抽水、值班、降水设备维修等

注:相应专项设计不具备时,可按暂估量计算。

二、清单项目特征描述

1. 成井

编制工程量清单时,成井应描述的项目特征包括:成井方式,地层情况,成井直径,井(滤)管类型、直径。

2. 排水、降水

编制工程量清单时,排水、降水应描述的项目特征包括:机械规格型号,降排水管规格。

三、清单工程量计算

1. 成井

成井工程量按设计图示尺寸以钻孔深度计算,计量单位为"m"。

2. 排水、降水

排水、降水工程量按排、降水日历天数计算，计量单位为"昼夜"。

第七节　安全文明施工及其他措施项目

一、清单项目设置

《房屋建筑与装饰工程工程量清单计算规范》(GB 50854—2013)附录 S. 7 安全文明施工及其他措施项目共 7 个清单项目。各清单项目设置的具体内容见表 7-7。

表 7-7　　　　　　　　　安全文明施工及其他措施项目清单项目设置

项目编码	项目名称	工作内容及包含范围
011707001	安全文明施工	1. 环境保护：现场施工机械设备降低噪声、防扰民措施；水泥和其他易飞扬细颗粒建筑材料密闭存放或采取覆盖措施等；工程防扬尘洒水；土石方、建渣外运车辆防护措施等；现场污染源的控制、生活垃圾清理外运、场地排水排污措施；其他环境保护措施 2. 文明施工："五牌一图"；现场围挡的墙面美化(包括内外粉刷、刷白、标语等)、压顶装饰；现场厕所便槽刷白、贴白瓷砖，水泥砂浆地面或地砖，建筑物内临时便溺设施；其他施工现场临时设施的装饰装修、美化措施；现场生活卫生设施；符合卫生要求的饮水设备、淋浴、消毒等设施；生活用洁净燃料；防煤气中毒、防蚊虫叮咬等措施；施工现场操作场地的硬化；现场绿化、治安综合治理；现场配备医药保健器材、物品和急救人员培训；现场工人的防暑降温、电风扇、空调等设备及用电；其他文明施工措施 3. 安全施工：安全资料、特殊作业专项方案的编制，安全施工标志的购置及安全宣传；"三宝"(安全帽、安全带、安全网)、"四口"(楼梯口、电梯井口、通道口、预留洞口)、"五临边"(阳台围边、楼板围边、屋面围边、槽坑围边、卸料平台两侧)，水平防护架、垂直防护架、外架封闭等防护；施工安全用电，包括配电箱三级配电、两级保护装置要求、外电防护措施；起重机、塔吊等起重设备(含井架、门架)及外用电梯的安全防护措施(含警示标志)及卸料平台的临边防护、层间安全门、防护棚等设施；建筑工地起重机械的检验检测；施工机具防护棚及其围栏的安全保护设施；施工安全防护通道；工人的安全防护用品、用具购置；消防设施与消防器材的配置；电气保护、安全照明设施；其他安全防护措施 4. 临时设施：施工现场采用彩色、定型钢板，砖、混凝土砌块等围挡的安砌、维修、拆除；施工现场临时建筑物、构筑物的搭设、维修、拆除，如临时宿舍、办公室、食堂、厨房、厕所、诊疗所、临时文化福利用房、临时仓库、加工场、搅拌台、临时简易水塔、水池等；施工现场临时设施的搭设、维修、拆除，如临时供水管道、临时供电管线、小型临时设施等；施工现场规定范围内临时简易道路铺设，临时排水沟、排水设施安砌、维修、拆除；其他临时设施搭设、维修、拆除
011707002	夜间施工	1. 夜间固定照明灯具和临时可移动照明灯具的设置、拆除 2. 夜间施工时，施工现场交通标志、安全标牌、警示灯等的设置、移动、拆除 3. 包括夜间照明设备及照明用电、施工人员夜班补助、夜间施工劳动效率降低等

续表

项目编码	项目名称	工作内容及包含范围
011707003	非夜间施工照明	为保证工程施工正常进行,在地下室等特殊施工部位施工时所采用的照明设备的安拆、维护及照明用电等
011707004	二次搬运	由于施工场地条件限制而发生的材料、成品、半成品等一次运输不能到达堆放地点,必须进行的二次或多次搬运
011707005	冬雨季施工	1. 冬雨(风)季施工时增加的临时设施(防寒保温、防雨、防风设施)的搭设、拆除 2. 冬雨(风)季施工时,对砌体、混凝土等采用的特殊加温、保温和养护措施 3. 冬雨(风)季施工时,施工现场的防滑处理、对影响施工的雨雪的清除 4. 包括冬雨(风)季施工时增加的临时设施、施工人员的劳动保护用品、冬雨(风)季施工劳动效率降低等
011707006	地上、地下设施、建筑物的临时保护设施	在工程施工过程中,对已建成的地上、地下设施和建筑物进行的遮盖、封闭、隔离等必要保护措施
011707007	已完工程及设备保护	对已完工程及设备采取的覆盖、包裹、封闭、隔离等必要保护措施

二、清单工程量计算

安全文明施工及其他措施项目应根据工程实际情况计算措施项目费用,需分摊的应合理计算摊销费用。

第八章　建筑工程工程量清单投标报价编制

第一节　建筑工程工程量清单计(报)价

一、工程量清单计价的过程

目前,就我国的实际情况而言,工程量清单计价作为一种市场价格的形成机制,其作用主要在工程招标投标阶段。因此,工程量清单计价的操作过程可以从招标、投标和评标三个阶段来阐述。

1. 招标阶段

招标单位在工程方案、初步设计或部分施工图设计完成后,即可委托招标控制价编制单位(或招标代理单位)按照统一的工程量计算规则,再以单位工程为对象,计算并列出各分部分项工程的工程量清单,作为招标文件的组成部分发放给各投标单位。其工程量清单的粗细程度、准确程度取决于工程的设计深度及编制人员的技术水平和经验等。在分部分项工程量清单中,项目编码、项目名称、项目特征、计量单位和工程量等项目,由招标单位根据全国统一的工程量清单项目设置规则和计量规则填写。单价与合价由投标人根据自己的施工组织设计以及招标单位对工程的质量要求等因素综合评定后填写。

2. 投标阶段

投标单位接到招标文件后,首先,要对招标文件进行仔细的分析研究,对图纸进行透彻的理解;其次,要对招标文件中所列的工程量清单进行审核,审核中,要视招标单位是否允许对工程量清单所列的工程量误差进行调整来确定审核办法。如果允许调整,就要详细审核工程量清单所列的各工程项目的工程量,发现有较大误差的,应通过招标单位答疑会提出调整意见,取得招标单位同意后进行调整;如果不允许调整工程量,则不需要对工程量进行详细的审核,只对主要项目或工程量大的项目进行审核,发现这些项目有较大误差时,可以通过综合单价计价法来调整。综合单价计价法的优点是当工程量发生变更时,易于查对,能够反映承包商的技术能力和工程管理能力。

3. 评标阶段

在评标时,可以对投标单位的最终总报价以及分项工程的综合单价的合理性进行评分。由于采用了工程量清单计价方法,所有投标单位都站在同一起跑线上,因而竞争更为公平合理,有利于实现优胜劣汰,而且在评标时应坚持倾向于合理低标价中标的原则。当然,在评标时仍然可以采用综合计分的方法,不仅考虑报价因素,而且还对投标单位的施工组织设计、企业业绩或信誉等按一定的权重分值分别进行计分,按总评分的高低确定中标单位;或者采用两阶段评标的办法,即先对投标单位的技术方案进行评价,在技术方案可行的前提下,再以投标单位的报价作为评标定标的唯一因素,这样既可以保证工程建设质量,又有利于为业主选择一个合理的、报价较低的单位中标。

二、工程量清单计价的风险

(1)建设工程发承包,必须在招标文件、合同中明确计价中的风险内容及其范围,不得采用无限风险、所有风险或类似语句规定计价中的风险内容及范围。

风险是一种客观存在的、会带来损失的、不确定的状态,它具有客观性、损失性、不确定性的特点,并且风险始终是与损失相联系的。工程施工发包是一种期货交易行为,工程建设本身又具有单件性和建设周期长的特点。在工程施工过程中,影响工程施工及工程造价的风险因素很多,但并非所有的风险都是承包人能预测、能控制和应承担其造成损失的。

工程施工招标发包是工程建设交易方式之一,成熟的建设市场应是体现交易公平性的市场。在工程建设施工发包中,实行风险共担和合理分摊原则是实现建设市场交易公平性的具体体现,是维护建设市场正常秩序的措施之一。其具体体现则是应在招标文件或合同中对发承包双方各自应承担的风险内容及其风险范围或幅度进行界定和明确,而不能要求承包人承担所有风险或无限度风险。

根据我国工程建设特点,投标人应完全承担的风险是技术风险和管理风险,如管理费和利润;应有限度承担的是市场风险,如材料价格、施工机械使用费等的风险;应完全不承担的是法律、法规、规章和政策变化的风险。

(2)由于下列因素出现,影响合同价款调整的,应由发包人承担:

1)由于国家法律、法规、规章或有关政策出台导致工程税金、规费等发生变化的。

2)对于根据我国目前工程建设的实际情况,各省、自治区、直辖市建设行政主管部门均根据当地人力资源和社会保障行政主管部门的有关规定发布人工成本信息或人工费调整,对此关系职工切身利益的人工费进行调整的,但承包人对人工费或人工单价的报价高于发布的除外。

3)按照《中华人民共和国合同法》第六十三条规定:"执行政府定价或者政府指导价的,在合同约定的交付期限内价格调整时,按照交付的价格计价。逾期交付标的物的,遇价格上涨时,按照原价格执行;价格下降时,按照新价格执行。逾期提取标的物或者逾期付款的,遇价格上涨时,按照新价格执行;价格下降时,按照原价格执行"。因此,对政府定价或政府指导价管理的原材料价格按照相关文件规定进行合同价款调整的,因承包人原因导致工期延误的,应按本书后叙"合同价款调整"中"法律法规变化"

和"物价变化"中的有关规定进行处理。

（3）对于主要由市场价格波动导致的价格风险，如工程造价中的建筑材料、燃料等价格风险，应由发承包双方合理分摊，并按规定填写《承包人提供主要材料和工程设备一览表》作为合同附件；当合同中没有约定，发承包双方发生争议时，应按"13 计价规范"的相关规定调整合同价款。

"13 计价规范"中提出承包人所承担的材料价格的风险宜控制在 5％以内，施工机械使用费的风险可控制在 10％以内，超过者予以调整。

（4）由于承包人使用机械设备、施工技术以及组织管理水平等自身原因造成施工费用增加的，应由承包人全部承担。

（5）当不可抗力发生，影响合同价款时，应按本书后叙"合同价款调整"中"不可抗力"的相关规定进行处理。

三、实行工程量清单计价的目的和意义

（1）实行工程量清单计价是深化工程造价管理改革，推进建设市场化的重要途径。

长期以来，工程预算定额是我国承发包计价、定价的主要依据。预算定额中规定的消耗量和有关施工措施性费用是按社会平均水平编制的，以此为依据形成的工程造价基本上也属于社会平均价格。这种平均价格可作为市场竞争的参考价格，但不能反映参与竞争企业的实际消耗和技术管理水平，在一定程度上限制了企业的公平竞争。

20 世纪 90 年代，国家提出了"控制量、指导价、竞争费"的改革措施，将工程预算定额中的人工、材料、机械消耗量和相应的量价分离，国家控制量以保证质量，价格逐步走向市场化，这一措施走出了向传统工程预算定额改革的第一步。但是，这种做法难以改变工程预算定额中国家指令性内容较多的状况，难以满足招标投标竞争定价和经评审的合理低价中标的要求。因此，国家定额的控制量是社会平均消耗量，不能反映企业的实际消耗量，不能全面体现企业的技术装备水平、管理水平和劳动生产率，不能体现公平竞争的原则，社会平均水平不能代表社会先进水平，改变以往的工程预算定额的计价模式，适应招标投标的需要，实行工程量清单计价办法是十分必要的。

工程量清单计价是建设工程招标投标中，按照国家统一的工程量清单计价规范，由招标人提供工程量，投标人自主报价，经评审低价中标的工程造价计价模式。采用工程量清单计价能反映工程个别成本，有利于企业自主报价和公平竞争。

（2）在建设工程招标投标中，实行工程量清单计价是规范建筑市场秩序的治本措施之一，适应社会主义市场经济的需要。

工程造价是工程建设的核心，也是市场运行的核心内容，建筑市场存在着许多不规范的行为，大多数与工程造价有直接联系。建筑产品是商品，具有商品的共性，它受

价值规律、货币流通规律和供求规律的支配。但是,建筑产品与一般的工业产品价格构成不同,建筑产品具有某些特殊性:

1)它竣工后一般不在空间发生物理运动,可以直接移交用户,立即进入生产消费或生活消费,因而,价格中不含商品使用价值运动发生的流通费用,即因生产过程在流通领域内继续进行而支付的商品包装运输费、保管费。

2)它是固定在某地方的。

3)由于施工人员和施工机具围绕着建设工程流动,因而,有的建设工程构成还包括施工企业远离基地的费用,甚至包括成建制转移到新的工地所增加的费用等。

建筑产品价格随建设时间和地点而变化,相同结构的建筑物在同一地段建造,施工的时间不同造价就不相同;同一时间、不同地段造价也不相同;即使时间和地段相同,施工方法、施工手段、管理水平不同工程造价也有所差别。因此,建筑产品的价格,既有它的同一性,又有它的特殊性。

为了推动社会主义市场经济的发展,国家颁发了相应的法律,如《中华人民共和国价格法》第三条规定:我国实行并逐步完善宏观经济调控下主要由市场形成价格的机制。价格的制定应当符合价格规律,对多数商品和服务价格实行市场调节价,极少数商品和服务价格实行政府指导价或政府定价。市场调节价,是指由经营者自主定价,通过市场竞争形成价格。中华人民共和国建设部第107号令《建设工程施工发包与承包计价管理办法》第七条规定:投标报价应依据企业定额和市场信息,并按国务院和省、自治区、直辖市人民政府建设行政主管部门发布的工程造价计价办法编制。建筑产品市场形成价格是社会主义市场经济的需要。过去工程预算定额在调节承发包双方利益和反映市场价格、需求方面存在着不相适应的地方,特别是公开、公正、公平竞争方面,还缺乏合理的机制,甚至出现了一些漏洞,高估冒算,相互串通,从中回扣。发挥市场规律"竞争"和"价格"的作用是治本之策。尽快建立和完善市场形成工程造价的机制,是当前规范建筑市场的需要。通过实行工程量清单计价有利于发挥企业自主报价的能力,同时,也有利于规范业主在工程招标中计价行为,有效改变招标单位在招标中盲目压价的行为,从而真正体现公平、公正、公开的原则,反映市场经济规律。

(3)实行工程量清单计价,是促进建设市场有序竞争和企业健康发展的需要。

工程量清单是招标文件的重要组织部分,由招标单位编制或委托有资质的工程造价咨询单位编制,工程量清单编制的准确、详尽、完整,有利于提高招标单位的管理水平,减少索赔事件的发生。由于工程量清单是公开的,有利于防止招标工程中弄虚作假、暗箱操作等不规范行为。投标单位通过对单位工程成本、利润进行分析,统筹考虑,精心选择施工方案,根据企业的定额合理确定人工、材料、机械等要素投入量的合理配置,优化组合,在满足招标文件需要的前提下,合理确定自己的报价,让企业有自主报价权。改变了过去依赖建设行政主管部门发布的定额和规定的取费标准进行计价的模式,有利于提高劳动生产率,促进企业技术进步,节约投资和规范建设市场。采用工程量清单计价后,将使招标活动的透明度增加,在充分竞争的基础上降低了造价,提高了投资效益,且便于操作和推行,业主和承包商将都会接受这种计价模式。

(4)实行工程量清单计价,有利于我国工程造价政府职能的转变。

按照政府部门真正履行起"经济调节、市场监督、社会管理和公共服务"的职能要求,政府对工程造价管理的模式要进行相应的改变,将推行政府宏观调控、企业自主报价、市场形成价格、社会全面监督的工程造价管理思路。实行工程量清单计价,将会有利于我国工程造价政府职能的转变,由过去的政府控制的指令性定额转变为制定适应市场经济规律需要的工程量清单计价方法,由过去的行政干预转变为对工程造价进行依法监管,有效地强化政府对工程造价的宏观调控。

第二节　建筑工程投标报价编制

一、工程量清单计价编制一般规定

(1)投标价应由投标人或受其委托具有相应资质的工程造价咨询人编制。

(2)投标报价编制和确定的最基本特征是投标人自主报价,它是市场竞争形成价格的体现。但投标人自主决定投标报价必须由投标人或受其委托具有相应资质的工程造价咨询人编制。

(3)投标报价不得低于工程成本。《中华人民共和国招标投标法》第三十二条规定:"投标人不得以低于成本的报价竞标"。与"08 计价规范"相比,将"投标报价不得低于工程成本"上升为强制性条文,并单列一条,将成本定义为工程成本,而不是企业成本,这就使判定投标报价是否低于成本有了一定的可操作性。因为:

1)工程成本包含在企业成本中,二者的概念不同,涵盖的范围不同,某一单个工程的盈或亏,并不必然表现为整个企业的盈或亏。

2)建设工程施工合同是特殊的加工承揽合同,以施工企业成本来判定单一工程施工成本对发包人也是不公平的。因发包人需要控制和确定的是其发包的工程项目造价,无须考虑承包该工程的施工企业成本。

3)相对于一个地区而言,一定时期范围内,同一结构的工程成本基本上会趋于一个较稳定的值,这就使得对同类型工程成本的判断有了可操作的比较标准。

(4)实行工程量清单招标,招标人在招标文件中提供招标工程量清单,其目的是使各投标人在投标报价中具有共同的竞争平台。因此,投标人必须按招标工程量清单填报价格。项目编码、项目名称、项目特征、计量单位、工程量必须与招标工程量清单一致。

(5)根据《中华人民共和国政府采购法》第四条规定:"政府采购工程进行招标投标的,适用招标投标法"。

《中华人民共和国政府采购法》第三十六条规定："在招标采购中,出现下列情形之一的,应予废标……(三)投标人的报价均超过了采购预算,采购人不能支付的"。

《中华人民共和国招标投标法实施条例》第五十一条规定："有下列情形之一的,评标委员会应当否决其投标:……(五)投标报价低于成本或者高于招标文件设定的最高投标限价"。

国有资金投资的工程,其招标控制价相当于政府采购中的采购预算,且其定义就是最高投标限价。因此,在国有资金投资工程的招投标活动中,投标人的投标报价不能超过招标控制价,否则,应予废标。

二、编制与复核依据

《建筑工程施工发包与承包计价管理办法》(原建设部令第 107 号)第七条规定:"投标报价应当依据企业定额和市场价格信息,并按照国务院和省、自治区、直辖市人民政府建设行业主管部门发布的工程造价计价办法进行编制"。

投标报价编制与复核的依据如下:

(1)"13 计价规范"。

(2)国家或省级、行业建设主管部门颁发的计价办法。

(3)企业定额,国家或省级、行业建设主管部门颁发的计价定额和计价办法。

(4)招标文件、招标工程量清单及其补充通知、答疑纪要。

(5)建设工程设计文件及相关资料。

(6)施工现场情况、工程特点及投标时拟定的施工组织设计或施工方案。

(7)与建设项目相关的标准、规范等技术资料。

(8)市场价格信息或工程造价管理机构发布的工程造价信息。

(9)其他的相关资料。

三、投标报价的编制与复核

(1)综合单价中应包括招标文件中划分的应由投标人承担的风险范围及其费用,招标文件中没有明确的,应提请招标人明确。

(2)分部分项工程和措施项目中的单价项目,应根据招标文件和招标工程量清单项目中的特征描述确定综合单价计算。分部分项工程和措施项目中的单价项目最主要的是确定综合单价,包括:

1)确定依据。确定分部分项工程和措施项目中的单价项目综合单价的最重要依据之一是该清单项目的特征描述,投标人投标报价时应依据招标工程量清单项目的特征描述确定清单项目的综合单价。在招投标过程中,当出现招标工程量清单特征描述与设计图纸不符时,投标人应以招标工程量清单的项目特征描述为准,确定投标报价的综合单价。当施工中施工图纸或设计变更与招标工程量清单项目特征描述不一致时,发承包双方应按实际施工的项目特征依据合同约定重新确定综合单价。

2)材料、工程设备暂估价。招标工程量清单中提供了暂估单价的材料、工程设备，按暂估的单价进入综合单价。

3)风险费用。招标文件中要求投标人承担的风险内容和范围，投标人应考虑进入综合单价。在施工过程中，当出现的风险内容及其范围(幅度)在招标文件规定的范围内时，合同价款不作调整。

(3)措施项目中的总价项目金额应根据招标文件及投标时拟定的施工组织设计或施工方案，按规定自主确定。其中安全文明施工费应按规定确定。

1)措施项目的内容应依据招标人提供的措施项目清单和投标人投标时拟定的施工组织设计或施工方案。

2)措施项目费由投标人自主确定，但其中安全文明施工费必须按国家或省级、行业建设主管部门的规定确定。

(4)其他项目应按下列规定报价：

1)暂列金额应按招标工程量清单中列出的金额填写，不得变动。

2)暂估价不得变动和更改，材料、工程设备暂估价应按招标工程量清单中列出的单价计入综合单价；专业工程暂估价应按招标工程量清单中列出的金额填写。

3)计日工应按招标工程量清单中列出的项目和数量，自主确定综合单价并计算计日工金额。

4)总承包服务费应依据招标人在招标文件中列出的分包专业工程内容和供应材料、设备情况，按照招标人提出协调、配合与服务要求和施工现场管理需要自主确定。

(5)规费和税金必须按国家或省级、行业主管部门的规定计算，不得作为竞争性费用。随着我国改革开放的深入进行，国家财富的迅速增长，党和政府把提高人民的生活水平、提供人民社会保障作为重要的政策。随着《中华人民共和国社会保险法》的发布与实施，进城务工的农村居民依照规定参加社会保险。社会保障体制的逐步完善以及劳动主管部门对违法企业劳动监察的加强，都对建筑施工企业的成本支出产生了重大影响。

(6)招标工程量清单与计价表中列明的所有需要填写单价和合价的项目，投标人均应填写且只允许有一个报价。未填写单价和合价的项目，可视为此项费用已包含在已标价工程量清单中其他项目的单价和合价之中。当竣工结算时，此项目不得重新组价予以调整。

(7)投标总价应当与分部分项工程费、措施项目费、其他项目费和规费、税金的合计金额一致。即投标人在进行工程量清单招标的投标报价时，不能进行投标总价优惠(或降价、让利)，投标人对投标报价的任何优惠(或降价、让利)均应反映在相应清单项目的综合单价中。

第三节　投标报价文件的组成与填写方法

一、投标报价使用的表格

投标报价使用的表格包括:投标总价封面(表 8-1),投标总价扉页(表 8-2),总说明(表 8-3),建设项目招标控制价/投标报价汇总表(表 8-4),单项工程招标控制价/投标报价汇总表(表 8-5),单位工程招标控制价/投标报价汇总表(表 8-6),分部分项工程和单价措施项目清单与计价表(表 8-7),综合单价分析表(表 8-8、表 8-9),总价措施项目清单与计价表(表 8-10),其他项目清单与计价汇总表(表 8-11),暂列金额明细表(表 8-12),材料(工程设备)暂估单价及调整表(表 8-13),专业工程暂估价及结算价表(表 8-14),计日工表(表 8-15),总承包服务费计价表(表 8-16),规费、税金项目计价表(表 8-17),总价项目进度款支付分解表,发包人提供材料和工程设备一览表(表 1-13),承包人提供主要材料和工程设备一览表(表 1-14 或表 1-15)。

二、投标报价表格填写方法

(1)投标总价封面(表 8-1)。投标总价封面应填写投标工程项目的具体名称,投标人应盖单位公章。

(2)投标总价扉页(表 8-2)。本扉页由投标人编制投标报价时填写。投标人编制投标报价时,编制人员必须是在投标人单位注册的造价人员。由投标人盖单位公章,法定代表人或其授权签字或盖章;编制的造价人员(造价工程师或造价员)签字盖执业专用章。

(3)总说明(表 8-3)。投标报价总说明应包括的内容有:①采用的计价依据;②采用的施工组织设计;③综合单价中包含的风险因素,风险范围(幅度);④措施项目的依据;⑤其他有关内容的说明等。

(4)工程计价汇总表。"13 计价规范"对编制招标控制价和投标价汇总表共设计了 3 种,包括建设项目招标控制价/投标报价汇总表(表 8-4)、单项工程招标控制价/投标报价汇总表(表 8-5)、单位工程招标控制价/投标报价汇总表(表 8-6)。

由于编制招标控制价和投标报价包含的内容相同,只是对价格的处理不同,因此,招标控制价和投标报价汇总表使用同一表格。实践中,对招标控制价或投标报价可分别印制本表格。使用本表格编制投标报价时,汇总表中的投标总价与投标中标函中投标报价金额应当一致。如不一致时以投标中标函中填写的大写金额为准。

(5)分部分项工程和单价措施项目清单与计价表(表 8-7)。投标人对表中的"项目编码"、"项目名称"、"项目特征"、"计量单位"、"工程量"均不应做改动。"综合单价"、"合价"自主决定填写,对其中的"暂估价"栏,投标人应将招标文件中提供了暂估材料单价的暂估价计入综合单价,并应计算出暂估单价的材料在"综合单价"及其"合价"中的具体数额,因此,为更详细反应暂估价情况,也可在表中增设一栏"综合单价"其中的"暂估价"。

(6)综合单价分析表(表8-8、表8-9),使用本表可填写使用的企业定额名称,也可填写省级或行业建设主管部门发布的计价定额,如不使用则不填写。

(7)总价措施项目清单与计价表(表8-10)。编制投标报价时,除"安全文明施工费"必须按"13计价规范"的强制性规定,按省级、行业建设主管部门的规定计取外,其他措施项目均可根据投标施工组织设计自主报价。

(8)其他项目清单与计价汇总表(表8-11)。编制投标报价,应按招标文件工程量清单提供的"暂列金额"和"专业工程暂估价"填写金额,不得变动。"计日工"、"总承包服务费"自主确定报价。

1)暂列金额明细表(表8-12)。暂列金额在实际履约过程中可能发生,也可能不发生。本表要求招标人能将暂列金额与拟用项目列出明细,但如确实不能详列也可只列暂定金额总额,投标人应将上述暂列金额计入投标总价中。

2)材料(工程设备)暂估单价及调整表(表8-13)。暂估价是在招标阶段预见肯定要发生,只是因为标准不明确或者需要由专业承包人完成,暂时无法确定材料、工程设备的具体价格而采用的一种临时性计价方式。暂估价的材料、工程设备数量应在表内填写,拟用项目应在本表备注栏给予补充说明。

"13计价规范"要求招标人针对每一类暂估价给出相应的拟用项目,即按照材料、工程设备的名称分别给出,这样的材料、工程设备暂估价能够纳入到清单项目的综合单价中。

3)专业工程暂估价及结算价表(表8-14)。专业工程暂估价应在表内填写工程名称、工程内容、暂估金额,投标人应将上述金额计入投标总价中。专业工程暂估价项目及其表中列明的专业工程暂估价,是指分包人实施专业工程的含税金后的完整价,除了合同约定的发包人应承担的总包管理、协调、配合和服务责任所对应的总承包服务费以外,承包人为履行其总包管理、配合、协调和服务所需产生的费用应该包括在投标报价中。

4)计日工表(表8-15)。编制投标报价时,人工、材料、机械台班单价由投标人自主确定,按已给暂估数量计算合价计入投标总价中。

5)总承包服务费计价表(表8-16)。编制投标报价时,由投标人根据工程量清单中的总承包服务内容,自主决定报价。

(9)规费、税金项目计价表(表8-17)。可参照招标工程量清单编制中的相关要求进行。

(10)总价项目进度款支付分解表。由承包人代表在每个计量周期结束后发包人提出,由发包人授权的现场代表复核工程量,由发包人授权的造价工程师复核应付款项,经发包人批准实施。

(11)主要材料和工程设备一览表(表1-13、表1-14或表1-15)。可参照招标工程量清单编制中的相关要求进行。

第四节　某小区住宅工程工程量清单计价编制实例

表 8-1　　　　　　　　　　　　　　　投标总价封面

某小区住宅　　　　　工程

投　标　总　价

投　标　人：＿＿＿×××＿＿＿
（单位盖章）

××××年××月××日

表 8-2　　　　　　　　　　　　　投标总价扉页

投 标 总 价

招 标 人：_____×××_____

工 程 名 称：_____某小区住宅工程_____

投 标 总 价 (小写)：5736724.68 元

　　　　(大写)：伍佰柒拾叁万陆仟柒佰贰拾肆元陆角捌分

投 标 人：_____×××_____

　　　　　　　(单位盖章)

法定代表人

或其授权人：_____×××_____

　　　　　　　(签字或盖章)

编 制 人：_____×××_____

　　　　(造价人员签字盖专用章)

时 间：××××年××月××日

表8-3　　　　　　　　　　　**总　说　明**

工程名称:某小区住宅工程　　　　　　　　　　　　　　　　　　第　页 共　页

---

1. 工程概况:本工程为砖混结构,混凝土灌注桩基,建筑层数为六层,建筑面积为15950m²,招标计划工期为360日历天,投标工期为320日历天。

2. 投标报价包括范围:为本次招标的住宅工程施工图范围内的建筑工程。

3. 投标报价编制依据

3.1　招标文件及其所提供的工程量清单和有关报价的要求,招标文件的补充通知和答疑纪要。

3.2　住宅楼施工图及投标施工组织设计。

3.3　有关的技术标准、规范和安全管理规定等。

3.4　省建设主管部门颁发的计价定额和计价管理办法及相关计价文件。

3.5　材料价格根据本公司掌握的价格情况并参照工程所在地工程造价管理机构××××年××月工程造价信息发布的价格

表8-4　　　　　　　　**建设项目招标控制价/投标报价汇总表**

工程名称:某小区住宅工程　　　　　　　　　　　　　　　　　　第　页 共　页

序号	单项工程名称	金额(元)	其中:(元)		
			暂估价	安全文明施工费	规费
1	某小区住宅工程	5736724.68	1000000.00	254565.00	290204.10
	合　计	5736724.68	1000000.00	254565.00	290204.10

注:本表适用于建设项目招标控制价或投标报价的汇总。

表 8-5　　　　　　　　**单项工程招标控制价/投标报价汇总表**

工程名称:某小区住宅工程　　　　　　　　　　　　　　　　　　第　页　共　页

序号	单位工程名称	金额(元)	其中:(元)		
			暂估价	安全文明施工费	规费
1	某小区住宅工程	5736724.68	1000000.00	254565.00	290204.10
合　计		5736724.68	1000000.00	254565.00	290204.10

注:本表适用于单项工程招标控制价或投标报价的汇总。暂估价包括分部分项工程中的暂估价和专业工程暂估价。

表 8-6　　　　　　　　**单位工程招标控制价/投标报价汇总表**

工程名称:某小区住宅工程　　　　　　　标段:　　　　　　　第　页　共　页

序号	汇总内容	金额(元)	其中:暂估价(元)
1	分部分项工程	4242750.71	1000000.00
1.1	附录 A 土石方工程	104270.35	
1.2	附录 B 地基处理与边坡支护工程	419590.10	—
1.3	附录 D 砌筑工程	728355.28	—
1.4	附录 E 混凝土及钢筋混凝土工程	2589625.00	—
1.5	附录 F 金属结构工程	2474.81	—
1.6	附录 J 屋面及防水工程	260205.17	—
1.7	附录 K 保温、隔热、防腐工程	138230.00	—
			—
2	措施项目	665239.56	
2.1	其中:安全文明施工费	254565.00	
3	其他项目	446061.20	
3.1	其中:暂列金额	300000.00	
3.2	其中:专业工程暂估价	100000.00	
3.3	其中:计日工	31061.20	
3.4	其中:总承包服务费	15000.00	
4	规费	290204.10	
5	税金	192469.11	—
投标报价合计=1+2+3+4+5		5736724.68	1000000.00

注:本表适用于单位工程招标控制价或投标报价的汇总,如无单位工程划分,单项工程也使用本表汇总。

表 8-7　　　　　　　　分部分项工程和单价措施项目清单与计价表

工程名称:某小区住宅工程　　　　　　　标段:　　　　　　　　　　第　页共　页

序号	项目编码	项目名称	项目特征描述	计量单位	工程量	综合单价	合价	其中暂估价
			附录A　土石方工程					
1	010101001001	平整场地	Ⅱ、Ⅲ类土综合,土方就地挖填找平	m²	2100	0.88	1848.00	
2	010101003001	挖沟槽土方	Ⅱ类土,挖土深度3m以内,弃土运距为50m	m³	1690	21.92	37044.80	
			(其他略)					
			分部小计				104270.35	
			附录B　地基处理与边坡支护工程					
3	010302001001	泥浆护壁成孔灌注桩	人工挖孔,二级土,桩长10m,有护壁段长9m,桩直径1000mm,扩大头直径1100mm,桩混凝土为C25,护壁混凝土为C20	m	485	322.06	156199.10	
			(其他略)					
			分部小计				419590.10	
			附录D　砌筑工程					
4	010401001001	砖基础	M10水泥砂浆砌条形基础,MU15页岩砖240mm×115mm×53mm	m³	293	290.46	85104.78	
5	010401003001	实心砖墙	M7.5混合砂浆砌实心墙,MU15页岩砖240mm×115mm×53mm,墙体厚度240mm	m³	2155	304.43	656046.65	
			(其他略)					
			分部小计				728355.28	
			本页小计				1252215.73	
			合　计				1252215.73	

序号	项目编码	项目名称	项目特征描述	计量单位	工程量	金额(元)		
						综合单价	合价	其中 暂估价
			附录 E 混凝土及钢筋混凝土工程					
6	010503001001	基础梁	C30 混凝土基础梁	m³	256	356.14	91171.84	25000.00
7	010515001001	现浇构件钢筋	螺纹钢 Q235,φ14	t	72.000	5857.16	421715.52	360000.00
			(其他略)					
			分部小计				2589625.00	1000000.00
			附录 F 金属结构工程					
8	010606008001	钢梯	U 形钢爬梯,型钢品种、规格详见××图	t	0.356	6951.71	2474.81	
			分部小计				2474.81	
			附录 J 屋面及防水工程					
9	010902003001	屋面刚性层	C20 细石混凝土,厚 40mm,建筑油膏嵌缝	m²	2052	21.43	43974.36	
			(其他略)					
			分部小计				260205.17	
			附录 K 保温隔热、防腐工程					
10	011001001001	保温隔热屋面	沥青珍珠岩块 500mm×500mm×150mm,1:3 水泥砂浆护面,厚 25mm	m²	1965	53.81	105736.65	
			(其他略)					
			分部小计				138230.00	
11	011701001001	综合脚手架		m²	450	38.00	17100.00	
			(其他略)					
			分部小计				150000.00	
			本页小计				150000.00	
			合 计				4392750.71	1000000.00

注:为计取规费等的使用,可在表中增设"其中:定额人工费"。

表 8-8 综合单价分析表

工程名称:某小区住宅工程　　　　　　　　　标段:　　　　　　　　第 页共 页

项目编码	010302001001	项目名称	泥浆护壁成孔灌注桩	计量单位	m	工程量	485

清单综合单价组成明细

定额编号	定额项目名称	定额单位	数量	单价				合价			
				人工费	材料费	机械费	管理费和利润	人工费	材料费	机械费	管理费和利润
AB0291	挖孔桩芯混凝土 C25	10m³	0.0575	878.85	2813.67	83.50	263.46	50.53	161.79	4.80	15.15
AB0284	挖孔桩护壁混凝土 C20	10m³	0.02255	893.96	2732.48	86.32	268.54	20.16	61.62	1.95	6.06
人工单价		小计						70.69	223.41	6.75	21.21
38 元/工日		未计价材料费									
清单项目综合单价								322.06			

材料费明细	主要材料名称、规格、型号	单位	数量	单价(元)	合价(元)	暂估单价(元)	暂估合价(元)
	C25 混凝土	m³	0.584	268.09	156.56		
	C20 混凝土	m³	0.248	243.45	60.38		
	水泥 42.5	kg	(276.189)	0.556	(153.56)		
	中砂	m³	(0.384)	79.00	(30.34)		
	砾石 5～40mm	m³	(0.732)	45.00	(32.94)		
	其他材料费			—	6.47	—	
	材料费小计			—	223.41	—	

注:1. 如不使用省级或行业建设主管部门发布的计价依据,可不填定额编号、名称等。

　　2. 招标文件提供了暂估单价的材料,按暂估的单价填入表内"暂估单价"栏及"暂估合价"栏。

表 8-9　　　　　　　　　　　　　综合单价分析表

工程名称:某小区住宅工程　　　　　　　标段:　　　　　　　　　　第　页共　页

项目编码	010515001001	项目名称	现浇构件钢筋	计量单位	t	工程量	72

<table>
<tr><th colspan="8">清单综合单价组成明细</th></tr>
<tr><th rowspan="2">定额编号</th><th rowspan="2">定额名称</th><th rowspan="2">定额单位</th><th rowspan="2">数量</th><th colspan="4">单价</th><th colspan="4">合价</th></tr>
<tr><th>人工费</th><th>材料费</th><th>机械费</th><th>管理费和利润</th><th>人工费</th><th>材料费</th><th>机械费</th><th>管理费和利润</th></tr>
<tr><td>AD0899</td><td>现浇螺纹钢筋制安</td><td>t</td><td>1.000</td><td>294.75</td><td>5397.70</td><td>62.42</td><td>102.29</td><td>294.75</td><td>5397.70</td><td>62.42</td><td>102.29</td></tr>
<tr><td></td><td></td><td></td><td></td><td></td><td></td><td></td><td></td><td></td><td></td><td></td><td></td></tr>
<tr><td></td><td></td><td></td><td></td><td></td><td></td><td></td><td></td><td></td><td></td><td></td><td></td></tr>
<tr><td></td><td></td><td></td><td></td><td></td><td></td><td></td><td></td><td></td><td></td><td></td><td></td></tr>
<tr><td></td><td></td><td></td><td></td><td></td><td></td><td></td><td></td><td></td><td></td><td></td><td></td></tr>
<tr><td></td><td></td><td></td><td></td><td></td><td></td><td></td><td></td><td></td><td></td><td></td><td></td></tr>
<tr><td colspan="2">人工单价</td><td colspan="2" align="center">小计</td><td colspan="4"></td><td>294.75</td><td>5397.70</td><td>62.42</td><td>102.29</td></tr>
<tr><td colspan="2">38 元/工日</td><td colspan="2" align="center">未计价材料费</td><td colspan="8"></td></tr>
<tr><td colspan="4" align="center">清单项目综合单价</td><td colspan="4"></td><td colspan="4" align="center">5857.16</td></tr>
</table>

<table>
<tr><th colspan="3">主要材料名称、规格、型号</th><th>单位</th><th>数量</th><th>单价
(元)</th><th>合价
(元)</th><th>暂估单价
(元)</th><th>暂估合价
(元)</th></tr>
<tr><td colspan="3" align="center">螺纹钢筋 Q235,φ14</td><td>t</td><td>1.07</td><td></td><td></td><td>5000.00</td><td>5350.00</td></tr>
<tr><td colspan="3" align="center">焊　条</td><td>kg</td><td>8.64</td><td>4.00</td><td>34.56</td><td></td><td></td></tr>
<tr><td rowspan="5">材料费明细</td><td colspan="2"></td><td></td><td></td><td></td><td></td><td></td><td></td></tr>
<tr><td colspan="2"></td><td></td><td></td><td></td><td></td><td></td><td></td></tr>
<tr><td colspan="2"></td><td></td><td></td><td></td><td></td><td></td><td></td></tr>
<tr><td colspan="6" align="center">其他材料费</td><td>—</td><td>13.14</td><td>—</td><td></td></tr>
<tr><td colspan="6" align="center">材料费小计</td><td>—</td><td>47.70</td><td>—</td><td>5350.00</td></tr>
</table>

注:1. 如不使用省级或行业建设主管部门发布的计价依据,可不填定额编号、名称等。

　　2. 招标文件提供了暂估单价的材料,按暂估的单价填入表内"暂估单价"栏及"暂估合价"栏。

表 8-10　　　　　　　　　　**总价措施项目清单与计价表**

工程名称:某小区住宅工程　　　　　　　标段:　　　　　　　第　页共　页

序号	项目编码	项目名称	计算基础	费率(%)	金额(元)	调整费率(%)	调整后金额(元)	备注
1	011707001001	安全文明施工费	定额人工费	25	254565.00			
2	011707002001	夜间施工增加费	定额人工费	1.5	152739.00			
3	011707004001	二次搬运费	定额人工费	1	101826.00			
4	011707005001	冬雨季施工增加费	定额人工费	0.6	6109.56			
5	011707007001	已完工程及设备保护费			6000.00			
	合　计				515239.56			

编制人(造价人员):×××　　　　　　　　复核人(造价工程师):×××

注:1. "计算基础"中安全文明施工费可为"定额基价"、"定额人工费"或"定额人工费+定额机械费",其他项目可为"定额人工费"或"定额人工费+定额机械费"。

　　2. 按施工方案计算的措施费,若无"计算基础"和"费率"的数值,也可只填"金额"数值,但应在备注栏说明施工方案出处或计算方法。

表 8-11　　　　　　　　　　**其他项目清单与计价汇总表**

工程名称:某小区住宅工程　　　　　　　标段:　　　　　　　第　页共　页

序号	项目名称	金额(元)	结算金额(元)	备注
1	暂列金额	300000.00		明细详见表 8-12
2	暂估价			
2.1	材料(工程设备)暂估价/结算价	—		明细详见表 8-13
2.2	专业工程暂估价/结算价	100000.00		明细详见表 8-14
3	计日工	31061.20		明细详见表 8-15
4	总承包服务费	15000.00		明细详见表 8-16
	合　计	446061.20		

注:材料(工程设备)暂估单价计入清单项目综合单价,此处不汇总。

表 8-12　　　　　　　　　　　　　暂列金额明细表

工程名称：某小区住宅工程　　　　　　　　标段：　　　　　　　　　第　页　共　页

序号	项目名称	计量单位	暂定金额(元)	备注
1	工程量清单中工程量偏差和设计变更	项	100000.00	
2	政策性调整和材料价格风险	项	100000.00	
3	其他	项	100000.00	
4				
5				
6				
7				
8				
9				
10				
11				
合　　　计			300000.00	—

注：此表由招标人填写，如不能详列，也可只列暂定金额总额，投标人应将上述暂列金额计入投标总价中。

表 8-13　　　　　　　　　　材料(工程设备)暂估单价及调整表

工程名称：某小区住宅工程　　　　　　　　标段：　　　　　　　　　第　页　共　页

序号	材料(工程设备)名称、规格、型号	计量单位	数量		暂估(元)		确认(元)		差额(元)		备注
			暂估	确认	单价	合价	单价	合价	单价	合价	
1	钢筋(规格、型号综合)	t	5		5000	25000.00					用于混凝土基础梁
	(其他略)										
合　　　计						1000000.00					

注：此表由招标人填写"暂估单价"，并在备注栏说明暂估单价的材料、工程设备拟用在哪些清单项目上，投标人应将上述材料、工程设备暂估单价计入工程量清单综合单价报价中。

表 8-14　　　　　　　　　　专业工程暂估价及结算价表

工程名称：某小区住宅工程　　　　　　　　标段：　　　　　　　　　第　页　共　页

序号	工程名称	工程内容	暂估金额(元)	结算金额(元)	差额±(元)	备注
1	入户防盗门	安装	100000.00			
合　　　计			100000.00			

注：此表"暂估金额"由招标人填写，招标人将"暂估金额"计入投标总价中。结算时按合同约定结算金额填写。

表 8-15　　　　　　　　　　　　　计日工表

工程名称:某小区住宅工程　　　　　　　标段:　　　　　　　　　　　第　页 共　页

编号	项目名称	单位	暂定数量	实际数量	综合单价（元）	合价(元)	
						暂定	实际
一	人工						
1	普工	工时	145		60.00	8700.00	
2	技工	工时	96		90.00	8640.00	
3							
4							
	人工小计					17340.00	
二	材料						
1	钢筋(规格、型号综合)	t	1		5300.00	5300.00	
2	水泥 42.5 级	t	2		600.00	1200.00	
3	中砂	m³	10		80.00	800.00	
4	砾石(5～40mm)	m³	5		42.00	210.00	
5	页岩砖(240mm×115mm×53mm)	千匹	1		300.00	300.00	
	材料小计					7810.00	
三	施工机械						
1	自升式塔式起重机（起重力矩 1250KN·m）	台班	5		550.00	2750.00	
2	灰浆搅拌机(400L)	台班	2		20.00	40.00	
3							
4							
	施工机械小计					2790.00	
四、企业管理费和利润(按人工费的 18％计算)						3121.20	
总 计						31061.20	

注:此表项目名称、暂定数量由招标人填写,编制招标控制价时,单价由招标人按有关规定确定;投标时,单价由
投标人自主确定,按暂定数量计算合价计入投标总价中;结算时,按发承包双方确定的实际数量计算合价。

表 8-16　　　　　　　　　　　　总承包服务费计价表

工程名称:某小区住宅工程　　　　　　　　标段:　　　　　　　　　　第　页　共　页

序号	项目名称	项目价值（元）	服务内容	计算基础	费率（%）	金额（元）
1	发包人发包专业工程	100000.00	1. 按专业工程承包人的要求提供施工并对施工现场统一管理,对竣工资料统一汇总整理。 2. 为专业工程承包人提供垂直运输机械和焊接电源接入点,并承担运输费和电费	定额人工费	5	5000.00
2	发包人提供材料	500000.00	对发包人供应的材料进行验收及保管和使用发放	定额人工费	2	10000.00
合计	—	—		—		15000.00

注:此表项目名称、服务内容由招标人填写,编制招标控制价时,费率及金额由招标人按有关计价规定确定;投标时,费率及金额由投标人自主报价,计入投标总价中。

表 8-17　　　　　　　　　　　　规费、税金项目计价表

工程名称:某小区住宅工程　　　　　　　　标段:　　　　　　　　　　第　页　共　页

序号	项目名称	计算基础	计算基数	计算费率（%）	金额（元）
1	规费	定额人工费			290204.10
1.1	社会保险费	定额人工费	(1)+…+(5)		229108.50
(1)	养老保险费	定额人工费		14	142556.40
(2)	失业保险费	定额人工费		2	20365.20
(3)	医疗保险费	定额人工费		6	61095.60
(4)	工伤保险费	定额人工费		0.25	2545.65
(5)	生育保险费	定额人工费		0.25	2545.65
1.2	住房公积金	定额人工费		6	61095.60
1.3	工程排污费	按工程所在地环境保护部门收取标准,按实计入			
2	税金	分部分项工程费+措施项目费+其他项目费+规费-按规定不计税的工程设备金额		3.41	192469.11
合　计					482673.21

编制人(造价人员):×××　　　　　　　　　　　　复核人(造价工程师):×××

第九章 合同价款支付与调整

第一节 合同价款约定

一、一般规定

实行招标的工程合同价款应在中标通知书发出之日起 30 天内,由发承包双方依据招标文件和中标人的投标文件在书面合同中约定。合同约定不得违背招标、投标文件中关于工期、造价、质量等方面的实质性内容。招标文件与中标人投标文件不一致的地方,应以投标文件为准。

工程合同价款的约定是建设工程合同的主要内容,根据有关法律条款的规定,工程合同价款的约定应满足以下几个方面的要求:

(1)约定的依据要求:招标人向中标的投标人发出的中标通知书。

(2)约定的时间要求:自招标人发出中标通知书之日起 30 天内。

(3)约定的内容要求:招标文件和中标人的投标文件。

(4)合同的形式要求:书面合同。

在工程招投标及建设工程合同签订过程中,招标文件应视为要约邀请,投标文件为要约,中标通知书为承诺。因此,在签订建设工程合同时,若招标文件与中标人的投标文件有不一致的地方,应以投标文件为准。

不实行招标的工程合同价款,应在发承包双方认可的工程价款基础上,由发承包双方在合同中约定;实行工程量清单计价的工程,应采用单价合同;建设规模较小,技术难度较低,工期较短,且施工图设计已审查批准的建设工程可采用总价合同;紧急抢险、救灾以及施工技术特别复杂的建设工程可采用成本加酬金合同。以下为三种不同合同形式的适用对象:

(1)实行工程量清单计价的工程应采用单价合同方式。即合同约定的工程价款中包含的工程量清单项目综合单价在约定条件内是固定的,不予调整,工程量允许调整。工程量清单项目综合单价在约定的条件外,允许调整。调整方式、方法应在合同中约定。

(2)建设规模较小、技术难度较低、施工工期较短,并且施工图设计审查已经完备的工程,可以采用总价合同。采用总价合同,除工程变更外,其工程量不予调整。

(3)成本加酬金合同是承包人不承担任何价格变化风险的合同。这种合同形式适用于时间特别紧迫,来不及进行详细的计划和商谈,如紧急抢险、救灾以及施工技术特别复杂的建设工程。

二、约定内容

1. 发承包双方对工程价款进行约定的基本事项

《中华人民共和国建筑法》第十八条规定:"建筑工程造价应当按照国家有关规定,由发包单位与承包单位在合同中约定。公开招标发包的,其造价的约定,须遵守招标投标法律的规定"。依据财政部、原建设部印发的《建设工程价款结算暂行办法》(财建[2004]369号)第七条的规定,发承包双方应在合同中对工程价款进行约定的基本事项如下:

(1)预付工程款的数额、支付时间及抵扣方式。预付工程款是发包人为解决承包人在施工准备阶段资金周转问题提供的协助。如使用的水泥、钢材等大宗材料,可根据工程具体情况设置工程材料预付款。应在合同中约定预付款数额:可以是绝对数,如50万、100万,也可以是额度,如合同金额的10%、15%等;约定支付时间:如合同签订后一个月支付、开工日前7天支付等;约定抵扣方式:如在工程进度款中按比例抵扣;约定违约责任:如不按合同约定支付预付款的利息计算,违约责任等。

(2)安全文明施工措施的支付计划,使用要求等。

(3)工程计量与进度款支付。应在合同中约定计量时间和方式:可按月计量,如每月30日,可按工程形象部位(目标)划分分段计量,如±0以下基础及地下室、主体结构1层~3层,4层~6层等。进度款支付周期与计量周期保持一致,约定支付时间:如计量后7天、10天支付;约定支付数额:如已完工作量的70%、80%等;约定违约责任:如不按合同约定支付进度款的利率,违约责任等。

(4)合同价款的调整。约定调整因素:如工程变更后综合单价调整,钢材价格上涨超过投标报价时的3%,工程造价管理机构发布的人工费调整等;约定调整方法:如结算时一次调整,材料采购时报发包人调整等;约定调整程序:承包人提交调整报告交发包人,由发包人现场代表审核签字等;约定支付时间与工程进度款支付同时进行等。

(5)索赔与现场签证。约定索赔与现场签证的程序:如由承包人提出、发包人现场代表或授权的监理工程师核对等;约定索赔提出时间:如知道索赔事件发生后的28天内等;约定核对时间:收到索赔报告后7天以内、10天以内等;约定支付时间:原则上与工程进度款同期支付等。

(6)承担风险。约定风险的内容范围:如全部材料、主要材料等;约定物价变化调整幅度:如钢材、水泥价格涨幅超过投标报价的3%,其他材料超过投标报价的5%等。

(7)工程竣工结算。约定承包人在什么时间提交竣工结算书,发包人或其委托的工程造价咨询企业,在什么时间内核对,核对完毕后,什么时间内支付等。

(8)工程质量保证金。在合同中约定数额:如合同价款的3%等;约定预付方式:竣工结算一次扣清等;约定归还时间:如质量缺陷期退还等。

(9)合同价款争议。约定解决价款争议的办法:是协商还是调解,如调解由哪个机构调解；如在合同中约定仲裁，应标明具体的仲裁机关名称，以免仲裁条款无效，约定诉讼等。

（10）与履行合同、支付价款有关的其他事项等。需要说明的是，合同中涉及价款的事项较多，能够详细约定的事项应尽可能具体约定，约定的用词应尽可能唯一，如有几种解释，最好对用词进行定义，尽量避免因理解上的歧义造成合同纠纷。

2. 合同中未按要求约定或约定不明确事项

合同中没有按照要求约定或约定不明的，若发承包双方在合同履行中发生争议由双方协商确定；当协商不能达成一致时，应按规定执行。

《中华人民共和国合同法》第六十一条规定："合同生效后，当事人就质量、价款或者报酬、履行地点等内容没有约定或者约定不明确的，可以协议补充；不能达成补充协议的，按照合同有关条款或交易习惯确定。"

《最高人民法院关于审理建设工程施工合同纠纷案件适用法律问题的解释》第十六条第二款规定："因设计变更导致建设工程的工程量或者质量标准发生变化，当事人对该部分工程价款不能协商一致的，可以参照签订建设工程施工合同时当地建设行政主管部门发布的计价方式或者计价标准结算工程价款"。

第二节　工程计量与合同价款期中支付

一、一般规定

工程量必须按照相关工程现行国家计量规范规定的工程量计算规则计算。工程计量可选择按月或按工程形象进度分段计量，具体计量周期应在合同中约定。因承包人原因造成的超出合同工程范围施工或返工的工程量，发包人不予计量。

工程量的正确计算是合同价款支付的前提和依据，而选择恰当的计量方式对于正确计量也十分必要。由于工程建设具有投资大、周期长等特点，因此，工程计量以及价款支付是通过"阶段小结、最终结清"来体现的。所谓阶段小结可以时间节点来划分，即按月计量；也可以形象节点来划分，即按工程形象进度分段计量。按工程形象进度分段计量与按月计量相比，其计量结果更具稳定性，可以简化竣工结算。但应注意工程形象进度分段的时间应与按月计量保持一定的关系，不应过长。

成本加酬金合同应按规定计量。

二、工程计量

1. 单价合同的计量

（1）工程量必须以承包人完成合同工程应予计量的工程量确定。

（2）施工中进行工程计量，当发现招标工程量清单中出现缺项、工程量偏差，或因工程变更引起工程量增减时,应按承包人在履行合同义务中完成的工程量计算。

(3)承包人应当按照合同约定的计量周期和时间向发包人提交当期已完工程量报告。发包人应在收到报告后 7 天内核实,并将核实计量结果通知承包人。发包人未在约定时间内进行核实的,承包人提交的计量报告中所列的工程量应视为承包人实际完成的工程量。

(4)发包人认为需要进行现场计量核实时,应在计量前 24 小时通知承包人,承包人应为计量提供便利条件并派人参加。当双方均同意核实结果时,双方应在上述记录上签字确认。承包人收到通知后不派人参加计量,视为认可发包人的计量核实结果。发包人不按照约定时间通知承包人,致使承包人未能派人参加计量,计量核实结果无效。

(5)当承包人认为发包人核实后的计量结果有误时,应在收到计量结果通知后的 7 天内向发包人提出书面意见,并应附上其认为正确的计量结果和详细的计算资料。发包人收到书面意见后,应在 7 天内对承包人的计量结果进行复核后通知承包人。承包人对复核计量结果仍有异议的,按照合同约定的争议解决办法处理。

(6)承包人完成已标价工程量清单中每个项目的工程量并经发包人核实无误后,发承包双方应对每个项目的历次计量报表进行汇总,以核实最终结算工程量,并应在汇总表上签字确认。

2. 总价合同的计量

(1)采用工程量清单方式招标形成的总价合同,其工程量应按规定计算。

(2)采用经审定批准的施工图纸及其预算方式发包形成的总价合同,除按照工程变更规定的工程量增减外,总价合同各项目的工程量应为承包人用于结算的最终工程量。

(3)总价合同约定的项目计量应以合同工程经审定批准的施工图纸为依据,发承包双方应在合同中约定工程计量的形象目标或时间节点进行计量。

(4)承包人应在合同约定的每个计量周期内对已完成的工程进行计量,并向发包人提交达到工程形象目标完成的工程量和有关计量资料的报告。

(5)发包人应在收到报告后 7 天内对承包人提交的上述资料进行复核,以确定实际完成的工程量和工程形象目标。对其有异议的,应通知承包人进行共同复核。

三、合同价款期中支付

1. 预付款

(1)承包人应将预付款专用于合同工程。当发包人要求承包人采购价值较高的工程设备时,应按商业惯例向承包人支付工程设备预付款。

(2)包工包料工程的预付款的支付比例不得低于签约合同价(扣除暂列金额)的 10%,不宜高于签约合同价(扣除暂列金额)的 30%。预付款的总金额,分期拨付次数,每次付款金额、付款时间等应根据工程规模、工期长短等具体情况,在合同中约定。

（3）承包人应在签订合同或向发包人提供与预付款等额的预付款保函后向发包人提交预付款支付申请。

（4）发包人应在收到支付申请的7天内进行核实，向承包人发出预付款支付证书，并在签发支付证书后的7天内向承包人支付预付款。

（5）发包人没有按合同约定按时支付预付款的，承包人可催告发包人支付；发包人在预付款期满后的7天内仍未支付的，承包人可在付款期满后的第8天起暂停施工。发包人应承担由此增加的费用和延误的工期，并应向承包人支付合理利润。

（6）预付款应从每一个支付期应支付给承包人的工程进度款中扣回，直到扣回的金额达到合同约定的预付款金额为止。

工程预付款是发包人因承包人为准备施工而履行的协助义务。当承包人取得相应的合同价款时，发包人往往会要求承包人予以返还。具体发包人从支付的工程进度款中按约定的比例逐渐扣回，通常约定承包人完成签约合同价款的比例在20%～30%时，开始从进度款中按一定比例扣还。

（7）承包人预付款保函的担保金额根据预付款扣回的数额相应递减，但在预付款全部扣回之前一直保持有效。发包人应在预付款扣完后的14天内将预付款保函退还给承包人。

2. 安全文明施工费

（1）安全文明施工费包括的内容和使用范围，应符合国家有关文件和计量规范的规定。

安全文明施工费的内容以财政部、安全监管总局印发的《企业安全生产费用提取和使用管理办法》和相关工程现行国家计量规范的规定为准。具体内容如下：

财政部、国家安全生产监督管理总局印发的《企业安全生产费用提取和使用管理办法》（财企〔2012〕16号）第十九条规定："建设工程施工企业安全费用应当按照以下范围使用：

（一）完善、改造和维护安全防护设施设备支出（不含'三同时'要求初期投入的安全设施），包括施工现场临时用电系统、洞口、临边、机械设备、高处作业防护、交叉作业防护、防火、防爆、防尘、防毒、防雷、防台风、防地质灾害、地下工程有害气体监测、通风、临时安全防护等设施设备支出；

（二）配备、维护、保养应急救援器材、设备支出和应急演练支出；

（三）开展重大危险源和事故隐患评估、监控和整改支出；

（四）安全生产检查、评价（不包括新建、改建、扩建项目安全评价）、咨询和标准化建设支出；

（五）配备和更新现场作业人员安全防护用品支出；

（六）安全生产宣传、教育、培训支出；

（七）安全生产适用的新技术、新标准、新工艺、新装备的推广应用支出；

（八）安全设施及特种设备检测检验支出；

（九）其他与安全生产直接相关的支出。"

（2）发包人应在工程开工后的 28 天内预付不低于当年施工进度计划的安全文明施工费总额的 60%，其余部分应按照提前安排的原则进行分解，并应与进度款同期支付。

（3）发包人没有按时支付安全文明施工费的，承包人可催告发包人支付；发包人在付款期满后的 7 天内仍未支付的，若发生安全事故，发包人应承担相应责任。

（4）承包人对安全文明施工费应专款专用，在财务账目中应单独列项备查，不得挪作他用，否则发包人有权要求其限期改正；逾期未改正的，造成的损失和延误的工期应由承包人承担。

3. 进度款

（1）发承包双方应按照合同约定的时间、程序和方法，根据工程计量结果，办理期中价款结算，支付进度款。

（2）进度款支付周期应与合同约定的工程计量周期一致。

工程量的正确计量是发包人向承包人支付工程进度款的前提和依据。计量和付款周期可采用分段或按月结算的方式。按照财政部、原建设部印发的《建设工程价款结算暂行办法》（财建[2004]369 号）的规定：

1）按月结算与支付：即实行按月支付进度款，竣工后结算的办法。合同工期在两个年度以上的工程，在年终进行工程盘点，办理年度结算。

2）分段结算与支付：即当年开工、当年不能竣工的工程按照工程形象进度，划分不同阶段支付工程进度款。

当采用分段结算方式时，应在合同中约定具体的工程分段划分，付款周期应与计量周期一致。

（3）已标价工程量清单中的单价项目，承包人应按工程计量确认的工程量与综合单价计算；综合单价发生调整的，以发承包双方确认调整的综合单价计算进度款。

（4）单价合同中的总价项目和按的总价合同应由承包人根据施工进度计划和总价构成、费用性质、计划发生时间和相应的工程量等因素按计量周期进行分解，形成进度款支付分解表，在投标时提交，非招标工程在合同洽商时提交。在施工过程中，由于进度计划的调整，发承包双方应对支付分解进行调整。

1）已标价工程量清单中的总价项目进度款支付分解方法可选择以下之一（但不限于）：

①将各个总价项目的总金额按合同约定的计量周期平均支付。

②按照各个总价项目的总金额占签约合同价的百分比，以及各个计量支付周期内所完成的单价项目的总金额，以百分比方式均摊支付。

③按照各个总价项目组成的性质（如时间、与单价项目的关联性等）分解到形象进度计划或计量周期中，与单价项目一起支付。

2）按总价合同，除由于工程变更形成的工程量增减予以调整外，其工程量不予调整。因此，总价合同的进度款支付应按照计量周期进行支付分解，以便进度款有序支付。

（5）发包人提供的甲供材料金额，应按照发包人签约提供的单价和数量从进度款支付中扣除，列入本周期应扣减的金额中。

（6）承包人现场签证和得到发包人确认的索赔金额应列入本周期应增加的金额中。

（7）进度款的支付比例按照合同约定，按期中结算价款总额计，不低于 60%，不高于 90%。

（8）承包人应在每个计量周期到期后的 7 天内向发包人提交已完工程进度款支付申请一式四份，详细说明此周期认为有权得到的款额，包括分包人已完工程的价款。支付申请应包括下列内容：

1）累计已完成的合同价款。

2）累计已实际支付的合同价款。

3）本周期合计完成的合同价款：

①本周期已完成单价项目的金额。

②本周期应支付的总价项目的金额。

③本周期已完成的计日工价款。

④本周期应支付的安全文明施工费。

⑤本周期应增加的金额。

4）本周期合计应扣减的金额：

①本周期应扣回的预付款。

②本周期应扣减的金额。

5）本周期实际应支付的合同价款。

（9）发包人应在收到承包人进度款支付申请后的 14 天内，根据计量结果和合同约定对申请内容予以核实，确认后向承包人出具进度款支付证书。若发承包双方对部分清单项目的计量结果出现争议，发包人应对无争议部分的工程计量结果向承包人出具进度款支付证书。

（10）发包人应在签发进度款支付证书后的 14 天内，按照支付证书列明的金额向承包人支付进度款。

（11）若发包人逾期未签发进度款支付证书，则视为承包人提交的进度款支付申请已被发包人认可，承包人可向发包人发出催告付款的通知。发包人应在收到通知后的 14 天内，按照承包人支付申请的金额向承包人支付进度款。

（12）发包人未按照上述（9）、（10）、（11）的规定支付进度款的，承包人可催告发包人支付，并有权获得延迟支付的利息；发包人在付款期满后的 7 天内仍未支付的，承包人可在付款期满后的第 8 天起暂停施工。发包人应承担由此增加的费用和延误的工期，向承包人支付合理利润，并应承担违约责任。

（13）发现已签发的任何支付证书有错、漏或重复的数额，发包人有权予以修正，承包人也有权提出修正申请。经发承包双方复核同意修正的，应在本次到期的进度款中支付或扣除。

第三节　合同价款调整

一、一般规定

(1)下列事项(但不限于)发生,发承包双方应当按照合同约定调整合同价款:

1)法律法规变化。

2)工程变更。

3)项目特征不符。

4)工程量清单缺项。

5)工程量偏差。

6)计日工。

7)物价变化。

8)暂估价。

9)不可抗力。

10)提前竣工(赶工补偿)。

11)误期赔偿。

12)索赔。

13)现场签证。

14)暂列金额。

15)发承包双方约定的其他调整事项。

(2)出现合同价款调增事项(不含工程量偏差、计日工、现场签证、索赔)后的14天内,承包人应向发包人提交合同价款调增报告并附上相关资料;承包人在14天内未提交合同价款调增报告的,应视为承包人对该事项不存在调整价款请求。

(3)出现合同价款调减事项(不含工程量偏差、索赔)后的14天内,发包人应向承包人提交合同价款调减报告并附相关资料;发包人在14天内未提交合同价款调减报告的,应视为发包人对该事项不存在调整价款请求。

(4)发(承)包人应在收到承(发)包人合同价款调增(减)报告及相关资料之日起14天内对其核实,予以确认的应书面通知承(发)包人。当有疑问时,应向承(发)包人提出协商意见。发(承)包人在收到合同价款调增(减)报告之日起14天内未确认也未提出协商意见的,应视为承(发)包人提交的合同价款调增(减)报告已被发(承)包人认可。发(承)包人提出协商意见的,承(发)包人应在收到协商意见后的14天内对其核实,予以确认的应书面通知发(承)包人。承(发)包人在收到发(承)包人的协商意见后14天内既不确认也未提出不同意见的,应视为发(承)包人提出的意见已被承(发)包人认可。

(5)发包人与承包人对合同价款调整的不同意见不能达成一致的,只要对发承包双方履约不产生实质影响,双方应继续履行合同义务,直到其按照合同约定的争议解决方式得到处理。

(6)经发承包双方确认调整的合同价款,作为追加(减)合同价款,应与工程进度款或结算款同期支付。

由于索赔和现场签证的费用经发承包确认后,其实质是导致签约合同价变生变化。按照财政部、原建设部印发的《建设工程价款结算暂行办法》(财建[2004]369号)的相关规定,经发承包双方确定调整的合同价款的支付方法,即作为追加(减)合同价款与工程进度款同期支付。

按照财政部、原建设部印发的《建设工程价款结算暂行办法》(财建[2004]369号)第十五条的规定:"发包人和承包人要加强施工现场的造价控制,及时对工程合同外的事项如实纪录并履行书面手续。凡由发承包双方授权的现场代表签字的现场签证以及发、承包双方协商确定的索赔等费用,应在工程竣工结算中如实办理,不得因发承包双方现场代表的中途变更改变其有效性。"

二、合同价款调整

(一)法律法规变化

(1)招标工程以投标截止日前28天、非招标工程以合同签订前28天为基准日,其后因国家的法律、法规、规章和政策发生变化引起工程造价增减变化的,发承包双方应按照省级或行业建设主管部门或其授权的工程造价管理机构据此发布的规定调整合同价款。

(2)因承包人原因导致工期延误的,按上述(1)规定的调整时间,在合同工程原定竣工时间之后,合同价款调增的不予调整,合同价款调减的予以调整。

(二)工程变更

(1)因工程变更引起已标价工程量清单项目或其工程数量发生变化时,应按照下列规定调整:

1)已标价工程量清单中有适用于变更工程项目的,应采用该项目的单价;但当工程变更导致该清单项目的工程数量发生变化,且工程量偏差超过15%时,该项目单价应按照"13计价规范"的规定调整。

2)已标价工程量清单中没有适用但有类似于变更工程项目的,可在合理范围内参照类似项目的单价。

3)已标价工程量清单中没有适用也没有类似于变更工程项目的,应由承包人根据变更工程资料、计量规则和计价办法、工程造价管理机构发布的信息价格和承包人报价浮动率提出变更工程项目的单价,并应报发包人确认后调整。承包人报价浮动率可按下列公式计算:

招标工程:

$$承包人报价浮动率 L = (1 - 中标价/招标控制价) \times 100\%$$

非招标工程：

$$承包人报价浮动率\ L=(1-报价/施工图预算)\times100\%$$

4)已标价工程量清单中没有适用也没有类似于变更工程项目,且工程造价管理机构发布的信息价格缺价的,应由承包人根据变更工程资料、计量规则、计价办法和通过市场调查等取得有合法依据的市场价格提出变更工程项目的单价,并应报发包人确认后调整。

(2)工程变更引起施工方案改变并使措施项目发生变化时,承包人提出调整措施项目费的,应事先将拟实施的方案提交发包人确认,并应详细说明与原方案措施项目相比的变化情况。拟实施的方案经发承包双方确认后执行,并应按照下列规定调整措施项目费：

1)安全文明施工费应按照实际发生变化的措施项目依据规定计算。

2)采用单价计算的措施项目费,应按照实际发生变化的措施项目,按规定确定单价。

3)按总价(或系数)计算的措施项目费,按照实际发生变化的措施项目调整,但应考虑承包人报价浮动因素,即调整金额按照实际调整金额乘以规定的承包人报价浮动率计算。

如果承包人未事先将拟实施的方案提交给发包人确认,则应视为工程变更不引起措施项目费的调整或承包人放弃调整措施项目费的权利。

(3)当发包人提出的工程变更因非承包人原因删减了合同中的某项原定工作或工程,致使承包人发生的费用或(和)得到的收益不能被包括在其他已支付或应支付的项目中,也未被包含在任何替代的工作或工程中时,承包人有权提出并应得到合理的费用及利润补偿。

(三)项目特征不符

(1)发包人在招标工程量清单中对项目特征的描述,应被认为是准确的和全面的,并且与实际施工要求相符合。承包人应按照发包人提供的招标工程量清单,根据项目特征描述的内容及有关要求实施合同工程,直到项目被改变为止。

(2)承包人应按照发包人提供的设计图纸实施合同工程,若在合同履行期间出现设计图纸(含设计变更)与招标工程量清单任一项目的特征描述不符,且该变化引起该项目工程造价增减变化的,应按照实际施工的项目特征,按相关条款的规定重新确定相应工程量清单项目的综合单价,并调整合同价款。

(四)工程量清单缺项

(1)合同履行期间,由于招标工程量清单中缺项,新增分部分项工程清单项目的,应按规定确定单价,并调整合同价款。

(2)新增分部分项工程清单项目后引起措施项目发生变化的,应按规定,在承包人提交的实施方案被发包人批准后调整合同价款。

(3)由于招标工程量清单中措施项目缺项,承包人应将新增措施项目实施方案提交发包人批准后,按规定调整合同价款。

(五)工程量偏差

(1)合同履行期间,当应予计算的实际工程量与招标工程量清单出现偏差,且符合下述(2)、(3)规定时,发承包双方应调整合同价款。

(2)施工过程中,由于施工条件、地质水文、工程变更等变化以及招标工程量清单编制人专业水平的差异,往往会造成实际工程量与招标工程量清单出现偏差,工程量偏差过大,对综合成本的分摊带来影响。如突然增加太多,仍按原综合单价计价,对发包人不公平;如突然减少太多,仍按原综合单价计价,对承包人不公平。并且,这给有经验的承包人的不平衡报价打开了大门。对于任一招标工程量清单项目,当因工程量偏差和工程变更等原因导致工程量偏差超过 15% 时,可进行调整。当工程量增加 15% 以上时,增加部分的工程量的综合单价应予调低;当工程量减少 15% 以上时,减少后剩余部分的工程量的综合单价应予调高。可按下列公式调整:

1)当 $Q_1 > 1.15Q_0$ 时:

$$S = 1.15Q_0 \times P_0 + (Q_1 - 1.15Q_0) \times P_1$$

2)当 $Q_1 < 0.85Q_0$ 时:

$$S = Q_1 \times P_1$$

式中 S——调整后的某一分部分项工程费结算价;

$\quad Q_1$——最终完成的工程量;

$\quad Q_0$——招标工程量清单中列出的工程量;

$\quad P_1$——按照最终完成工程量重新调整后的综合单价;

$\quad P_0$——承包人在工程量清单中填报的综合单价。

由上述两式可以看出,计算调整后的某一分部分项工程费结算价的关键是确定新的综合单价 P_1。确定的方法:一是发承包双方协商确定;二是与招标控制价相联系。当工程量偏差项目出现承包人在工程量清单中填报的综合单价与发包人招标控制价相应清单项目的综合单价偏差超过 15% 时,工程量偏差项目综合单价的调整可参考以下公式确定:

1)当 $P_0 < P_2 \times (1-L) \times (1-15\%)$ 时,该类项目的综合单价 P_1 按 $P_2 \times (1-L) \times (1-15\%)$ 进行调整。

2)当 $P_0 > P_2 \times (1+15\%)$ 时,该类项目的综合单价 P_1 按 $P_2 \times (1+15\%)$ 进行调整。

3)当 $P_0 > P_2 \times (1-L) \times (1-15\%)$ 或 $P_0 < P_2 \times (1+15\%)$ 时,可不进行调整。

以上各式中 P_0——承包人在工程量清单中填报的综合单价;

$\quad P_2$——发包人招标控制价相应项目的综合单价;

$\quad L$——承包人报价浮动率。

【例 9-1】 某工程项目投标报价浮动率为 8%,各项目招标控制价及投标报价的综合单价见表 9-1,试确定当招标工程量清单中工程量偏差超过 15% 时,其综合单价是否应进行调整,应怎样调整。

【解】 该工程综合单价调整情况见表 9-1。

表 9-1　　　　　　　　工程量偏差项目综合单价调整

项目	综合单价(元)		投标报价浮动率 L	综合单价偏差	$P_2 \times (1-L) \times (1-15\%)$	$P_2 \times (1+15\%)$	结　论
	招标控制价 P_2	投标报价 P_0					
1	540	432	8%	20%	422.28	—	由于 $P_0 > 422.28$ 元,故当该项目工程量偏差超过 15% 时,其综合单价不予调整
2	450	531	8%	18%	—	517.5	由于 $P_0 > 517.5$,故当该项目工程量偏差超过 15% 时,其综合单价应调整为 517.5

(3)当工程量出现上述(2)的变化,且该变化引起相关措施项目相应发生变化时,按系数或单一总价方式计价的,工程量增加的措施项目费调增,工程量减少的措施项目费调减。

(六)计日工

(1)发包人通知承包人以计日工方式实施的零星工作,承包人应予执行。

(2)采用计日工计价的任何一项变更工作,在该项变更的实施过程中,承包人应按合同约定提交下列报表和有关凭证送发包人复核:

1)工作名称、内容和数量。

2)投入该工作所有人员的姓名、工种、级别和耗用工时。

3)投入该工作的材料名称、类别和数量。

4)投入该工作的施工设备型号、台数和耗用台时。

5)发包人要求提交的其他资料和凭证。

(3)任一计日工项目持续进行时,承包人应在该项工作实施结束后的 24 小时内向发包人提交有计日工记录汇总的现场签证报告一式三份。发包人在收到承包人提交现场签证报告后的 2 天内予以确认并将其中一份返还给承包人,作为计日工计价和支付的依据。发包人逾期未确认也未提出修改意见的,应视为承包人提交的现场签证报告已被发包人认可。

(4)任一计日工项目实施结束后,承包人应按照确认的计日工现场签证报告核实该类项目的工程数量,并应根据核实的工程数量和承包人已标价工程量清单中的计日工单价计算,提出应付价款;已标价工程量清单中没有该类计日工单价的,由发承包双方按规定商定计日工单价计算。

(5)每个支付期末,承包人应按照规定向发包人提交本期间所有计日工记录的签证汇总表,并应说明本期间自己认为有权得到的计日工金额,调整合同价款,列入进度款支付。

(七)物价变化

(1)合同履行期间,因人工、材料、工程设备、机械台班价格波动影响合同价款时,应根据合同约定,按以下调整合同价款:

1)价格指数调整价格差额。

①价格调整公式。因人工、材料、工程设备和施工机械台班等价格波动影响合同价格时,应由投标人在投标函附录中的价格指数和权重表约定的数据,按下式计算差额并调整合同价款:

$$P=P_0\left[A+\left(B_1\times\frac{F_{t1}}{F_{01}}+B_2\times\frac{F_{t2}}{F_{02}}+B_3\times\frac{F_{t3}}{F_{03}}+\cdots+B_n\times\frac{F_{tn}}{F_{0n}}\right)-1\right]$$

式中　　　　　　　　P——需调整的价格差额;

P_0——约定的付款证书中承包人应得到的已完成工程量的金额。此项金额应不包括价格调整、不计质量保证金的扣留和支付、预付款的支付和扣回。约定的变更及其他金额已按现行价格计价的,也不计在内;

A——定值权重(即不调部分的权重);

B_1、B_2、B_3、$\cdots$、B_n——各可调因子的变值权重(即可调部分的权重),为各可调因子在投标函投标总报价中所占的比例;

F_{t1}、F_{t2}、F_{t3}、$\cdots$、F_{tn}——各可调因子的现行价格指数,指约定的付款证书相关周期最后一天的前42天的各可调因子的价格指数;

F_{01}、F_{01}、F_{01}、$\cdots$、F_{0n}——各可调因子的基本价格指数,指基准日期的各可调因子的价格指数。

以上价格调整公式中的各可调因子、定值和变值权重,以及基本价格指数及其来源在投标函附录价格指数和权重表中约定。价格指数应首先采用工程造价管理机构提供的价格指数,缺乏上述价格指数时,可采用工程造价管理机构提供的价格代替。

②暂时确定调整差额。在计算调整差额时得不到现行价格指数的,可暂用上一次价格指数计算,并在以后的付款中再按实际价格指数进行调整。

③权重的调整。约定的变更导致原定合同中的权重不合理时,由承包人和发包人协商后进行调整。

④承包人工期延误后的价格调整。由于承包人原因未在约定的工期内竣工的,对原约定竣工日期后继续施工的工程,在使用价格调整公式时,应采用原约定竣工日期与实际竣工日期的两个价格指数中较低的一个作为现行价格指数。

⑤若可调因子包括了人工在内,则不适用由发包人承担的规定。

2)造价信息调整价格差额。

①施工工期内,因人工、材料和工程设备、施工机械台班价格波动影响合同价格时,人工、机械使用费按照国家或省、自治区、直辖市建设行政管理部门、行业建设管理部门或其授权的工程造价管理机构发布的人工成本信息、机械台班单价或机械使用费

系数进行调整;需要进行价格调整的材料,其单价和采购数应由发包人复核,发包人确认需调整的材料单价及数量,作为调整合同价款差额的依据。

②人工单价发生变化且该变化因省级或行业建设主管部门发布的人工费调整文件所致时,承包双方应按省级或行业建设主管部门或其授权的工程造价管理机构发布的人工成本文件调整合同价款。人工费调整时应以调整文件的时间为界限进行。

③材料、工程设备价格变化按照发包人提供的《承包人提供主要材料和工程设备一览表(适用于造价信息差额调整法)》,由发承包双方约定的风险范围按下列规定调整合同价款:

a. 承包人投标报价中材料单价低于基准单价:施工期间材料单价涨幅以基准单价为基础超过合同约定的风险幅度值,或材料单价跌幅以投标报价为基础超过合同约定的风险幅度值时,其超过部分按实调整。

b. 承包人投标报价中材料单价高于基准单价:施工期间材料单价跌幅以基准单价为基础超过合同约定的风险幅度值,或材料单价涨幅以投标报价为基础超过合同约定的风险幅度值时,其超过部分按实调整。

c. 承包人投标报价中材料单价等于基准单价:施工期间材料单价涨、跌幅以基准单价为基础超过合同约定的风险幅度值时,其超过部分按实调整。

d. 承包人应在采购材料前将采购数量和新的材料单价报送发包人核对,确认用于本合同工程时,发包人应确认采购材料的数量和单价。发包人在收到承包人报送的确认资料后 3 个工作日不予答复的视为已经认可,作为调整合同价款的依据。如果承包人未报经发包人核对即自行采购材料,再报发包人确认调整合同价款的,如发包人不同意,则不作调整。

④施工机械台班单价或施工机械使用费发生变化超过省级或行业建设主管部门或其授权的工程造价管理机构规定的范围时,按其规定调整合同价款。

(2)承包人采购材料和工程设备的,应在合同中约定主要材料、工程设备价格变化的范围或幅度;当没有约定,且材料、工程设备单价变化超过 5%时,超过部分的价格应计算调整材料、工程设备费。

(3)发生合同工程工期延误的,应按照下列规定确定合同履行期的价格调整:

1)因非承包人原因导致工期延误的,计划进度日期后续工程的价格,应采用计划进度日期与实际进度日期两者的较高者。

2)因承包人原因导致工期延误的,计划进度日期后续工程的价格,应采用计划进度日期与实际进度日期两者的较低者。

(八)暂估价

(1)按照《工程建设项目货物招标投标办法》(国家发改委、原建设部等七部委 27 号令)第五条规定:"以暂估价形式包括在总承包范围内的货物达到国家规定规模标准的,应当由总承包中标人和工程建设项目招标人共同依法组织招标"。在工程招标阶段已经确认的材料、工程设备或专业工程项目,由于标准不明确,无法在当时确定准确

价格,为了不影响招标效果,由发包人在招标工程量清单中给定一个暂估价。确定暂估价实际价格的情形有四种:

一是材料和工程设备属于依法必须招标的,由发承包双方以招标的方式选择供应商,确定其价格并以此为依据取代暂估价,调整合同价款。

二是材料和工程设备不属于依法必须招标的,由承包人按照合同约定采购,经发包人确认后以此为依据取代暂估价,调整合同价款。

三是专业工程不属于依法必须招标的,应按照规定确定专业工程价款,并以此为依据取代专业工程暂估价,调整合同价款。

四是专业工程依法必须招标的,应当由发承包双方依法组织招标选择专业分包人,其中:

1)承包人不参加投标的专业工程分包招标,应由承包人作为招标人,但拟定的招标文件、评标工作、评标结果应报送发包人批准。与组织招标工作有关的费用应当被认为已经包括在承包人的签约合同价(投标总报价)中。

2)承包人参加投标的专业工程分包招标,应由发包人作为招标人,与组织招标工作有关的费用由发包人承担。同等条件下,应优先选择承包人中标。

3)以专业工程分包中标价为依据取代专业工程暂估价,调整合同价款。

(2)发包人在招标工程量清单中给定暂估价的材料、工程设备不属于依法必须招标的,应由承包人按照合同约定采购,经发包人确认单价后取代暂估价,调整合同价款。

(3)发包人在工程量清单中给定暂估价的专业工程不属于依法必须招标的,应按照规定确定专业工程价款,并应以此为依据取代专业工程暂估价,调整合同价款。

(4)发包人在招标工程量清单中给定暂估价的专业工程,依法必须招标的,应当由发承包双方依法组织招标选择专业分包人,并接受有管辖权的建设工程招标投标管理机构的监督,还应符合下列要求:

1)除合同另有约定外,承包人不参加投标的专业工程发包招标,应由承包人作为招标人,但拟定的招标文件、评标工作、评标结果应报送发包人批准。与组织招标工作有关的费用应当被认为已经包括在承包人的签约合同价(投标总报价)中。

2)承包人参加投标的专业工程发包招标,应由发包人作为招标人,与组织招标工作有关的费用由发包人承担。同等条件下,应优先选择承包人中标。

3)应以专业工程发包中标价为依据取代专业工程暂估价,调整合同价款。

(九)不可抗力

(1)因不可抗力事件导致的人员伤亡、财产损失及其费用增加,发承包双方应按下列原则分别承担并调整合同价款和工期:

1)合同工程本身的损害、因工程损害导致第三方人员伤亡和财产损失以及运至施工场地用于施工的材料和待安装的设备的损害,应由发包人承担。

2)发包人、承包人人员伤亡应由其所在单位负责,并应承担相应费用。

3)承包人的施工机械设备损坏及停工损失,应由承包人承担。

4)停工期间,承包人应发包人要求留在施工场地的必要的管理人员及保卫人员的费用应由发包人承担。

5)工程所需清理、修复费用,应由发包人承担。

(2)不可抗力解除后复工的,若不能按期竣工,应合理延长工期。发包人要求赶工的,赶工费用应由发包人承担。

(3)因不可抗力解除合同的,应按合同解除规定办理。

(十)提前竣工(赶工补偿)

《建设工程质量管理条例》第十条规定:"建设工程发包单位不得迫使承包方以低于成本的价格竞标,不得任意压缩合理工期"。因此,为了保证工程质量,承包人除了根据标准规范、施工图纸进行施工外,还应当按照科学合理的施工组织设计,按部就班地进行施工作业。

(1)招标人应依据相关工程的工期定额合理计算工期,压缩的工期天数不得超过定额工期的 20%,超过者,应在招标文件中明示增加赶工费用。

(2)发包人要求合同工程提前竣工的,应征得承包人同意后与承包人商定采取加快工程进度的措施,并应修订合同工程进度计划。发包人应承担承包人由此增加的提前竣工(赶工补偿)费用。

(3)发承包双方应在合同中约定提前竣工每日历天应补偿额度,此项费用应作为增加合同价款列入竣工结算文件中,应与结算款一并支付。

(十一)误期赔偿

(1)承包人未按照合同约定施工,导致实际进度迟于计划进度的,承包人应加快进度,实现合同工期。

合同工程发生误期,承包人应赔偿发包人由此造成的损失,并应按照合同约定向发包人支付误期赔偿费。即使承包人支付误期赔偿费,也不能免除承包人按照合同约定应承担的任何责任和应履行的任何义务。

(2)发承包双方应在合同中约定误期赔偿费,并应明确每日历天应赔额度。误期赔偿费应列入竣工结算文件中,并应在结算款中扣除。

(3)在工程竣工之前,合同工程内的某单项(位)工程已通过了竣工验收,且该单项(位)工程接收证书中表明的竣工日期并未延误,而是合同工程的其他部分产生了工期延误时,误期赔偿费应按照已颁发工程接收证书的单项(位)工程造价占合同价款的比例幅度予以扣减。

(十二)索赔

建设工程施工中的索赔是发承包双方行使正当权利的行为,承包人可向发包人索赔,发包人也可向承包人索赔,它的性质属于经济补偿行为,而非惩罚。

1. 索赔原则

在工程承包中,索赔应遵循下列原则:

（1）以工程承包合同为依据。工程索赔涉及面广,法律程序严格,参与索赔的人员应熟悉施工的各个环节,通晓建筑合同和法律,并具有一定的财会知识。索赔工作人员必须对合同条件、协议条款有深刻的理解,以合同为依据做好索赔的各项工作。

（2）以索赔证据为准则。索赔工作的关键是证明承包商提出的索赔要求是正确的,还要准确地计算出要求索赔的数额,并证明该数额是合情合理的,而这一切都必须基于索赔证据。索赔证据必须是实施合同过程中存在和发生的;索赔证据应当能够相互关联、相互说明,不能互相矛盾;索赔证据应当具有可靠性,一般应是书面内容,有关的协议、记录均应有当事人的签字认可;索赔证据的取得和提出都必须及时。

（3）及时、合理地处理索赔。索赔发生后,承发包双方应依据合同及时、合理地处理索赔。若多项索赔累积,可能影响承包商资金周转和施工进度,甚至增加双方矛盾。此外,拖到后期综合索赔,往往还牵涉到利息、预期利润补偿等问题,从而使矛盾进一步复杂化,增加了处理索赔的困难。

2. 索赔任务

索赔的作用是对自己已经受到的损失进行追索,其任务如下:

（1）预测索赔机会。虽然干扰事件产生于工程施工中,但它的根由却在招标文件、合同、设计、计划中,所以,在招标文件分析、合同谈判（包括在工程实施中双方召开变更会议、签署补充协议等）中,承包商应对干扰事件有充分的考虑和防范,预测索赔的可能。

（2）在合同实施中寻找和发现索赔机会。在任何工程中,干扰事件是不可避免的,问题是承包商能否及时发现并抓住索赔机会。承包商应对索赔机会有敏锐的感觉,可以通过对合同实施过程进行监督、跟踪、分析和诊断,以寻找和发现索赔机会。

（3）处理索赔事件,解决索赔争执。一经发现索赔机会,则应迅速做出反应,进入索赔处理过程。在这个过程中有大量的、具体的、细致的索赔管理工作和业务,包括:

1）向工程师和发包人提出索赔意向。

2）进行事态调查、寻找索赔理由和证据、分析干扰事件的影响、计算索赔值、起草索赔报告。

3）向发包人提出索赔报告,通过谈判、调解或仲裁最终解决索赔争执,使自己的损失得到合理补偿。

3. 索赔发生原因

在现代承包工程中,特别在国际承包工程中,索赔经常发生,而且索赔额很大。这主要是由以下几个方面原因造成的:

（1）施工延期。施工延期是指由于非承包商的各种原因而造成工程的进度推迟,施工不能按原计划时间进行。施工延期的原因有时是单一的,有时又是多种因素综合交错形成。

施工延期的事件发生后,会给承包商造成两个方面的损失:一项损失是时间上的损失;另一项损失是经济方面的损失。因此,当出现施工延期的索赔事件时,往往在分清责任和损失补偿方面,合同双方易发生争端。常见的施工延期索赔多由于发包人未能及时提交施工场地,以及气候条件恶劣,如连降暴雨,使大部分的工程无法开展等。

(2)合同变更。对于工程项目实施过程来说,变更是客观存在的,只是这种变更必须是指在原合同工程范围内的变更,若属超出工程范围的变更,承包商有权予以拒绝。特别是当工程量变化超出招标时工程量清单的20%以上时,可能会导致承包商的施工现场人员不足,需另雇工人;也可能会导致承包商的施工机械设备失调,工程量的增加,往往要求承包商增加新型号的施工机械设备,或增加机械设备数量等。

(3)合同中存在的矛盾和缺陷。合同中存在的矛盾和缺陷常表现为合同文件规定不严谨,合同中有遗漏或错误,这些矛盾常反映为设计与施工规定相矛盾,技术规范和设计图纸不符合或互相矛盾,以及一些商务和法律条款规定有缺陷等。

(4)恶劣的现场自然条件。恶劣的现场自然条件是一般有经验的承包商事先无法合理预料的,这需要承包商花费更多的时间和金钱去克服和除掉这些障碍与干扰。因此,承包商有权据此向发包人提出索赔要求。

(5)参与工程建设主体的多元性。由于工程参与单位多,一个工程项目往往会有发包人、总包商、监理工程师、分包商、指定分包商、材料设备供应商等众多参加单位,各方面的技术、经济关系错综复杂,相互联系又相互影响,只要一方失误,不仅会造成自己的损失,而且会影响其他合作者,造成他人损失,从而导致索赔和争执。

4. 索赔证据

(1)索赔证据的要求。一般有效的索赔证据都具有以下几个特征:

1)及时性:既然干扰事件已发生,又意识到需要索赔,就应在有效时间内提出索赔意向。在规定的时间内报告事件的发展影响情况,在规定时间内提交索赔的详细额外费用计算账单,对发包人或工程师提出的疑问及时补充有关材料。如果拖延太久,将增加索赔工作的难度。

2)真实性:索赔证据必须是在实际过程中产生,完全反映实际情况,能经得住对方的推敲。由于在工程过程中合同双方都在进行合同管理,收集工程资料,所以,双方应有相同的证据。使用虚假证据是违反商业道德甚至法律的。

3)全面性:所提供的证据应能说明事件的全过程。索赔报告中所涉及的干扰事件、索赔理由、索赔值等都应有相应的证据,不能凌乱和支离破碎,否则发包人将退回索赔报告,要求重新补充证据。这会拖延索赔的解决,损害承包商在索赔中的有利地位。

4)关联性:索赔的证据应当能互相说明,相互具有关联性,不能互相矛盾。

5)法律证明效力:索赔证据必须有法律证明效力,特别对准备递交仲裁的索赔报告更要注意这一点。

①证据必须是当时的书面文件,一切口头承诺、口头协议不算。

②合同变更协议必须由双方签署,或以会谈纪要的形式确定,且为决定性决议。一切商讨性、意向性的意见或建议都不算。

③工程中的重大事件、特殊情况的记录、统计应由工程师签署认可。

(2)索赔证据的种类。

1)招标文件、工程合同、发包人认可的施工组织设计、工程图纸、技术规范等。

2)工程各项有关的设计交底记录、变更图纸、变更施工指令等。

3)工程各项经发包人或合同中约定的发包人现场代表或监理工程师签认的签证。

4)工程各项往来信件、指令、信函、通知、答复等。

5)工程各项会议纪要。

6)施工计划及现场实施情况记录。

7)施工日报及工长工作日志、备忘录。

8)工程送电、送水、道路开通、封闭的日期及数量记录。

9)工程停电、停水和干扰事件影响的日期及恢复施工的日期记录。

10)工程预付款、进度款拨付的数额及日期记录。

11)工程图纸、图纸变更、交底记录的送达份数及日期记录。

12)工程有关施工部位的照片及录像等。

13)工程现场气候记录,如有关天气的温度、风力、雨雪等。

14)工程验收报告及各项技术鉴定报告等。

15)工程材料采购、订货、运输、进场、验收、使用等方面的凭据。

16)国家和省级或行业建设主管部门有关影响工程造价、工期的文件、规定等。

(3)索赔时效的功能。索赔时效是指合同履行过程中,索赔方在索赔事件发生后的约定期限内不行使索赔权即视为放弃索赔权利,其索赔权归于消灭的制度,其功能主要表现在以下两点:

1)促使索赔权利人行使权利。"法律不保护躺在权利上睡觉的人",索赔时效是时效制度中的一种,类似于民法中的诉讼时效,即超过法定时间,权利人不主张自己的权利,则诉讼权消灭,人民法院不再对该实体权利强制进行保护。

2)平衡发包人与承包人的利益。有的索赔事件持续时间短暂,事后难以复原(如异常的地下水位、隐蔽工程等),发包人在时过境迁后难以查找到有力证据来确认责任归属或准确评估所需金额。如果不对时效加以限制,允许承包人隐瞒索赔意图,将置发包人于不利状况,而索赔时效则平衡了发承包双方利益。一方面,索赔时效届满,即视为承包人放弃索赔权利,发包人可以此作为证据的代用,避免举证的困难;另一方面,只有促使承包人及时提出索赔要求,才能警示发包人充分履行合同义务,避免类似索赔事件的再次发生。

5. 索赔处理程序

(1)发出索赔意向通知。索赔事件发生后,承包商应在合同规定的时间内,及时向发包人或工程师书面提出索赔意向通知,亦即向发包人或工程师就某一个或若干个索赔事件表示索赔愿望、要求或声明保留索赔的权利。

我国建设工程施工合同条件规定:承包商应在索赔事件发生后的 28 天内,将其索赔意向通知工程师。反之如果承包商没有在合同规定的期限内提出索赔意向或通知,承包商则会丧失在索赔中的主动和有利地位,发包人和工程师也有权拒绝承包商的索赔要求,这是索赔成立的有效和必备条件之一。

一般索赔意向通知仅仅是表明意向,应写得简明扼要,涉及索赔内容但不涉及索赔数额。通常包括以下几个方面的内容:

1)事件发生的时间和情况的简单描述。

2)合同依据的条款和理由。

3)有关后续资料的提供,包括及时记录和提供事件发展的动态。

4)对工程成本和工期产生的不利影响的严重程度,以引起工程师(发包人)的注意。

(2)索赔资料准备。监理工程师和发包人一般都会对承包商的索赔提出一些质疑,要求承包商做出解释或出具有力的证明材料。主要包括:

1)施工日志。应指定有关人员现场记录施工中发生的各种情况,包括天气、出工人数、设备数量及使用情况、进度情况、质量情况、安全情况、监理工程师在现场有什么指示、进行了什么试验、有无特殊干扰施工的情况、遇到了什么不利的现场条件、多少人员参观了现场等等。这种现场记录和日志有利于及时发现和正确分析索赔,可能成为索赔的重要证明材料。

2)来往信件。对与监理工程师、发包人和有关政府部门、银行、保险公司的来往信函,必须认真保存,并注明发送和收到的详细时间。

3)气象资料。在分析进度安排和施工条件时,天气是应考虑的重要因素之一,因此,要保存一份真实、完整、详细的天气情况记录,包括气温、风力、湿度、降雨量、暴风雪、冰雹等。

4)备忘录。承包商对监理工程师和发包人的口头指示和电话应随时用书面记录,并签字给予书面确认。事件发生和持续过程中的重要情况也都应有记录。

5)会议纪要。承包商、发包人和监理工程师举行会议时要做好详细记录,对其主要问题形成会议纪要,并由会议各方签字确认。

6)工程照片和工程声像资料。这些资料都是反映工程客观情况的真实写照,也是法律承认的有效证据,对重要工程部位应拍摄有关资料并妥善保存。

7)工程进度计划。承包人编制的经监理工程师或发包人批准同意的所有工程总进度、年进度、季进度、月进度计划都必须妥善保管,任何有关工期延误的索赔中,进度计划都是非常重要的证据。

8)工程核算资料。所有人工、材料、机械设备使用台账,工程成本分析资料,会计报表,财务报表,货币汇率,现金流量,物价指数,收付款票据,都应分类装订成册,这些都是进行索赔费用计算的基础。

9)工程报告。包括工程试验报告、检查报告、施工报告、进度报告、特别事件报告等。

10)工程图纸。工程师和发包人签发的各种图纸,包括设计图、施工图、竣工图及其相应的修改图,承包商应注意对照检查和妥善保存。对于设计变更索赔,原设计计图和修改图的差异是索赔最有力的证据。

11)招投标阶段有关现场考察资料,各种原始单据(工资单、材料设备采购单),各种法规文件,证书证明等,都应积累保存,它们都有可能是某项索赔的有力证据。

(3)编写索赔报告。索赔报告是承包商在合同规定的时间内向监理工程师提交的要求发包人给予一定经济补偿和延长工期的正式书面报告。索赔报告的水平与质量如何,直接关系到索赔的成败与否。

编写索赔报告时,应注意以下几个问题:

1)索赔报告的基本要求。

①说明索赔的合同依据。即基于何种理由有资格提出索赔要求。

②索赔报告中必须有详细准确的损失金额及时间的计算。

③要证明客观事实与损失之间的因果关系,说明索赔事件前因后果的关联性,要以合同为依据,说明发包人违约或合同变更与引起索赔的必然性联系。如果不能有理有据说明因果关系,而仅在事件的严重性和损失的巨大上花费过多的笔墨,对索赔的成功都无济于事。

2)索赔报告必须准确。编写索赔报告是一项比较复杂的工作,须有一个专门的小组和各方的大力协助才能完成。索赔报告应有理有据,准确可靠,应注意以下几点:

①责任分析应清楚、准确。

②索赔值的计算依据要正确,计算结果应准确。

③用词应委婉、恰当。

3)索赔报告的内容。在实际承包工程中,索赔报告通常包括三个部分:

第一部分:承包商或其授权人致发包人或工程师的信。信中简要介绍索赔的事项、理由和要求,说明随函所附的索赔报告正文及证明材料情况等。

第二部分:索赔报告正文。针对不同格式的索赔报告,其形式可能不同,但实质性的内容相似,一般主要包括:

①题目。简要地说明针对什么提出索赔。

②索赔事件陈述。叙述事件的起因,事件经过,事件过程中双方的活动,事件的结果,重点叙述我方按合同所采取的行为,对方不符合合同的行为。

③理由。总结上述事件,同时引用合同条文或合同变更和补充协议条文,证明对方行为违反合同或对方的要求超过合同规定,造成了该项事件,有责任对此造成的损失做出赔偿。

④影响。简要说明事件对承包商施工过程的影响,而这些影响与上述事件有直接的因果关系。重点围绕由于上述事件原因造成的成本增加和工期延长。

⑤结论。对上述事件的索赔问题做出最后总结,提出具体索赔要求,包括工期索赔和费用索赔。

第三部分:附件。该报告中所列举事实、理由、影响的证明文件和各种计算基础、计算依据的证明文件。

(4)递交索赔报告。

索赔意向通知提交后的 28 天内,或工程师可能同意的其他合理时间,承包人应递送正式的索赔报告。

如果索赔事件的影响持续存在,28 天内还不能算出索赔额和工期展延天数时,承包人应按工程师合理要求的时间间隔(一般为 28 天),定期陆续报出每一个时间段内的索赔证据资料和索赔要求。在该项索赔事件的影响结束后的 28 天内,报出最终详细报告,提出索赔论证资料和累计索赔额。

(5)索赔审查。索赔审查,是当事双方在承包合同基础上,逐步分清在某些索赔事件中的权利和责任以使其数量化的过程。

1)工程师审核承包人的索赔申请。接到承包人的索赔意向通知后,工程师应建立自己的索赔档案,密切关注事件的影响,检查承包人的同期记录时,随时就记录内容提出不同意见或希望应予以增加的记录项目。

在接到正式索赔报告之后,认真研究承包人报送的索赔资料。

①在不确认责任归属的情况下,客观分析事件发生的原因,重温合同的有关条款,研究承包人的索赔证据,并检查其同期记录。

②通过对事件的分析,工程师再依据合同条款划清责任界限,必要时还可以要求承包人进一步提供补充资料。

③再审查承包人提出的索赔补偿要求,剔除其中的不合理部分,拟定自己计算的合理索赔数额和工期顺延天数。

2)判定索赔成立的原则。工程师判定承包人索赔成立的条件为:

①与合同相对照,事件已造成了承包人施工成本的额外支出或总工期延误。

②造成费用增加或工期延误的原因,按合同约定不属于承包人应承担的责任,包括行为责任和风险责任。

③承包人按合同规定的程序提交了索赔意向通知和索赔报告。

上述三个条件没有先后主次之分,应当同时具备。只有工程师认定索赔成立后,才处理应给予承包人的补偿额。

3)审查索赔报告。

①事态调查。通过对合同实施的跟踪、分析了解事件经过、前因后果,掌握事件详细情况。

②损害事件原因分析。即分析索赔事件是由何种原因引起,责任应由谁来承担。在实际工作中,损害事件的责任有时是多方面原因造成,故必须进行责任分解,划分责任范围,按责任大小承担损失。

③分析索赔理由。主要依据合同文件判明索赔事件是否属于未履行合同规定义务或未正确履行合同义务导致,是否在合同规定的赔偿范围之内。只有符合合同规定的索赔要求才有合法性,才能成立。

④实际损失分析。即分析索赔事件的影响,主要表现为工期的延长和费用的增加。如果索赔事件不造成损失,则无索赔可言。损失调查的重点是分析、对比实际和计划的施工进度,工程成本和费用方面的资料,在此基础上核算索赔值。

⑤证据资料分析。主要分析证据资料的有效性、合理性、正确性,这也是索赔要求

有效的前提条件。如果在索赔报告中提不出证明其索赔理由、索赔事件的影响、索赔值的计算等方面的详细资料,索赔要求是不能成立的。如果工程师认为承包人提出的证据不能足以说明其要求的合理性时,可以要求承包人进一步提交索赔的证据资料。

4)工程师可根据自己掌握的资料和处理索赔的工作经验就以下问题提出质疑:

①索赔事件不属于发包人和监理工程师的责任,而是第三方的责任。

②事实和合同依据不足。

③承包商未能遵守意向通知的要求。

④合同中的开脱责任条款已经免除了发包人补偿的责任。

⑤索赔是由不可抗力引起的,承包商没有划分和证明双方责任的大小。

⑥承包商没有采取适当措施避免或减少损失。

⑦承包商必须提供进一步的证据。

⑧损失计算夸大。

⑨承包商以前已明示或暗示放弃了此次索赔的要求等等。

(6)索赔的解决。从递交索赔文件到索赔结束是索赔解决的过程。工程师经过对索赔文件的评审,与承包商进行较充分的讨论后,应提出对索赔处理决定的初步意见,并参加发包人和承包商之间的索赔谈判,根据谈判达成索赔最后处理的一致意见。

如果索赔在发包人和承包商之间未能通过谈判得以解决,可将有争议的问题进一步提交工程师决定。如果一方对工程师的决定不满意,双方可寻求其他友好解决方式,如中间人调解、争议评审团评议等。友好解决无效,一方可将争端提交仲裁或诉讼。

一般合同条件规定争端的解决程序如下:

1)合同的一方就其争端的问题书面通知工程师,并将一份副本提交对方。

2)工程师应在收到有关争端的通知后,在合同规定的时间内做出决定,并通知发包人和承包商。

3)发包人和承包商在收到工程师决定的通知后,均未在合同规定的时间内发出要将该争端提交仲裁的通知,则该决定视为最后决定,对发包人和承包商均有约束力。若一方不执行此决定,另一方可按对方违约提出仲裁通知,并开始仲裁。

4)如果发包人或承包商对工程师的决定不同意,或在要求工程师作决定的书面通知发出后,未在合同规定的时间内得到工程师决定的通知,任何一方可在其后按合同规定的时间内就其所争端的问题向对方提出仲裁意向通知,将一份副本送交工程师。在仲裁开始前应设法友好协商解决双方的争端。

6. 索赔策略

(1)确定索赔目标,防范索赔风险。

1)承包商的索赔目标是指承包商对索赔的基本要求,可对要达到的目标进行分解,按难易程度排队,并大致分析它们各自实现的可能性,从而确定最低、最高目标。

2)分析实现目标的风险状况,如能否在索赔有效期内及时提出索赔,能否按期完成合同规定的工程量,按期交付工程,能否保证工程质量,等等。总之,要注意对索赔风险的防范,否则会影响索赔目标的实现。

(2)分析承包商的经营战略。承包商的经营战略直接制约着索赔的策略和计划。在分析发包人情况和工程所在地情况以后,承包商应考虑有无可能与发包人继续进行新的合作,是否在当地继续扩展业务,承包商与发包人之间的关系对在当地开展业务有何影响等。

这些问题决定着承包商的整个索赔要求和解决的方法。

(3)分析被索赔方的兴趣与利益。分析被索赔方的兴趣和利益所在,要让索赔在友好和谐的气氛中进行。处理好单项索赔和一揽子索赔的关系,对于理由充分而重要的单项索赔应力争尽早解决,对于发包人坚持后未解决的索赔,要按发包人意见认真积累有关资料,为一揽子解决准备充分的材料。要根据对方的利益所在,对双方感兴趣的地方,承包商就在不过多损害自己利益的情况下作适当让步,打破问题的僵局。在责任分析和法律分析方面要适当,在对方愿意接受索赔的情况下,就不要得理不让人,否则反而达不到索赔目的。

(4)分析谈判过程。索赔谈判是承包商要求业主承认自己的索赔,承包商处于很不利的地位,如果谈判一开始就气氛紧张,情绪对立,有可能导致发包人拒绝谈判,使谈判旷日持久,这是最不利于解决索赔问题的。谈判应从发包人关心的议题入手,从发包人感兴趣的问题开谈,稳扎稳打,并始终注意保持友好和谐的谈判气氛。

(5)分析对外关系。利用同监理工程师、设计单位、发包人的上级主管部门对发包人施加影响,往往比同发包人直接谈判更有效。承包商要同这些单位搞好关系,取得他们的同情和支持,并与发包人沟通。这就要求承包商对这些单位的关键人物进行分析,同他们搞好关系,利用他们同发包人的微妙关系从中斡旋、调停,使索赔达到十分理想的效果。

7. 索赔技巧

(1)及早发现索赔机会。作为一个有经验的承包商,在投标报价时就应考虑到将来可能要发生索赔的问题,要仔细研究招标文件中的合同条款和规范,仔细查勘施工现场,探索可能索赔的机会,在报价时要考虑索赔的需要。在进行单价分析时,应列入生产效率,把工程成本与投入资源的效率结合起来。这样,在施工过程中论证索赔原因时,可引用效率降低来论证索赔的根据。

(2)商签好合同协议。在商签合同过程中,承包商应对明显把重大风险转嫁到自己的合同条件提出修改的要求,对其达成修改的协议应以"谈判纪要"的形式写出,作为该合同文件的有效组成部分。

(3)对口头变更指令要得到确认。工程师常常乐于用口头形式指令工程变更,如果承包商不对工程师的口头指令予以书面确认,就进行变更工程的施工,一旦有的工程师矢口否认,拒绝承包商的索赔要求,承包商就会有苦难言。

(4)及时发出"索赔通知书"。一般合同都规定,索赔事件发生后的一定时间内,承包商必须送出"索赔通知书",过期无效。

(5)索赔事由论证要充足。承包合同通常规定,承包商在发出"索赔通知书"后,每隔一定时间,应报送一次证据资料,在索赔事件结束后的 28 日内报送总结性的索赔计算及索赔论证,提交索赔报告。索赔报告一定要令人信服,经得起推敲。

(6)索赔计价方法和款额要适当。索赔计算时采用"附加成本法"容易被对方接受,因为这种方法只计算索赔事件引起的计划外的附加开支,计价项目具体,使经济索赔能较快得到解决。另外,索赔计价不能过高,要价过高容易让对方发生反感,使索赔报告束之高阁,长期得不到解决。还有可能让发包人准备周密的反索赔计价,以高额的反索赔对付高额的索赔,使索赔工作更加复杂化。

(7)力争单项索赔,避免一揽子索赔。单项索赔事件简单,容易解决,而且能及时得到支付。一揽子索赔,问题复杂,金额大,不易解决,往往到工程结束后还得不到付款。

(8)坚持采用"清理账目法"。承包商往往只注意接受发包人按月结算索赔款,而忽略了索赔款的不足部分,没有以文字的形式保留自己今后应获得不足部分款额的权利,等于同意并承认了发包人对该项索赔的付款,以后再无权追索。

(9)力争友好解决,防止对立情绪。索赔争端是难免的,如果遇到争端不能理智地协商讨论问题,就会使一些本来可以解决的问题悬而未决。承包商尤其要头脑冷静,防止对立情绪,力争友好解决索赔争端。

(10)注意同工程师搞好关系。工程师是处理解决索赔问题的公正的第三方,注意同工程师搞好关系,争取工程师的公正裁决,竭力避免仲裁或诉讼。

(十三)现场签证

由于施工生产的特殊性,施工过程中往往会出现一些与合同工程或合同约定不一致或未约定的事项,这时就需要发承包双方用书面形式记录下来,这就是现场签证。签证有多种情形,一是发包人的口头指令,需要承包人将其提出,由发包人转换成书面签证;二是发包人的书面通知如涉及工程实施,需要承包人就完成此通知需要的人工、材料、机械设备等内容向发包人提出,取得发包人的签证确认;三是合同工程招标工程量清单中已有,但施工中发现与其不符,比如土方类别,出现流砂等,需承包人及时向发包人提出签证确认,以便调整合同价款;四是由于发包人原因未按合同约定提供场地、材料、设备或停水、停电等造成承包人停工,需承包人及时向发包人提出签证确认,以便计算索赔费用;五是合同中约定材料、设备等价格,由于市场发生变化,需承包人向发包人提出采纳数量及其单价,以便发包人核对后取得发包人的签证确认;六是其他由于施工条件、合同条件变化需现场签证的事项等。

(1)承包人应发包人要求完成合同以外的零星项目、非承包人责任事件等工作的,发包人应及时以书面形式向承包人发出指令,并应提供所需的相关资料;承包人在收到指令后,应及时向发包人提出现场签证要求。

(2)承包人应在收到发包人指令后的 7 天内向发包人提交现场签证报告,发包人应在收到现场签证报告后的 48 小时内对报告内容进行核实,予以确认或提出修改意见。发包人在收到承包人现场签证报告后的 48 小时内未确认也未提出修改意见的,应视为承包人提交的现场签证报告已被发包人认可。

（3）现场签证的工作如已有相应的计日工单价，现场签证中应列明完成该类项目所需的人工、材料、工程设备和施工机械台班的数量。

如现场签证的工作没有相应的计日工单价，应在现场签证报告中列明完成该签证工作所需的人工、材料设备和施工机械台班的数量及单价。

（4）合同工程发生现场签证事项，未经发包人签证确认，承包人便擅自施工的，除非征得发包人书面同意，否则发生的费用应由承包人承担。

（5）现场签证工作完成后的 7 天内，承包人应按照现场签证内容计算价款，报送发包人确认后，作为增加合同价款，与进度款同期支付。

（6）在施工过程中，当发现合同工程内容因场地条件、地质水文、发包人要求等不一致时，承包人应提供所需的相关资料，并提交发包人签证认可，作为合同价款调整的依据。

（十四）暂列金额

（1）已签约合同价中的暂列金额应由发包人掌握使用。

（2）暂列金额虽然列入合同价款，但并不属于承包人所有，也并不必然发生。只有按照合同约定实际发生后，才能成为承包人的应得金额，纳入工程合同结算价款中，发包人按照前述相关规定与要求进行支付后，暂列金额余额仍归发包人所有。

第四节　工程结算与支付

一、工程结算的概念及意义

1. 工程结算的概念

建筑工程结算是指在建筑装饰工程的经济活动中，施工单位依据承包合同中关于付款条款的规定和已经完成的工程量，并按照规定的程序向业主（建设单位）收取工程价款的一项经济活动。

由于建筑工程施工周期长，人工、材料和资金耗用量大，在工程实施的过程中为了合理补偿工程承包商的生产资金，通常将已完成的部分施工工程量作为"假定合格建筑装饰产品"，按有关文件规定或合同约定的结算方式结算工程价款并按规定时间和额度支付给工程承包商，这种行为通常称为工程结算。

2. 工程结算的意义

（1）建筑工程结算是反映工程进度的主要指标。在施工过程中，工程价款的结算主要是按照已完成的工程量进行结算，也就是说，承包商完成的工程量越多，所应结算的工程价款就应越多，所以，根据累计结算的工程价款占合同总价款的比例，能够近似地反映出工程的进度情况，有利于准确掌握工程进度。

(2)建筑工程结算是加速资金周转的重要环节。承包商能够尽早地结算工程价款,有利于资金回笼,降低内部运营成本。通过加速资金周转,可提高资金使用的有效性。

(3)建筑工程结算是考核经济效益的重要指标。对于承包商来说,只有工程价款如数地结算,才能够获得相应的利润,进而达到预期的经济效益。

二、工程结算编制

(一)工程结算编审一般原则

(1)工程造价咨询单位应以平等、自愿、公平和诚实信用的原则订立工程咨询服务合同。

(2)在结算编制和结算审查中,工程造价咨询单位和工程造价咨询专业人员必须严格遵循国家相关法律、法规和规章制度,坚持实事求是、诚实信用和客观公正的原则。拒绝任何一方违反法律、行政法规、社会公德、影响社会经济秩序和损害公共利益的要求。

(3)结算编制应当遵循承发包双方在建设活动中平等和责、权、利对等原则;结算审查应当遵循维护国家利益、发包人和承包人合法权益的原则。造价咨询单位和造价咨询专业人员应以遵守职业道德为准则,不受干扰,公正、独立地开展咨询服务工作。

(4)工程造价咨询企业和工程造价专业人员在进行结算编制和结算审查时,应依据工程造价咨询服务台合同约定的工作范围和工作内容开展工作,严格履行合同义务,做好工作计划和工作组织,掌握工程建设期间政策和价款调整的有关因素,认真开展现场调研,全面、准确、客观地反映建设项目工程价款确定和调整的各项因素。

(5)工程结算编制严禁巧立名目、弄虚作假、高估冒算,工程结算审查严禁滥用职权、营私舞弊或提供虚假结算审查报告。

(6)承担工程结算编制或工程结算审查咨询服务的受托人,应严格履行合同,及时完成工程造价咨询服务合同约定范围内的工程结算编制和审查工作。

(7)工程造价咨询单位承担工程结算编制,其成果文件一般应得到委托人的认可。

(8)工程造价咨询单位单方承担工程结算审查,其成果文件一般应得到审查委托人、结算编制人和结算审查受托人以及建设单位共同认可,并签署"结算审定签署表"。确因非常原因不能共同签署时,工程造价咨询单位应单独出具成果文件,并承担相应法律责任。

(9)工程造价专业人员在进行工程结算审查时,应独立地开展工作,有权拒绝其他人的修改和其他要求,并保留其意见。

(10)工程结算编制应采用书面的形式,有电子文本要求的应一并报送与书面形式内容一致的电子版本。

(11)工程结算应严格按工程结算编制程序进行编制,做到程序化、规范化,结算资料必须完整。

(12)结算编制或审核委托人应与委托人在咨询服务委托合同内约定结算编制工作的所需时间,并在约定的期限内完成工程结算编制工作。合同未作约定或约定不明的,结算编制或审核受托人应以财务部、原建设部联合发布的《建设工程价款结算暂行办法》第四十条有关结算期限规定为依据,在规定期限内完成结算编制或审查工作。结算编制或审查委托人未在合同约定的规定期限内完成,且无正当理由延期的,应当承担违约责任。

(二)工程结算编制

1. 结算编制文件组成

工程结算文件一般由工程结算汇总表、单项工程结算汇总表、单位工程结算汇总表和分部分项(措施、其他、零星)工程结算表及结算编制说明等组成。工程结算汇总表、单项工程结算汇总表、单位工程结算汇总表应当按表格所规定的内容详细编制。

工程结算编制说明可根据委托工程的实际情况,以单位工程、单项工程或建设项目为对象进行编制,并应说明以下内容:

(1)工程概况。

(2)编制范围。

(3)编制依据。

(4)编制方法。

(5)有关材料、设备、参数和费用说明。

(6)其他有关问题的说明。

工程结算文件提交时,受委托人应当同时提供与工程结算相关的附件,包括所依据的发承包合同调整条款、设计变更、工程洽商、材料及设备定价单、调价后的单价分析表等与工程结算相关的书面证明材料。

2. 编制程序

工程结算应按准备、编制和定稿三个工作阶段进行,并实行编制人、校对人和审核人分别署名盖章确认的编审签署制度。

(1)结算编制准备阶段:

1)收集与工程结算编制相关的原始资料。

2)熟悉工程结算资料内容,进行分类、归纳、整理。

3)召集相关单位或部门的有关人员参加工程结算预备会议,对结算内容和结算资料进行核对与充实完善。

4)收集建设期内影响合同价格的法律和政策性文件。

5)掌握工程项目发承包方式、现场施工条件、应采用的工程计价标准、定额、费用标准、材料价格变化等情况。

(2)结算编制阶段:

1)根据竣工图及施工图以及施工组织设计进行现场踏勘,对需要调整的工程项目进行观察、对照、必要的现场实测和计算,做好书面或影像记录。

2)按既定的工程量计算规则计算需要调整的分部分项、施工措施或其他项目工程量。

3)按招标文件、施工发承包合同规定的计价原则和计价办法对分部分项、施工措施或其他项目进行计价。

4)对于工程量清单或定额缺项以及采用新材料、新设备、新工艺的,应根据施工过程中的合理消耗和市场价格,编制综合单价或单位估价分析表。

5)工程索赔应按合同约定的索赔处理原则、程序和计算方法,提出索赔费用,经发包人确认后作为结算依据。

6)汇总计算工程费用,包括编制分部分项费、施工措施项目费、其他项目费、零星工作项目费等表格,初步确定工程结算价格。

7)编写编制说明。

8)计算主要技术经济指标。

9)提交结算编制的初步成果文件待校对、审核。

工程结算编制人员按其专业分别承担其工作范围内的工程结算相关编制依据收集、整理工作,编制相应的初步成果文件,并对其编制的初步成果文件质量负责。

(3)结算编制定稿阶段:

1)由结算编制受托人单位的部门负责人对初步成果文件进行检查、校对。

2)工程结算审定人对审核后的初步成果文件进行审定。

3)工程结算编制人、审核人、审定人分别在工程结算成果文件上署名,并应签署造价工程师或造价员职业或从业印章。

4)工程结算文件经编制、审核、审定后,工程造价咨询企业的法定代表人或其授权人在成果文件上签字或盖章。

5)工程造价咨询企业在正式的工程上签署工程造价咨询企业职业印章。

工程审核人员应由专业负责人和技术负责人承担,对其专业范围内的内容进行审核,并对其审核专业的工程结算成果文件的质量负责;工程审定人员应由专业负责人和技术负责人承担,对工程结算的全部内容进行审定,并对工程结算成果文件的质量负责。

3. 编制依据

工程结算编制依据是指编制工程结算时需要工程计量、价格确定、工程计价有关参数、率值确定的基础资料。

(1)建设期内影响合同的法律、法规和规范性文件。

(2)国务院建设行政主管部门以及各省、自治区、直辖市和有关部门发布的工程造价计价标准、计价办法、有关规定及相关解释。

(3)施工发承包合同、专业分包合同及补充合同,有关材料、设备采购合同。

(4)招投标文件,包括招标答疑文件、投标承诺、中标报价书及其组成内容。

(5)工程竣工图或施工图、施工图会审记录,经批准的施工组织设计,以及设计变更、工程洽商和相关会议纪要。

(6)经批准的开、竣工报告或停工、复工报告。

(7)工程材料及设备中标价、认价单。

(8)双方确认追加(减)的工程价款。

(9)影响工程造价的相关资料。

(10)结算编制委托合同。

4. 编制原则

(1)按工程的施工内容或完成阶段进行编制。工程结算按工程的施工内容或完成阶段,可分为竣工结算、分阶段结算、合同终止结算和专业分包结算等形式进行编制。

1)工程结算的编制应对相应的施工合同进行编制。当合同范围内涉及整个项目的,应按建设项目组成,将各单位工程汇总为单项工程,再将各单位工程汇总为建设项目,编制相应的建设项目工程结算成果文件。

2)实行分阶段结算的建设项目,应按合同要求进行分阶段结算,出具各阶段工程结算成果文件。在竣工结算时,将各阶段工程结算汇总,编制相应竣工结算成果文件。除合同另有约定外,分阶段结算的工程项目,其工程结算文件用于价款支付时,应包括下列内容:

①本周期已完成工程的价款。

②累计已完成的工程价款。

③累计已支付的工程价款。

④本周期已完成计日工金额。

⑤应增加和扣减的变更金额。

⑥应增加和扣减的索赔金额。

⑦应抵扣的工程预付款。

⑧应扣减的质量保证金。

⑨根据合同应增加和扣减的其他金额。

⑩本付款周期实际应支付的工程价款。

3)进行合同终止结算时,应按已完工程的实际工程量和施工合同的有关约定,编制合同终止结算。

4)实行专业分包结算的工程,应将各专业分包合同的要求,对各专业分包分别编制工程结算。总承包人应按工程总承包合同的要求将各专业分包结算汇总在相应的单位工程或单项工程结算内进行工程总承包结算。

(2)区分施工合同类型及工程结算的计价模式进行编制。工程结算编制应区分施工合同类型及工程结算的计价模式采用相应的工程结算编制方法。

1)施工合同类型按计价方式可分为总价合同、单价合同、成本加酬金合同。

①工程结算编制时,采用总价合同的,应在合同价基础上对设计变更、工程洽商以及工程索赔等合同约定可以调整的内容进行调整。

②工程结算编制时,采用单价合同的,工程结算的工程量应按照经发承包双方在施工合同中约定的方法对合同价款进行调整。

③工程结算编制时,采用成本加酬金合同的,应依据合同约定的方法计算各个分部分项工程以及设计变更、工程洽商、施工措施等内容的工程成本,并计算酬金及有关税费。

2)工程结算的计价模式应分为单价法和实物量法,单价法分为定额单价法和工程量清单单价法。

5. 编制方法

采用工程量清单方式计价的工程,一般采用单价合同,应按工程量清单单价法编制工程依据结算。

(1)分部分项工程费应依据施工合同相应约定以及实际完成的工程量、投标时的综合单价等进行计算。

(2)工程结算中涉及工程单价调整时,应当遵循以下原则:

1)合同中已有适用于变更工程、新增工程单价的,按已有的单价结算。

2)合同中有类似变更工程、新增工程单价的,可以参照类似单价作为结算依据。

3)合同中没有适用或类似变更工程、新增工程单价的,结算编制受委托人可商洽承包人或发包人提出适当的价格,经对方确认后作为结算依据。

(3)工程结算编制时,措施项目费应依据合同约定的项目和金额计算,发生变更、新增的措施项目,以发承包双方合同约定的计价方式计算,其中措施项目清单中的安全文明费用应按照国家或省级、行业建设主管部门的规定计算。施工合同中未约定措施项目费结算方法时,措施项目费可按以下方法结算。

1)与分部分项实体相关的措施项目,应随该分部分项工程的实体工程量的变化,依据双方确定的工程量、合同约定的综合单价进行结算。

2)独立性的措施项目,应充分体现其竞争性,一般应固定不变,按合同价中相应的措施项目费用进行结算。

3)与整个建设项目相关的综合取定的措施项目费用,可按照投标时的取费基数及费率进行结算。

(4)其他项目费应按以下方法进行结算:

1)计日工按发包人实际签证的数量和确定的事项进行结算。

2)暂估价中的材料单价按发承包双方最终确认价在分部分项工程费中对相应综合单价进行调整,计入相应的分部分项工程。

3)专业工程结算价应按中标价或发包人、承包人与分包人最终确认的分包工程价进行结算。

4)总承包服务费因依据合同约定的结算方式进行结算。

5)暂列金额应按合同约定计算实际发生的费用,并分别列入相应的分部分项工程费、措施项目费中。

(5)招标工程量清单漏项、设计变更、工程洽商等费用应依据施工图,以及发承包双方签证资料确认的数量和合同约定的计价方式进行结算,其费用列入相应的分部分项工程费或措施项目费中。

（6）工程索赔费用应依据发承包双方确认的索赔事项和合同约定的计价方式进行结算，其费用列入相应的分部分项工程费或措施项目费中。

（7）规费和税金应按国家、省级或行业建设主管部门的规费规定计算。

三、工程结算审查

（一）结算审查文件组成

工程结算审查文件一般由工程结算审查报告、结算审定签署表、工程结算审查汇总对比表、分部分项（措施、其他、零星）工程结算审查对比表以及结算内容审查说明等组成。

（1）工程结算审查报告可根据该委托工程项目的实际情况，以单位工程、单项工程或建设项目为对象进行编制，并应说明以下内容：

1）概述。

2）审查范围。

3）审查原则。

4）审查依据。

5）审查方法。

6）审查程序。

7）审查结果。

8）主要问题。

9）有关建议。

（2）结算审定签署表由结算审查受托人填制，并由结算审查委托单位、结算编制人和结算审查受委托人签字盖章。当结算审查委托人与建设单位不一致时，按工程造价咨询合同要求或结算审查委托人的要求，确定是否增加建设单位在结算审定签署表上签字盖章。

（3）工程结算审查汇总对比表、单项工程结算审查汇总对比表、单位工程结算审查汇总对比表应当按表格所规定的内容详细编制。

（4）结算内容审查说明应阐述以下内容：

1）主要工程子目调整的说明。

2）工程数量增减变化较大的说明。

3）子目单价、材料、设备、参数和费用有重大变化的说明。

4）其他有关问题的说明。

（二）审查程序

工程结算审查应按准备、审查和审定三个工作阶段进行，并实行编制人、校对人和审核人分别署名盖章确认的内部审核制度。

1. 结算审查准备阶段

（1）审查工程结算手续的完备性、资料内容的完整性，对不符合要求的应退回限时补正。

（2）审查计价依据及资料与工程结算的相关性、有效性。

（3）熟悉招投标文件、工程发承包合同、主要材料设备采购合同及相关文件。

（4）熟悉竣工图纸或施工图纸、施工组织设计、工程概况，以及设计变更、工程洽商和工程索赔情况等。

（5）掌握工程量清单计价规范、工程预算定额等与工程相关的国家和当地的建设行政主管部门发布的工程计价依据及相关规定。

2. 结算审查阶段

（1）审查结算项目范围、内容与合同约定的项目范围、内容的一致性。

（2）审查工程量计算的准确性、工程量计算规则与计价规范或定额保持一致性。

（3）审查结算单价时应严格执行合同约定或现行的计价原则、方法。对于清单或定额缺项以及采用新材料、新工艺的，应根据施工过程中的合理消耗和市场价格审核结算单价。

（4）审查变更签证凭据的真实性、合法性、有效性，核准变更工程费用。

（5）审查索赔是否依据合同约定的索赔处理原则、程序和计算方法以及索赔费用的真实性、合法性、准确性。

（6）审查取费标准时，应严格执行合同约定的费用定额标准及有关规定，并审查取费依据的时效性、相符性。

（7）编制与结算相对应的结算审查对比表。

（8）提交工程结算审查初步成果文件，包括编制与工程结算相对应的工程结算审查对比表，待校对、复核。

工程结算审查编制人员按其专业分别承担其工作范围内的工程结算审查相关编制依据收集、整理工作，编制相应的初步成果文件，并对其编制的成果文件质量负责。

3. 结算审定阶段

（1）工程结算审查初稿编制完成后，应召开由结算编制人、结算审查委托人及结算审查受托人共同参加的会议，听取意见，并进行合理的调整。

（2）由结算审查受托人单位的部门负责人对结算审查的初步成果文件进行检查、校对。

（3）由结算审查受托人单位的主管负责人审核批准。

（4）发承包双方代表人和审查人应分别在"结算审定签署表"上签认并加盖公章。

（5）对结算审查结论有分歧的，应在出具结算审查报告前，至少组织两次协调会；凡不能共同签认的，审查受托人可适时结束审查工作，并做出必要说明。

（6）在合同约定的期限内，向委托人提交经结算审查编制人、校对人、审核人和受托人单位盖章确认的正式的结算审查报告。

工程结算审核审查人员应由专业负责人或技术负责人担任，对其专业范围内的内容进行校对、复核，并对其审核专业内的工程结算审查成果文件的质量负责；工程结算审查审定人员应由专业负责人或技术负责人担任，对工程结算审查的全部内容进行审定，并对工程结算审查成果文件的质量负责。

（三）审查依据

工程结算审查委托合同和完整、有效的工程结算文件。工程结算审查依据主要有以下几个方面：

（1）建设期内影响合同价格的法律、法规和规范性文件。

（2）工程结算审查委托合同。

（3）完整、有效的工程结算书。

（4）施工发承包合同、专业分包合同及补充合同，有关材料、设备采购合同。

（5）与工程结算编制相关的国务院建设行政主管部门以及各省、自治区、直辖市和有关部门发布的建设工程造价计价标准、计价方法、计价定额、价格信息、相关规定等计价依据。

（6）招标文件、投标文件。

（7）工程竣工图或施工图、经批准的施工组织设计、设计变更、工程洽商、索赔与现场签证，以及相关的会议纪要。

（8）工程材料及设备中标价、认价单。

（9）双方确认追加（减）的工程价款。

（10）经批准的开、竣工报告或停、复工报告。

（11）工程结算审查的其他专项规定。

（12）影响工程造价的其他相关资料。

（四）审查原则

1. 按工程的施工内容或完成阶段分类进行编制

工程价款结算审查按工程的施工内容或完成阶段分类，其形式包括竣工结算审查、分阶段结算审查、合同终止结算审查和专业分包结算审查。

（1）建设项目由多个单项工程或单位工程构成的，应按建设项目划分标准的规定，分别审查各单项工程或单位工程的竣工结算，将审定的工程结算汇总，编制相应的工程结算审定文件。

（2）分阶段结算的审定工程，应分别审查各阶段工程结算，将审定结算汇总，编制相应的工程结算审查成果文件。

（3）合同终止工程的结算审查，应按发包人和承包人认可的已完工程的实际工程量和施工合同的有关规定进行审查。合同中止结算审查方法基本同竣工结算的审查方法。

（4）专业分包的工程结算审查，应在相应的单位工程或单项工程结算内分别审查各专业分包工程结算，并按分包合同分别编制专业分包工程结算审查成果文件。

2. 区分施工发承包合同类型及工程结算的计价模式进行编制

（1）工程结算审查应区分施工发承包合同类型及工程结算的计价模式采用相应的工程结算审查方法。

1)审查采用总价合同的工程结算时,应审查与合同所约定结算编制方法的一致性,按照合同约定可以调整的内容,在合同价基础上对调整的设计变更、工程洽商以及工程索赔等合同约定可以调整的内容进行审查。

2)审查采用单价合同的工程结算时,应审查按照竣工图或施工图以内的各个分部分项工程量计算的准确性,依据合同约定的方式审查分部分项工程项目价格,并对设计变更、工程洽商、施工措施以及工程索赔等调整内容进行审查。

3)审查采用成本加酬金合同的工程结算时,应依据合同约定的方法审查各个分部分项工程以及设计变更、工程洽商、施工措施等内容的工程成本,并审查酬金及有关税费的取定。

(2)采用工程量清单计价的工程结算审查:

1)工程项目的所有分部分项工程量,以及实施工程项目采用的措施项目工程量;为完成所有工程量并按规定计算的人工费、材料费和施工机械使用费、企业管理费利润,以及规费和税金取定的准确性。

2)对分部分项工程和措施项目以外的其他项目所需计算的各项费用进行审查。

3)对设计变更和工程变更费用依据合同约定的结算方法进行审查。

4)对索赔费用依据相关签证进行审查。

5)合同约定的其他约定审查。

工程结算审查应按照与合同约定的工程价款方式对原合同进行审查,并应按照分部分项工程费、措施费、措施项目费、其他项目费、规费、税金项目进行汇总。

(五)审查方法

工程结算的审查应依据施工发承包合同约定的结算方法进行,根据施工发承包合同类型,采用不同的审查方法。本书所述审查方法主要适用于采用单价合同的工程量清单单价法编制竣工结算的审查。

(1)审查工程结算,除合同约定的方法外,对分部分项工程费用的审查应参照"13计价规范"的相关规定。

(2)工程结算审查时,对原招标工程量清单描述不清或项目特征发生变化,以及变更工程、新增工程中的综合单价应按下列方法确定:

1)合同中已有使用的综合单价,应按已有的综合单价确定。

2)合同中有类似的综合单价,可参照类似的综合单价确定。

3)合同中没有适用或类似的综合单价,由承包人提出综合单价,经发包人确认后执行。

(3)工程结算审查中涉及措施项目费用的调整时,措施项目费应依据合同约定的项目和金额计算,发生变更、新增的措施项目,以发承包双方合同约定的计价方式计算,其中措施项目清单中的安全文明措施费用应审查是否按国家或省级、行业建设主管部门的规定计算。施工合同中未约定措施项目费结算方法时,按以下方法审查:

1)审查与分部分项实体消耗相关的措施项目,应随该分部分项工程的实体工程量的变化是否依据双方确定的工程量、合同约定的综合单价进行结算。

2)审查独立性的措施项目是否按合同价中相应的措施项目费用进行结算。

3)审查与整个建设项目相关的综合取定的措施项目费用是否参照投标报价的取费基数及费率进行结算。

(4)工程结算审查中涉及其他项目费用的调整时,按下列方法确定:

1)审查计日工是否按发包人实际签证的数量、投标时的计日工单价,以及确认的事项进行结算。

2)审查暂估价中的材料单价是否按发承包双方最终确认价在分部分项工程费中对相应综合单件进行调整,计入相应分部分项工程费用。

3)对专业工程结算价的审查应按中标价或发包人、承包人与分包人最终确定的分包工程价进行结算。

4)审查总承包服务费是否依据合同约定的结算方式进行结算,以总价形式的固定总承包服务费不予调整,以费率形式确定的总包服务费,应按专业分包工程中标价或发包人、承包人与分包人最终确定的分包工程价为基数和总承包单位的投标费率计算总承包服务费。

5)审查计算金额是否按合同约定计算实际发生的费用,并分别列入相应的分部分项工程费、措施项目费中。

(5)投标工程量清单的漏项、设计变更、工程洽商等费用应依据施工图以及发承包双方签证资料确认的数量和合同约定的计价方式进行结算,其费用列入相应的分部分项工程费或措施项目费中。

(6)工程结算审查中涉及索赔费用的计算时,应依据发承包双方确认的索赔事项和合同约定的计价方式进行结算,其费用列入相应的分部分项工程费或措施项目费中。

(7)工程结算审查中涉及规费和税金时的计算时,应按国家、省级或行业建设主管部门的规定计算并调整。

四、结算款支付

(1)承包人应根据办理的竣工结算文件向发包人提交竣工结算款支付申请。申请应包括下列内容:

1)竣工结算合同价款总额。

2)累计已实际支付的合同价款。

3)应预留的质量保证金。

4)实际应支付的竣工结算款金额。

(2)发包人应在收到承包人提交竣工结算款支付申请后 7 天内予以核实,向承包人签发竣工结算支付证书。

(3)发包人签发竣工结算支付证书后的 14 天内,应按照竣工结算支付证书列明的金额向承包人支付结算款。

（4）发包人在收到承包人提交的竣工结算款支付申请后 7 天内不予核实，不向承包人签发竣工结算支付证书的，视为承包人的竣工结算款支付申请已被发包人认可；发包人应在收到承包人提交的竣工结算款支付申请 7 天后的 14 天内，按照承包人提交的竣工结算款支付申请列明的金额向承包人支付结算款。

（5）工程竣工结算办理完毕后，发包人应按合同约定向承包人支付工程价款。发包人按合同约定应向承包人支付而未支付的工程款视为拖欠工程款。承包人可催告发包人支付，并有权获得延迟支付的利息。根据《最高人民法院关于审理建设工程施工合同纠纷案件适用法律问题的解释》（法释［2004］14 号）第十七条："当事人对欠付工程价款利息计付标准有约定的，按照约定处理；没有约定的，按照中国人民银行发布的同期同类贷款利率信息。发包人应向承包人支付拖欠工程款的利息，并承担违约责任。"和《中华人民共和国合同法》第二百八十六条："发包人未按照合同约定支付价款的，承包人可以催告发包人在合理期限内支付价款。发包人逾期不支付的，除按照建设工程的性质不宜折价、拍卖的以外，承包人可以与发包人协议将该工程折价，也可以申请人民法院将该工程依法拍卖。建设工程的价款就该工程折价或者拍卖的价款优先受偿。"等规定，发包人在竣工结算支付证书签发后或者在收到承包人提交的竣工结算款支付申请 7 天后的 56 天内仍未支付的，除法律另有规定外，承包人可与发包人协商将该工程折价，也可直接向人民法院申请将该工程依法拍卖。承包人应就该工程折价或拍卖的价款优先受偿"。

所谓优先受偿，最高人民法院在《关于建设工程价款优先受偿权的批复》（法释［2002］16 号）中规定如下：

1）人民法院在审理房地产纠纷案件和办理执行案件中，应当依照《中华人民共和国合同法》第二百八十六条的规定，认定建筑工程的承包人的优先受偿权优于抵押权和其他债权。

2）消费者交付购买商品房的全部或者大部分款项后，承包人就该商品房享有的工程价款优先受偿权不得对抗买受人。

3）建筑工程价款包括承包人为建设工程应当支付的工作人员报酬、材料款等实际支出的费用，不包括承包人因发包人违约所造成的损失。

4）建设工程承包人行使优先权的期限为六个月，自建设工程竣工之日或者建设工程合同约定的竣工之日起计算。

五、质量保证金

（1）发包人应按照合同约定的质量保证金比例从结算款中预留质量保证金。质量保证金用于承包人按照合同约定履行属于自身责任的工程缺陷修复义务的，为发包人有效监督承包人完成缺陷修复提供资金保证。原建设部、财政部印发的《建设工程质量保证金管理暂行办法》（建质［2005］7 号）第七条规定："全部或者部分使用政府投资的建设项目，按工程价款结算总额 5％左右的比例预留保证金。社会投资项目采用预留保证金方式的,预留保证金的比例可参照执行"。

（2）承包人未按照合同约定履行属于自身责任的工程缺陷修复义务的,发包人有权从质量保证金中扣除用于缺陷修复的各项支出。经查验,工程缺陷属于发包人原因造成的,应由发包人承担查验和缺陷修复的费用。

（3）在合同约定的缺陷责任期终止后,发包人应将剩余的质量保证金返还给承包人。原建设部、财政部印发的《建设工程质量保证金管理暂行办法》（建质［2005］7 号）第九条规定:"缺陷责任期内,承包人认真履行合同约定的责任,到期后,承包人向发包人申请返还保证金。"第十条规定:"发包人在接到承包人返还保证金申请后,应于 14 日内会同承包人按照合同约定的内容进行核实。如无异议,发包人应当在核实后 14 日内将保证金返还给承包人,逾期支付的,从逾期之日起,按照同期银行贷款利率计付利息,并承担违约责任。发包人在接到承包人返还保证金申请后 14 日内不予答复,经催告后 14 日内仍不予答复,视同认可承包人的返还保证金申请"。

六、最终结清

（1）缺陷责任期终止后,承包人应按照合同约定向发包人提交最终结清支付申请。发包人对最终结清支付申请有异议的,有权要求承包人进行修正和提供补充资料。承包人修正后,应再次向发包人提交修正后的最终结清支付申请。

（2）发包人应在收到最终结清支付申请后的 14 天内予以核实,并应向承包人签发最终结清支付证书。

（3）发包人应在签发最终结清支付证书后的 14 天内,按照最终结清支付证书列明的金额向承包人支付最终结清款。

（4）发包人未在约定的时间内核实,又未提出具体意见的,应视为承包人提交的最终结清支付申请已被发包人认可。

（5）发包人未按期最终结清支付的,承包人可催告发包人支付,并有权获得延迟支付的利息。

（6）最终结清时,承包人被预留的质量保证金不足以抵减发包人工程缺陷修复费用的,承包人应承担不足部分的补偿责任。

（7）承包人对发包人支付的最终结清款有异议的,应按照合同约定的争议解决方式处理。

第五节　合同解除的价款结算、支付与争议处理

一、合同解除的价款结算与支付

合同解除是合同非常态的终止,为了限制合同的解除,法律规定了合同解除制度。根据解除权来源划分,可分为协议解除和法定解除。鉴于建设工程施工合同的特性,

为了防止社会资源浪费,法律不赋予发承包人享有任意单方解除权,因此,除了协议解除,按照《最高人民法院关于审理建设工程施工合同纠纷案件适用法律问题的解释》第八条、第九条的规定,施工合同的解除有承包人根本违约的解除和发包人根本违约的解除两种。

(1)发承包双方协商一致解除合同的,应按照达成的协议办理结算和支付合同价款。

(2)由于不可抗力致使合同无法履行解除合同的,发包人应向承包人支付合同解除之日前已完成工程但尚未支付的合同价款,此外,还应支付下列金额:

1)招标文件中明示应由发包人承担的赶工费用。

2)已实施或部分实施的措施项目应付价款。

3)承包人为合同工程合理订购且已交付的材料和工程设备货款。

4)承包人撤离现场所需的合理费用,包括员工遣送费和临时工程拆除、施工设备运离现场的费用。

5)承包人为完成合同工程而预期开支的任何合理费用,且该项费用未包括在本款其他各项支付之内。

发承包双方办理结算合同价款时,应扣除合同解除之日前发包人应向承包人收回的价款。当发包人应扣除的金额超过了应支付的金额,承包人应在合同解除后的 86 天内将其差额退还给发包人。

(3)由于承包人违约解除合同的,对于价款结算与支付应按以下规定处理:

1)发包人应暂停向承包人支付任何价款。

2)发包人应在合同解除后 28 天内核实合同解除时承包人已完成的全部合同价款以及按施工进度计划已运至现场的材料和工程设备货款,按合同约定核算承包人应支付的违约金以及造成损失的索赔金额,并将结果通知承包人。发承包双方应在 28 天内予以确认或提出意见,并办理结算合同价款。如果发包人应扣除的金额超过了应支付的金额,则承包人应在合同解除后的 56 天内将其差额退还给发包人。

3)发承包双方不能就解除合同后的结算达成一致的,按照合同约定的争议解决方式处理。

(4)由于发包人违约解除合同的,对于价款结算与支付应按以下规定处理:

1)发包人除应按照上述第(2)条的有关规定向承包人支付各项价款外,应按合同约定核算发包人应支付的违约金以及给承包人造成损失或损害的索赔金额费用。该笔费用由承包人提出,发包人核实后与承包人协商确定后的 7 天内向承包人签发支付证书。

2)发承包双方协商不能达成一致的,按照合同约定的争议解决方式处理。

二、合同价款争议的处理

由于建设工程具有施工周期长、不确定因素多等特点,在施工合同履行过程中出现争议是在所难免的,解决合同履行过程中争议的主要方法包括协商、调解、仲裁和诉讼四种。当发承包双方发生争议后,可以先进行协商和解从而达到消除争议的目的,也可以请第三方进行调解;若争议继续存在,发承包双方可以继续通过仲裁或诉讼的途径解决,当然,也可以直接进入仲裁或诉讼程序解决争议。不论采用何种方式解决发承包双方的争议,只有及时并有效地解决施工过程中的合同价款争议,才是工程建设顺利进行的必要保证。

1. 监理或造价工程师暂定

从我国现行施工合同示范文本、监理合同示范文本、造价咨询合同示范文本的内容可以看出,合同中一般均会对总监理工程师或造价工程师在合同履行过程中发承包双方的争议如何处理有所约定。为使合同争议在施工过程中就能够由总监理工程师或造价工程师予以解决,对有关总监理工程师或造价工程师的合同价款争议处理流程及职责权限进行了如下约定:

(1)若发包人和承包人之间就工程质量、进度、价款支付与扣除、工期延期、索赔、价款调整等发生任何法律上、经济上或技术上的争议,首先应根据已签约合同的规定,提交合同约定职责范围内的总监理工程师或造价工程师解决,并应抄送另一方。总监理工程师或造价工程师在收到此提交件后 14 天内应将暂定结果通知发包人和承包人。发承包双方对暂定结果认可的,应以书面形式予以确认,暂定结果成为最终决定。

(2)发承包双方在收到总监理工程师或造价工程师的暂定结果通知之后的 14 天内未对暂定结果予以确认也未提出不同意见的,应视为发承包双方已认可该暂定结果。

(3)发承包双方或一方不同意暂定结果的,应以书面形式向总监理工程师或造价工程师提出,说明自己认为正确的结果,同时抄送另一方,此时该暂定结果成为争议。在暂定结果对发承包双方当事人履约不产生实质影响的前提下,发承包双方应实施该结果,直到按照发承包双方认可的争议解决办法被改变为止。

2. 管理机构的解释和认定

(1)工程造价管理机构是工程造价计价依据、办法以及相关政策的制定和管理机构。对发包人、承包人或工程造价咨询人在工程计价中,对计价依据、办法以及相关政策规定发生的争议进行解释是工程造价管理机构的职责。合同价款争议发生后,发承包双方可就工程计价依据的争议以书面形式提请工程造价管理机构对争议以书面文件进行解释或认定。

(2)工程造价管理机构应在收到申请的 10 个工作日内就发承包双方提请的争议问题制定办事指南,明确规定解释流程、时间,认真做好此项工作。

(3)发承包双方或一方在收到工程造价管理机构书面解释或认定后仍可按照合同约定的争议解决方式提请仲裁或诉讼。除工程造价管理机构的上级管理部门做出了不同的解释或认定,或在仲裁裁决或法院判决中不予采信的外,工程造价管理机构做出的书面解释或认定应为最终结果,并应对发承包双方均有约束力。

3. 协商和解

协商是双方在自愿互谅的基础上，按照法律、法规的规定，通过摆事实讲道理就争议事项达成一致意见的一种纠纷解决方式。

(1)合同价款争议发生后，发承包双方任何时候都可以进行协商。协商达成一致的，双方应签订书面和解协议，并明确和解协议对发承包双方均有约束力。

(2)如果协商不能达成一致协议，发包人或承包人都可以按合同约定的其他方式解决争议。

4. 调解

按照《中华人民共和国合同法》的规定，当事人可以通过调解解决合同争议，但在工程建设领域，目前的调解主要出现在仲裁或诉讼中，即所谓司法调解；有的通过建设行政主管部门或工程造价管理机构处理，双方认可，即所谓行政调解。司法调解耗时较长，且增加了诉讼成本；行政调解受行政管理人员专业水平、处理能力等的影响，其效果也受到限制。因此，"13 计价规范"提出了由发承包双方约定相关工程专家作为合同工程争议调解人的思路，类似于国外的争议评审或争端裁决，可定义为专业调解，这在我国合同法的框架内，为有法可依，使争议尽可能在合同履行过程中得到解决，确保工程建设顺利进行。

(1)发承包双方应在合同中约定或在合同签订后共同约定争议调解人，负责双方在合同履行过程中发生争议的调解。

(2)合同履行期间，发承包双方可协议调换或终止任何调解人，但发包人或承包人都不能单独采取行动。除非双方另有协议，在最终结清支付证书生效后，调解人的任期应即终止。

(3)如果发承包双方发生了争议，任何一方可将该争议以书面形式提交调解人，并将副本抄送另一方，委托调解人调解。

(4)发承包双方应按照调解人提出的要求，给调解人提供所需要的资料、现场进入权及相应设施。调解人应被视为不是在进行仲裁人的工作。

(5)调解人应在收到调解委托后 28 天内或由调解人建议并经发承包双方认可的其他期限内提出调解书，发承包双方接受调解书的，经双方签字后作为合同的补充文件，对发承包双方均具有约束力，双方都应立即遵照执行。

(6)当发承包双方中任一方对调解人的调解书有异议时，应在收到调解书后 28 天内向另一方发出异议通知，并应说明争议的事项和理由。但除非并直到调解书在协商和解或仲裁裁决、诉讼判决中做出修改，或合同已经解除，承包人应继续按照合同实施工程。

(7)当调解人已就争议事项向发承包双方提交了调解书，而任一方在收到调解书后 28 天内均未发出表示异议的通知时，调解书对发承包双方应均具有约束力。

5. 仲裁、诉讼

《中华人民共和国合同法》第一百二十八条规定："当事人可以通过和解或者调解

解决合同争议。当事人不愿和解、调解或者和解、调解不成的，可以根据仲裁协议向仲裁机构申请仲裁……当事人没有订立仲裁协议或者仲裁协议无效的，可以向人民法院起诉"。

（1）发承包双方的协商和解或调解均未达成一致意见，其中的一方已就此争议事项根据合同约定的仲裁协议申请仲裁，应同时通知另一方。进行协议仲裁时，应遵守《中华人民共和国仲裁法》的有关规定，如第四条："当事人采用仲裁方式解决纠纷，应当双方自愿，达成仲裁协议。没有仲裁协议，一方申请仲裁的，仲裁委员会不予受理"；第五条："当事人达成仲裁协议，一方向人民法院起诉的，人民法院不予受理，但仲裁协议无效的除外"；第六条："仲裁委员会应当由当事人协议选定。仲裁不实行级别管辖和地域管辖"。

（2）仲裁可在竣工之前或之后进行，但发包人、承包人、调解人各自的义务不得因在工程实施期间进行仲裁而有所改变。当仲裁是在仲裁机构要求停止施工的情况下进行时，承包人应对合同工程采取保护措施，由此增加的费用应由败诉方承担。

（3）在前述 1. 至 4. 中规定的期限之内，暂定或和解协议或调解书已经有约束力的情况下，当发承包中一方未能遵守暂定或和解协议或调解书时，另一方可在不损害他可能具有的任何其他权利的情况下，将未能遵守暂定或不执行和解协议或调解书达成的事项提交仲裁。

（4）发包人、承包人在履行合同时发生争议，双方不愿和解、调解或者和解、调解不成，又没有达成仲裁协议的，可依法向人民法院提起诉讼。

参 考 文 献

[1]中华人民共和国住房和城乡建设部.GB 50500—2013 建设工程工程量清单计价规范[S].北京:中国计划出版社,2013.

[2]《建设工程工程量清单计价规范》编制组.2013 建设工程计价计量规范辅导[M].北京:中国计划出版社,2013.

[3]中华人民共和国住房和城乡建设部.GB 50854—2013 房屋建筑与装饰工程工程量计算规范[S].北京:中国计划出版社,2013.

[4]黄伟典.建筑工程计量与计价[M].北京:中国电力出版社,2009.

[5]王武齐.建筑工程计量与计价[M].3 版.北京:中国建筑工业出版社,2013.

[6]王全杰.工程量清单计价实训教程(北京版)[M].四川:重庆大学出版社,2013.

中国建材工业出版社
China Building Materials Press

我们提供

图书出版、图书广告宣传、企业/个人定向出版、设计业务、企业内刊等外包、代选代购图书、团体用书、会议、培训，其他深度合作等优质高效服务。

编辑部
010-68343948

图书广告
010-68361706

出版咨询
010-68343948

图书销售
010-68001605

设计业务
010-88376510转1008

邮箱：jccbs-zbs@163.com　　　网址：www.jccbs.com.cn

发展出版传媒　　服务经济建设

传播科技进步　　满足社会需求